本书研究获:教育部人文社会科学规划基金项目与
            江苏省博士后科研资助计划项目资助
本书出版获:南京农业大学行政管理重点学科建设
            经费资助

行政伦理关系研究

刘祖云 著

人民出版社

责任编辑:陈寒节

责任校对:湖 催

图书在版编目(CIP)数据

行政伦理关系研究/刘祖云 著

—北京:人民出版社,2007.12

ISBN 978 - 7 - 01 - 006643 - 1

Ⅰ.行... Ⅱ.刘... Ⅲ.行政学:伦理学 Ⅳ.B82 - 051

中国版本图书馆 CIP 数据核字(2007)第 175402 号

行政伦理关系研究
XINGZHENG LUNLI GUANXI YANJIU

刘祖云 著

人民出版社 出版发行

(100706 北京朝阳门内大街 166 号)

北京新魏印刷厂印刷 新华书店经销

2007 年 12 月第 1 版 2007 年 12 月北京第 1 次印刷

开本:710 毫米×1000 毫米 1/16 印张:18.75

字数:260 千字 印数:1 - 3000 册

ISBN 978 - 7 - 01 - 006643 - 1 定价:37.00 元

邮购地址:100706 北京朝阳门内大街 166 号

人民东方图书销售中心 电话:(010)65250042 65289539

目　录

引言 从"行政伦理"到 "行政伦理关系"

一、行政伦理学:研究进路与反思①

行政伦理研究在中国的展开已有十多个年头。从理论研究的历史过程来看,进入 21 世纪,行政伦理的研究呈明显上升态势。在中国期刊网上,以"行政伦理"作为主题词,检索到的文章是 126 篇,期限是 1994—2004 年。最早的文章出现于 1996 年。各年份文章数量的统计如下:②

年份	1996	1997	1998	1999	2000	2001	2002	2003	2004.6
文章数	6	1	5	9	4	15	27	42	17

特别地,由"中国行政管理学会"主办的"全国首届行政哲学研讨会"于 2003 年 4 月在南京召开,引起了学术界对"行政伦理学"的高度关注,再由于《中国行政管理》这一国家级杂志,连续两年都把"行政伦理"确定为期刊的研究选题之一,又进一步推动了行政伦理的研究向广度与深度拓展。截止 2004 年 6 月,学术界发布的成果也相当可观,其中,译著 1

---

① 此反思的内容写于 2004 年下半年,因此,文章选取的时间截止 2004 年 6 月份。
② 注:以下的统计都来源于《中国期刊网》。

部,专著5部,期刊文章126篇。在理论研究中,也形成了一个相对稳定的研究群体,理论研究所涉及的内容也非常广泛。为了进一步推动我国学术界对行政伦理的研究,也为了建构有中国特色的行政伦理学的学科体系,笔者拟从理论研究"纵向的历史发展"与"横向的现实状况"两个维度,来回顾与前瞻我国学术界对行政伦理的研究。

1. 行政伦理研究现状如何

现状如何?涉及到行政伦理的研究主体、研究成果与研究内容三个方面。

作为一种特殊的人类活动,理论研究包含三个要素,即研究主体、研究成果与研究内容。

第一,从研究主体看,行政伦理已形成了一个相当数量的研究群体。从发表的126篇文章的作者统计看,这一研究群体的数量近100人。从这一群体在研究中的地位与作用看,可以划分为三个层次。

第一层次,起引领作用并对中国行政伦理研究作出重要贡献的"学术团队"。此文中,"学术团队"有以下三个特点:一是不止一人、且有一个核心,他们大都集中在一个单位;二是研究兴趣一致、研究主题相近;三是学术团队的形成对于行政伦理的研究具有重要的引领作用。在我国行政伦理学的研究中,有三个学术团队值得关注。一是以国家行政学院王伟教授为核心的学术团队,成果为1本专著、19篇文章。二是中国人民大学以张康之教授为中心的学术团队,成果为1本专著、8篇文章,其中不含介绍这一专著的短文。三是国际关系学院以李文良教授为首的学术团队,发表的成果有6篇文章。

第二层次,以一批教授与博士为代表,构成行政伦理学研究的中坚力量。其中,比较突出的有以下一些学者:湖南吉首大学的孟昭武教授——1本专著、2篇文章;重庆行政学院的罗德刚教授——合著1本、4篇文章;学者周奋进专著1本;赣南师范学院的刘尚毅教授——文章3篇;中国人民大学博士李晓光——文章3篇;复旦大学博士李春成——文章3篇;等等。这一中坚力量的特点是,以其理论研究的深度与理论思考的广度推动着我国行政伦理的理论研究,具体而言,一方面,他们推进了我国行政伦理学基本理论问题的研究,为行政伦理学学科体系的构建进行了论证与演绎,另一方面,他们也探讨了当代中国行政伦理建设的实践问题,为当代中国行政伦理的建设提出了独到的理解与论点。

第三层次,以一批讲师与硕士研究生为代表,构成行政伦理学研究的新生力量。这一研究群体的特点是,以其开阔的思路、探索的勇气,不断拓展着行政伦理的研究范围,为当代中国行政伦理的研究带来了有益的启示。

第二,从研究成果看,这一时段,行政伦理研究取得的成果有:译著1部——[美]库珀的《行政伦理学:实现行政责任的途径》;专著5部——王伟《行政伦理概述》、孟昭武《行政伦理研究》、张康之《寻找公共行政的伦理视角》、周奋进《转型期的行政伦理》与罗德刚等《行政伦理的理论与实践研究》;期刊文章126篇。历史地看,这些成果对于我国行政伦理的理论研究都发挥着不同的历史作用。

首先,王伟教授是我国行政伦理学研究的引路人,其研究成果绝大部分发表于1996—1999年这一时段内,以他为核心的学术团队对于我国行政伦理学研究的贡献体现在两方面:一是评介美国、韩国等发达国家行政伦理的理论与实践;二是提出并着手建构我国行政伦理学的学科体系。其次,在我国行政伦理学研究还基本上是一片空白的背景下,李文良教授及其学术团队在2000—2002年间,通过研究西方行政伦理的历史发展与具体的行政伦理原则,为我国行政伦理的研究提供了可资借鉴的理论、方法与相关学术资源。再次,2001年由张秀琴翻译的美国著名学者库珀的专著的问世,大大地开阔了国内学者的研究视界,并使国内学者了解到世界行政伦理学的前沿理论与发展趋势,同时也为国内学者提供了大量的行政伦理学的语汇与充足的学术资源。正是在以上两个学术团队研究积累的基础上,再加上一本译著的影响,我国行政伦理的研究才渐近繁荣。最后,张康之教授于2002年下半年出版了他的专著,书中提出了"公共行政拒绝权利"、"公共行政伦理补救"等一系列前沿的理论问题,可谓是一石激起千层浪,引起了国内学术界持久而强烈的反响。张康之教授的贡献在于:一是以历史的眼光,创造性地挖掘了我国古代社会的"德治"传统,并对"以德治国"这一命题进行了新的诠释与论证;二是以世界的眼光,批判性地审视了我们在借鉴"官僚制"的趋势下,超越官僚制的可能与必要。从此,在行政伦理学的研究上,"古今中西"的视角与方法凸显出来,我国行政伦理学研究无论是广度还是深度较之以前都大大地拓展了。

第三,从研究内容看,行政伦理学作为一个新学科,其理论研究的展开侧重于四个方面,即古今中西行政伦理资源评介、行政伦理学科体系探讨、行政伦理专题问题解析、当代中国行政伦理建设研究。

(1)古今中西行政伦理资源的评介。一个学科的发展必须依托于一定的学术资源与理论平台,行政伦理学也是如此,特别是在学科发展的早期,学术资源的引进与评介就显得更为重要。在学术资源的评介方面,有三个侧面。一是2001年之前,学术团队对西方行政伦理学术资源的介绍、引进与评价,上文已提及;二是2001之后,一些学者开始挖掘我国古代行政伦理的思想资源,比如:舜文化中的行政伦理思想、孔孟荀的行政伦理思想、《贞观政要》的行政伦理观等;三是对我国三代中央领导集体行政伦理思想的发掘与研究,比如周恩来、江泽民的行政伦理思想等。

(2)行政伦理学科体系的探讨。在这一方面,王伟、孟昭武与张康之三位教授从不同的角度提出了学科体系建构的思路。王伟教授是从行政伦理的基本内涵、行政伦理的规范体系以及行政伦理的行为选择三个方面来搭建自己的理论体系,这一理论体系具有全面性与开创性的特点。①孟昭武教授则以行政管理中的若干伦理问题为线索,比如权力伦理、责任伦理、服务伦理、政治伦理、公务伦理等展开研究,这不失为一种思路。②而张康之教授以"官僚制"这一组织形式的现实困境与内在缺陷作为研究起点,在历史的考察中,透过其发展的表象,寻求其内在的必然逻辑,并

---

① 王伟:《行政伦理论纲》,《道德与文明》2001年第1期。
② 何一成:《市场经济条件下行政管理急切呼唤行政伦理学》,《吉首大学学报(社会科学版)》2001年第1期。

以公共行政的道德化与伦理救治为总体思路,来构建行政伦理学的理论与分析框架。

(3)行政伦理专题问题解析。任何一个学科的发展都离不开对一些基本理论与实践问题的专题研讨,而且,这些专题研究反过来可以深化其学科研究的深度与厚度。这一时段内,国内学者也选择了一些基本理论与实践问题进行了专题研讨,概括而言,有这样的四个方面是备受关注的:①行政伦理价值观与社会主义行政伦理价值观,这乃是行政伦理的核心内容;②行政责任、公共责任与行政伦理责任,这是行政伦理追求的终极目标;③行政伦理的作用,重点探讨了行政伦理对于依法行政、降低官员道德风险、约束行政权力与提高行政效率等方面的作用;④行政伦理原则与行政伦理规范。

(4)当代中国行政伦理建设研究。这是从实践中提炼出来的问题,因此学者们予以了普遍的关注,也进行了比较系统的研究。①紧扣我国社会转型,提出行政伦理失范的客观事实,并分析了形成这一事实的深层原由;②阐述当代中国行政伦理建设的必要性、重要性及其意义;③阐述我国社会转型期行政伦理的基本原则与规范;④提出当代中国行政伦理制度化建设的实践路径;⑤提出加强与完善我国行政伦理监督与评价等机制建设。

2. 行政伦理研究何以兴起

何以兴起?涉及到行政伦理研究兴起的社会背景以及学术支持上。

第一,我国行政伦理研究兴起的国内社会历史背景。

改革开放以来,我国已进入社会的全面转型期,加之市场经济的发展,促使了公共领域与私人领域的分化,在国家行政主体身上体现出来的就是公共利益与私人利益的二元分离与冲突。利益的矛盾与冲突使我国行政体制的弱点暴露无遗。在我国传统社会主义时期,由于法律与制度建设的不足以及政务不公开与信息不对称等现象的存在,导致了行政主体的内在道德调节机制不健全。尽管,改革开放以来,社会的法制建设与政府自身的法制建设也取得了长足的进展,但是,行政主体的自律机制与法律法规的他律机制不能实现有效的互动,一方面,刚性的法律规范缺乏行政主体自律意识的有力支持,另一方面,刚性的法律规范也难以转化为行政主体的自律机制。理论界把这种社会转型时期的特殊现象称之为"行政伦理失范"。其具体表现为:利益倒错,公仆变主人;权力角逐,手段变目的;权力扩张,职权变特权;欺上瞒下,虚报浮夸;任人唯亲,卖官鬻爵。①

历史地看,在"政治挂帅"的特殊年代,政治意识成为取代法治、道德、科学与文化等价值意识的唯一评判标准,在这种单一政治标准的影响下,政治伦理与行政伦理长期被挤压在政治意识的卵翼下,我们常见的是用政治标准代替道德标准、用政治考核代替伦理考评,因此,政府管理缺少一种按照行政伦理原则建构起来的用以惩恶扬善的自我调节机制。现实地看,改革开放以来,由于我们常常将道德与伦理的评价排斥在政府管理过程之外,因此,政府管理与政府行政过程实际上变成了一个纯粹的"事实"判断,而不具有或不需要"价值"的评判尺度。道德与价值一旦被逐出政府管理领域与政府行政过程,就会混淆政府行政中善与恶的界限,就会动摇基本的行政伦理规范与准则。历史与现实的双重原因造成了当前我国行政伦理的失范。

行政伦理失范所造成的最为直接的后果就是责任缺失严重,它不仅表现为社会危机时期行政主体的投机人格,即行政组织与行政人员不愿也不敢担当其应负的责任;而且还表现为社会常态下行政主体的冷漠心态,即对公共政策与政府管理违背社会基本价值的现象视而不见或有意回避。行政伦理失范对政府管理事业的公正性构成了严重威胁,它造成了政府公信力的下降与群众支持力的丧失。如何减少直至最终消灭"行政伦理失范"的现象,我国第三代中央领导集体在治国方略上继提出"以法治国"的理念之后,又及时提出"以德治国"的思想,强调除法制的强制约束手段外,伦理建设也是不可忽视的一个重要手段。理论研究必须对

---

① 高中义,高伟:《行政伦理失范及其治理对策》,《中南民族大学学报(人文社会科学版)》2002年第4期。

现实问题作出响应,否则,理论研究就是无病呻吟。为了从理论上引导我国社会对"行政伦理失范"的有效治理,也为了策应党中央"以德治国"的政治理念,在世纪之交的历史时期,我国理论界展开了对行政伦理的研究,并逐渐将其推向深入,这是理所应当与合乎时宜的。

第二,我国行政伦理研究兴起的国际与国内学术支持。

(1)国际行政伦理学的学术背景对我国行政伦理研究的支持。

公元前4世纪,古希腊思想家亚里士多德在《伦理学》一书中将伦理学与政治学分离,从此,伦理学成为一门独立的科学。在西方行政学的发展过程中,上世纪70年代初开始的"新公共行政运动"与稍后的"新公共管理运动"则使行政伦理学由可能走向了现实。"如果说'新公共行政运动'提出了公共行政中的价值问题,从而提出了对政府公共行政行为进行伦理考察和价值定位的可能性,即建立行政伦理学的可能性,那么,则可以说,由于'新公共管理运动'进一步把政府公共部门化,在模糊政府与其他公共部门界限的同时,也突出了公共管理的公共特征(价值定位和价值属性),并悄悄地把公共行政的价值问题放在了现实行政问题的解决过程之中,从而为建构行政伦理学的理论体系和行政伦理问题的解决途径,提供了可行性思路和方案。"①

自上世纪70年代以后,一些著名的行政学者开始表现出对行政伦理的持续关注,这些人包括斯科特(Scott)、哈特(Hart)、哈蒙(Harmon)、沃尔多(Waldo)、弗里德里克森(H. G. Frederickson)、罗勒(Lawler)等,这一时期也产生了一些行政伦理研究的重要著作,如《职业标准与伦理:公务员工作手册》、《官僚伦理:法律与价值的探讨》等,也产生了一批很有影响的学术论文。为了响应与深化行政伦理的研究,美国公共行政学会(ASPA)频繁召开全国性的关于行政伦理的专门学术会议,比如:70年代之前,行政伦理研究的学术会议只有3次,每次都只有一个主题会场;而70年代此类会议达7次,80年代达10次,有时分会场达10个。同时,行

---

① 戴木才、曾敏:《西方行政伦理研究的兴起与研究视界》,《中共中央党校学报》2003年第2期。

政伦理的课程在高校中也大量开设,根据美国全国公共行政与事务学校联合会(NASPAA)的调查,1987 年有 31—37% 的高校定期开设行政伦理的课程,远远超过 1981 年的 21%,重点高校的开课比率达到 80%。① 这些事实表明,行政伦理已成为行政学的一个新兴的研究领域。西方行政伦理学的兴起对于我国行政伦理研究是一个大的学术背景支持,它对我国理论界的影响是通过以下三个具体的路径来实现的,即中西公共行政学会之间的交流与合作、一批"海归派"的传播、一批经典著作的翻译。

(2)国内公共行政学的学术氛围对行政伦理学科研究的支持。

实践的发展呼唤着理论研究的展开。世纪之交,国内渐渐形成了公共行政学与公共管理学理论研究良好的学术氛围,具体表现为:①"公共管理学"作为一个学科,其研究不仅获得了政府高层的认可,而且它还成为我国学术界的一个"显学",一个新的学科生长点,并由此衍生与发展出一个新的学科群,如:"公共行政"、"行政哲学"、"公共政策"等,这一学科群的形成,无疑为行政伦理的研究提供了一个肥厚的土壤。②以"中国行政管理学会"这一国家级学会为首及其下辖的二级分会、各省与自治区的行政管理学会等一批专门研究机构的出现,为行政伦理的研究提供了可靠的保障。③感性地说,2000 年前,关注公共行政学研究的组成人员大多数来自党校与行政学院系统,而 2000 年之后,有大批高校的研究人员从其他领域转向公共行政学与公共管理学的领域。大批高校学者的纷纷加入给行政伦理的研究注入了新鲜的血液,并形成了研究行政伦理的中坚力量。④学术杂志开辟的专栏与学术会议开辟的专题又进一步推动了行政伦理的研究。

按照特里·库珀的观点,判断一个学术领域研究是否成熟的标准主要有三条:①存在着一个对该领域长期感兴趣的学者群体,且至少其中的一些人认为自己是这个领域的专家;②有连续性的出版物来推动理论的发展,包括书籍、核心期刊和会议论文等;③在大学职业教育课程中设立

---

① 邢传,李文钊:《西方行政伦理探源——兴起、原因及其历史演进》,《天府新论》2004 年第 1 期。

学术性的课程。① 以这三个标准衡量,尽管行政伦理的研究还有很大差距,但是,迄今为止,行政伦理研究在这三个方面也有了长足的进展。因为,从行政伦理研究现状看,全国已形成了一个对行政伦理研究感兴趣的学者群体,也产生了一些在全国有影响的专家,比如王伟、张康之等;在出版物方面,一些行政伦理的专著(如前所言),一些国家级核心期刊像《道德与文明》、《中国行政管理》、《政治学研究》,以及省级综合性核心期刊开辟的行政伦理专栏,无疑都推动着行政伦理的研究;同时,在大学教育中,据不完全统计,大多数有行政管理硕士研究生培养资格与 MPA 硕士培养资格的高校都开设了行政伦理的课程。因此,行政伦理的研究在我国正处在蓬勃的发展中。

3. 行政伦理研究何以定位

何以定位? 涉及到行政伦理的对象、内涵以及学科定位等问题。

第一,行政伦理的研究对象与内涵。对行政伦理研究对象与内涵的认识,一个最关键的问题是:"行政伦理的主体是谁?"从理论研究实际展开的历史看,理论界对行政伦理主体的理解,呈现出不断深化与拓展的过程。对这一过程的分析,我们应把握以下几点。

(1)在上世纪 90 年代中期以前,我国学术界对行政伦理的理解主要是从职业道德的角度展开的。学者们普遍认为,行政人员也是社会众多职业中的一种,作为一种职业,政府行政人员就应该有其职业道德并遵守其相应的职业道德规范。因此,"政府职业道德就是政府公职人员,在行使公共权力和从事公务活动的过程中,通过内在的价值观念与善恶标准,理性地调节个人与个人之间,个人与国家之间,个人与社会之间多种利益关系的职业行为规范。"②因此,行政伦理被理解为行政职业道德或公务员职业道德,行政伦理的主体就是国家公务人员。于是,上世纪 90 年代,

---

① 邢传,李文钊:《西方行政伦理探源——兴起、原因及其历史演进》,《天府新论》2004 年第 1 期。

② 党秀云:《论当代政府职业道德建设》,《中国行政管理》1996 年第 3 期。

对于公务员职业道德研究的著述较多,比如由张松业、杨桂安、龙兴海等编著,国家行政学院出版社 1998 年出版的《国家公务员道德概论》就属于这类著作。

(2)90 年代中期到世纪之交前后,伴随着行政伦理概念的提出,对行政伦理主体的理解也进一步拓展了,学者们毫无例外地把国家行政机关也纳入到行政伦理主体的范畴内。王伟等人认为:"从国家公务员个体行为行政伦理主体的意义上,行政伦理是指国家公务员的行政道德意识、行政道德活动以及行政道德规范现象的总和;在行政机关群体作为行政伦理主体的意义上,行政伦理是指行政体制、行政领导集团以及党政机关在从事各种行政领导、管理、协调、服务等事务中所遵循的政治道德和行政道德的总和。"①周奋进也认为,行政伦理是研究行政机关及公务员的道德理念、道德准则、道德操守的学说,它"包括两大部分:一是行政机关整体的伦理约束、导向的机制,二是行政机关人员,即公务员的伦理观念及操作。"②上述两者都把行政伦理的主体分为行政机关与公务员两类,这在行政伦理主体的认识上大大前进了一步。另外,学者江秀平从"社会化角色"的角度进一步论证了行政主体即行政系统与公务员作为伦理主体的客观依据,以及对其进行伦理约束的必要性。文章认为,行政伦理或者以行政系统为主体,或者以行政管理者为主体,是针对行政行为和政治活动的社会化角色的理论原则与规范。行政主体无论是行政系统还是行政管理者,都具有作为伦理主体的客观依据或者说具有伦理行为能力。因为行政主体作为社会化角色,它具有特殊的权力能力,并具有承担其权力行为后果的责任能力,行政主体的特殊地位决定了其接受伦理约束的特殊必要。③

(3)本世纪的 2002 年以来,对行政伦理对象的认识更加泛化。学者教军章提出了行政伦理的两个维度,"行政伦理的本质在于追求行政过程

---

①　王伟,车美玉,[韩]徐源锡:《中国韩国行政伦理与廉政建设研究》,国家行政学院出版社 1998 年版,第 73 页。
②　周奋进:《转型期的行政伦理》,中国审计出版社 2000 年版,第 6 页。
③　江秀平:《对行政伦理建设的思考》,《中国行政管理》2000 年第 9 期。

的伦理价值及行政人员的道德完善,即行政的道德化诉求,而行政的道德化则包括制度伦理与个体伦理两个层面。"①学者谢军也认为,行政伦理的内容应包括:行政制度伦理、行政活动伦理、行政人员伦理、与行政有联系的其他领域的伦理问题。② 因此,行政制度伦理进入行政伦理研究的视界并获得了足够的重视。更有甚者,罗德刚教授则把制度(宽泛意义上的)看作是一种特殊的行政伦理主体。他认为:"行政系统中的行政体制、行政行为、公共政策,是公共行政主体的主要产品,这些产品直接受行政伦理价值观影响,并对国家和社会产生影响,有必要对它们进行伦理约束。……从这个意义出发,我们也可以分出行政体制伦理、行政行为伦理和公共政策伦理。"③学者们达成共识的是:应把行政伦理的研究对象与内容扩展到"制度伦理"的层面,也就是说,一方面,行政伦理要研究政治与行政制度的合伦理性、合道德性问题,即对制度的正当、合理与否进行伦理与道德的评判;另一方面,行政伦理还要研究伦理的制度化问题,即把一定社会的伦理原则与道德要求提升为政治与行政的制度,并使其规范化、法制化。行政制度的伦理化考量与行政伦理的制度化研究大大深化与拓展了行政伦理的研究视界,切合我国实际。

第二,行政伦理研究的学科定位。对此,有两种代表性的观点。

(1)应用伦理学的学科定位。王伟认为,行政伦理就是公共行政领域中的伦理,也可以说是政府过程中的伦理,因此,行政伦理没有只属于自己的独特领域,它渗透在公共行政与政府过程的方方面面,体现在诸如行政体制、行政领导、行政决策、行政监督、行政效率、行政素质等方面,以及行政改革之中。④ 王伟教授也正是基于这一学科定位来建构行政伦理学的学科体系。赵健全认为行政伦理学是一门交叉学科,它是伦理学与行政学的基本理论与方法相结合、相交叉的产物。⑤ 概言之,他们都把行

---

① 教军章:《行政伦理的双重维度——制度伦理与个体伦理》,《人文杂志》2003年第3期。
② 谢军:《行政伦理及其建设平台》,《道德与文明》2002年第4期。
③ 罗德刚:《行政伦理的涵义、主体和类别探讨》,《探索》2002年第1期。
④ 王伟:《行政伦理界说》,《北京行政学院学报》1999年第4期。
⑤ 赵健全:《略论行政伦理学的学科性质和特征》,《南平师专学报》2001年第1期。

政伦理学看作是应用伦理学,这一学科定位决定了行政伦理学研究最基本的方法就是:运用伦理学的基本原理与原则、规范及相关的理论与方法,来研究静态意义的政府组织或动态意义的行政过程。这一学科定位,目前在我国理论界是占主流的。

(2)行政哲学的学科定位。学者李春成对于以上主流的学科定位提出了质疑,他认为那是"概论式"的行政伦理学,它势必变成政治的口号,变成令人生厌的意识形态宣传或关于行政道德价值的武断。"在某种意义上可以说,行政伦理学就是一种行政哲学。因此,行政伦理学研究必然带有浓厚的'哲学化'气息。"因此,行政伦理学的哲学伦理学基础应当是古典亚里士多德主义的德性论传统,行政伦理学应当抛弃"经济人"谬误,而以"德性行政人"为理论出发点。① 无疑,这一观点是独树一帜的,在当前行政伦理学的研究中令人耳目一新。这种观点从某种意义上呼应了张康之教授提出的"公共行政的伦理化救治"这一方案。

如何看待这两种不同的观点?笔者认为,对此,我们不能运用那种非此即彼的绝对性思维。因为,从理论的层面说,伦理学有规范伦理与美德伦理之分。规范伦理研究人如何行为才是道德的,它关注的是优良道德的制定,并强调规则优先;而美德伦理研究人应该成为什么样的人,它关注优良道德的实现,并强调品德优先。行政伦理学作为应用伦理学的定位,显然是属于规范伦理学的范畴,而作为行政哲学的定位,显然是属于美德伦理学的范畴,因此,对于行政伦理学的学科建设来说,这都是必不可少的。另外,从现实的层面说,由于长期以来,我们缺少那种以共同价值观与社会道德原则为基础的、对政府组织及其行政行为进行有效约束的规范与规则,因此,行政规范的伦理阐释一时间成了主流,它重点解决的是公务人员应如何去做的问题。但是,伦理学不能仅限于此,它必须要有理论深度,重在给予启示与引导,而不是企图提供现成的答案。正如普林斯顿所言:"伦理学问题就是关注什么是公正、公平、正义或善,关注我们应该做什么,而不仅仅关注具体案例是什么、或什么是最容易被接受

---

① 李春成:《行政伦理研究的旨趣》,《南京社会科学》2002 年第 4 期。

的、或什么是恰当的和权宜之计。"①

4.行政伦理研究何以进行

何以进行？涉及到行政伦理研究的视域或视角的问题。

从西方来看,行政伦理的研究展现出不同的视界,比如,从公共利益的角度、从政府决策与过程的角度、从价值理性的角度、从控制方法的角度,等等。② 同样,我国行政伦理研究也展现出以下三种视界。

第一,从目的性角度出发,把行政伦理看作是实现公正与正义、追求公共利益的价值追求。

公正与正义历来是政治哲学与政治伦理讨论的核心问题,柏拉图的《理想国》就是围绕着正义而展开的,他认为理想的国家就是正义的国家。因此,从目的性角度来看,公共行政的一般伦理原则就是公正与正义。以公正与正义为基础,就要求行政应该出于无私动机与正当考虑,不相当因素与非正常的影响禁止进入行政领域与过程,排除个体私念与特殊利益的考虑,并通过制度化的利益安排推动公共行政以维护政府的公共形象。这是我国行政伦理研究的一个重要视界。比如:(1)张康之教授在其专著中用两节的内容来讨论公共行政视角下的公正与正义。"对于现代公共行政来说,公正无非是标明政府的社会正义供给的尺度,是作为一个标准而存在的,是衡量公共行政健全状况的标准。"③(2)罗德刚教授认为,行政伦理必须以公正与正义为基础价值观。以公正和正义为基础的行政价值观强调公共行政、公正行政、公平行政、公开行政与民主行政。并分析了"目的正义"与"手段正义"、"实质正义"与"形式正义"的关系。④ (3)学者唐志君认为:"行政伦理规范体系的构建应充分体现维

---

① 库珀:《行政伦理学——实现行政责任的途径》(第四版),中国人民大学出版社 2001 年版,第 8 页。

② 戴木才,曾敏:《西方行政伦理研究的兴起与研究视界》,《中共中央党校学报》2003 年第 2 期。

③ 张康之:《寻找公共行政的伦理视角》,中国人民大学出版社 2002 年版,第 262、273 页。

④ 罗德刚:《行政伦理的基础价值观:公正与正义》,《社会科学研究》2002 年第 3 期。

护社会公正这一根本价值取向，……通过体制改进及政策的优化整合实现交换公正、分配公正、规则公正及权利与义务的对等。"①

公共行政对公正与正义的价值性追求集中体现在公共利益的最大化上。相对于公正与正义，公共利益是一个具体的概念。尽管如此，自古至今，还没有人给它下过一个得到公认的可操作性的定义。美国的著名学者库珀就说："要想给出一个能得到理论界或实际工作者公认的'公共利益'定义，是不可能的。"②那么，如何理解"行政学者尤其是行政伦理学研究者不得不追问的一个'幽灵'"呢？李春成认为："'公共利益'这一观念的实践推动力主要不在于其可数量化，而是作为行政人的一种精神信仰和追求，进入行政人的主观责任意识，进入行政人的实践理性，从而成为指导行政行为的内在而根本的精神动力。它将指导行政人的道德能力，指导他的正义感与责任感。"③李春成在行政伦理学的视角下把"公共利益"看作是一种精神的信仰、追求与动力，为思考"公共利益"提出了一个独到的见解。

第二，从功能性角度出发，把行政伦理看作是培养理想行政人格、塑造德性行政的途径。

行政官员是行政伦理的主体之一，也是行政伦理研究的主要对象。行政官员是行政伦理行为的发出者，也是各种行政伦理关系的主要承担者。因此，行政官员的优秀品德是行政行为道德化的前提，我们很难想象一个品质恶劣的行政官员能够道德地管理社会公共事务，即使在有行政道德规范的外在控制下，也会因其内在的恶德而使其行为的道德性大打折扣。因此，在行政伦理的研究中，从其功能性角度出发，把注意力集中在行政官员身上，注重培养理想的行政人格也是我国学术界的一个特点。比如：(1)王伟教授认为："行政伦理建设的目的，是要在国家公务员中形

---

① 唐志君：《论行政伦理建设的价值取向》，《行政论坛》2001 年第 3 期。
② 转引自李春成：《公共利益的概念建构评析——行政伦理学的视角》，《复旦学报(社会科学版)》2003 年第 1 期。
③ 转引自李春成：《公共利益的概念建构评析——行政伦理学的视角》，《复旦学报(社会科学版)》2003 年第 1 期。

成普遍的完美的道德人格。……行政伦理的道德人格就成为评价国家公务员综合素质的最重要的标准。"因此,他把行政伦理道德人格的形成划分为三个阶段,即行政伦理的他律时期、自律时期与价值目标形成时期。① (2)张康之教授认为公共行政的道德化有两个层面,即制度的道德化与行政人员的道德化,只有行政人员的道德化,才能"公正地处理行政人员与政府的关系、与同事的关系和与公众之间的关系",这是德性行政的基础。② (3)学者唐志君认为:"行政伦理人格的形成一方面反映出一定的行政价值观,行政道德原则与规范的有机整合,同时也体现出行政伦理建设的终极目标。"③因此,行政伦理研究与行政伦理建设要围绕着行政人格这一中心展开。

但是,在行政人格研究中,我国理论界在对"行政人"人性的研究上,存在着两种相互对立的理论设定。一方借助于西方古典经济学中的"经济人"设定,用以分析和考察我国政治与行政行为的动机与方式,而根据"经济人"假设对公共行政领域中的公共生活及其成员的理解,所提出的对策性方案就是强化外在控制与引入市场机制。这一分析问题的思路获得了大多数学者的赞同,一是因为它符合我国"以法治国"的方略,以及建立市场经济体制的大背景;二是因为它表现出对我国传统文化中以"人性善"为根基的"道德人"的不屑与纠偏。但是,以张康之教授与李春成博士等人为一方,对这种"行政人"的理论假设提出了批评与质疑,从而提出相反的人性假设。张康之教授认为,"经济人"假设不适应公共领域,"如果把行政人员看作是'公共人'而不是'经济人'的话,就会寻求行政道德建设,就会提出'以德行政'的要求。"④李春成博士认为:"行政伦理学研究的核心任务之一就是要破除这种'经济人'迷信,批判它对'理性人'的歪曲,提出一种新型却又极其古典的行政人规范,即'德性行政

---

① 王伟:《行政伦理道德人格形成的三个阶段》,《中国公务员杂志》1996 年第 1 期。
② 张康之:《寻找公共行政的伦理视角》,中国人民大学出版社 2002 年版,第 215 页。
③ 唐志君:《论行政伦理建设的价值取向》,《行政论坛》2001 年第 3 期。
④ 张康之:《寻找公共行政的伦理视角》,中国人民大学出版社 2002 年版,第 164 页。

人',力避理论的绝望和现实的衰败。"①我认为,这一对立性的思考是有价值的,因为,理论思考的异质性、对立性及其批判性有助于这一问题研究的深化与完善。

第三,从工具性角度出发,把行政伦理看作是控制公共权力、防止权力腐败的手段与方法。

在西方国家,学者们在探讨用法律手段来抑制腐败同时,也积极探讨从提高官员内在道德素质的方面来寻找一个有效的突破口。因为,公共行政不仅关乎专业技术,也重视公共服务的道德追求。在我国,也有一些学者从工具性角度对行政伦理进行研究。比如:(1)学者孟昭武认为,行政伦理建设的实质是权力伦理,而权力伦理的基本原则是坚持为民用权、依法用权、以德用权,权力道德建设的基本方法是在权力的获取、形成与行使的全过程中必须讲道德。这一思路的实质是通过权力伦理的建设来保证权力在正确的范围内使用。②(2)学者郭小聪、聂勇浩则从降低行政官员道德风险的途径上论述了行政伦理的作用,具体体现为:一是以行政伦理减缓"机会主义行为倾向";二是以行政伦理的个人自主性弥补体制缺陷。而行政伦理建设的具体措施,在内在控制方面,包括行政良心,而外在控制则包括组织伦理规则、伦理立法等。③(3)夏澍耘教授则在社会主义的背景下论述了"行政伦理自律精神",他认为:"社会主义行政自律期待这样一种境界,公正精神与公仆精神以行政主体的自律为前提成为一种信念和环境,这样一种自律精神系统的形成及其普遍化可以积累为道德自觉的传统,依靠这一道德自觉传统可以摒弃一切无此道德自觉的行政主体及行为。"④

另外,从权责统一的角度,有的学者认为:"行政伦理按其实质是一种

---

①　李春成:《公共利益的概念建构评析——行政伦理学的视角》,《复旦学报(社会科学版)》2003年第1期。

②　孟昭武:《行政伦理建设的实质是权力伦理建设》,《求索》2002年第6期。

③　郭小聪、聂勇浩:《行政伦理:降低行政官员道德风险的有效途径》,《中山大学学报(社会科学版)》2003年第1期。

④　夏澍耘:《社会主义行政伦理自律精神略论》,《中国特色社会主义研究》2003年第4期。

责任伦理,"因此,责任是行政伦理构建的现实基础。① 正是因为看到了行政责任对于行政权力的控制作用,我国学者在探讨行政伦理时,对于行政责任的研究是比较仔细的。比如,学者李晓光运用比较的方法,不仅研究了西方行政伦理责任理念——民主、主体性与主体间性、批判性思维,以及我国行政伦理责任理念——稳定与和谐;而且还研究了中西方共有的行政伦理责任理念——正义、平等、参与、自治。② 学者苏令银、张杰则认为:"公共行政人员体验伦理困境的最典型的方式就是面临行政责任的冲突,而行政伦理学的终极价值追求就在于实现行政责任。"③

5.行政伦理研究何以展开

何以展开? 涉及到行政伦理研究的不足、发展方向及建设性意见。

第一,从学科发展来看,行政伦理学有存在的可能与必要。

在我国,当"行政管理学"还没有真正成熟起来的时候,就大有被"公共管理学"取而代之之势,同样,当"行政伦理学"还处在积累与提高阶段的时候,"公共伦理学"或"公共管理伦理学"就试图乘势而上。因此,行政伦理学作为一门学科,其存在的必要性受到了质疑。与行政伦理学有着某种瓜葛的学科或名称有:管理伦理学、公共伦理学及公共管理伦理学。当我们仔细分析这些学科的定位后,理论的质疑就显得那么不合时宜与多余了。(1)管理伦理学的主要研究对象是企业管理过程中人际伦理关系及道德问题,因此,它与行政伦理学的关系是清楚的。(2)关于公共伦理学,高力教授认为,它是研究公共管理中管理者和管理对象之间道德关系的学科,公共伦理的主体是公共组织,它包括政府组织与非政府组织。因此,公共伦理学包括政府组织伦理与非政府组织伦理两个方面。④因此,公共伦理学实际上是以行政伦理学为基础,并把非政府组织纳入之

---

① 谭培文:《行政伦理是一种责任伦理》,《成都行政学院学报》2003 年第 1 期。
② 李晓光:《浅论行政伦理责任的理念与实施》,《广东行政学院学报》2004 年第 2 期。
③ 苏令银、张杰:《行政责任的实现:行政伦理学的终极价值追求》,《中共浙江省委党校学报》2003 年第 5 期。
④ 高力:《公共伦理学》,高等教育出版社 2002 年版,第 1—57 页。

内的学科建构方式。(3)如果仅限于此,行政伦理学危机的问题是不存在的,但是,著名学者张康之教授的专著《公共管理伦理学》,却质问了行政伦理学存在的必要性与可能性。"公共管理伦理学对行政伦理学有着替代性的意义。在传统的行政学学科体系构成中,行政伦理学在本质上与学科整体有着不相容性。""严格来说,行政伦理学很难称作一门学科。"①在这本专著中,张康之教授以其"公共管理伦理学"的"一个新的理论分析框架",即"统治型社会治理——管理型社会治理——服务型社会治理"的历史与逻辑的论证,给行政伦理学"判了死刑"。

那么,行政伦理学真的没有存在的可能与必要吗?回答是否定的。(1)行政伦理学有学科存在的历史事实。无论是西方,还是我国,行政伦理学实际上是与行政学相伴生的一门学科。经验地说,迄今为止,只有新学科的不断涌现与诞生,还没有出现过历史上存在的学科却消失了的现象。(2)如果这一学科真的没有存在的必要,那必然是这一学科的研究对象不存在了。也就是说,如果政府组织不存在了,行政伦理学必然会消失。这只能是未来,而不是现在。因为,笔者认为,行政伦理的主体就是政府组织及其行政官员,行政伦理学就是以政府与其他组织及个人的伦理关系为基础,来确定政府与行政官员的道德定位。(3)从我国当前的现实来看,恰恰是政府及其行政官员中存在的道德问题最令人头痛,理论界不能对此置之不理,那将是学者的悲哀。(4)行政伦理学的发展虽不令人满意,但是成绩也是可喜的,本书的反思就说明了这一点。

第二,从研究路径来看,行政伦理学的方法与思路要改变。

从我国行政伦理研究的思路与方法来看,有两个根本性的缺陷,即缺少历史感与现实感,因而造成理论研究常常是"无根"的,学者们常常是从一些绝对正确的原则出发,结果,行政伦理变成了正确的好听的政治口号与道德宣言,理论研究呈现出的两个特点是:一般意义的抽象论证或教科书式的构建体系。那么,如何实质性地改变我国行政伦理重抽象研究的思路呢?

---

① 张康之:《公共管理伦理学》,中国人民大学出版社 2003 版,前言。

（1）要加强对西方行政伦理学发展史研究，从而为我国的行政伦理研究与建设提供一个可资比较与借鉴的平台。因为，西方的行政伦理研究是基于政治与行政发展的需要而产生与发展的，它试图理清复杂的社会体系中存在着的各式各样的行政伦理关系，并对由此而产生的责任与道德的冲突进行沟通与调解，在此基础上规定政府与行政人员的责任、义务与道德的归属。虽然，它呈现给我们的是一种异质文化与制度下解决行政伦理冲突的理论思路与对策，但是，由于其理论的先导性与对策的可操作性，无疑为我们的行政伦理研究与建设提供了"一面可参照的镜子"。在全球化的时代，我们的理论思考不能不具有这种世界眼光。

（2）要加强对我国传统政治伦理思想研究，从而为行政伦理研究提供一个扎实的思想与文化的根基。这里的"传统"既包括我国古代丰富的政治伦理资源，也包括马克思主义政治伦理资源，尤其是毛泽东的政治伦理思想，因为，马克思主义已成为我们一种新的难以割舍的传统资源，而毛泽东思想由于对我国社会、历史的深刻影响更是我们的理论研究所不能跨越的。从统计来看，这方面的研究是明显不足的。尽管，我们正在由传统型社会向现代型社会变革，但是，由于社会历史发展的连续性与文化基因的积淀性，传统的政治伦理规则与意识对于当今政治与行政过程的影响是不能忽略不计的，这一点是我们能够感觉的。因此，我们的理论研究不能缺少这种历史意识。

（3）行政伦理研究要有强烈的问题意识。什么是问题？问题就是矛盾，就是冲突。问题与冲突或者表现为理想与现实之间的矛盾，或者表现为经验与思维之间的矛盾，而从行政伦理学的视角看，就表现为善与恶、道德与不道德的冲突与选择。比如：就行政权力而言，就有"为公"与"为私"的伦理冲突，就行政责任而言，就有"负责"与"不负责"的行为选择，就行政作风而言，就有"务实"与"务虚"的不同境界。如果理论研究能紧紧把握这些矛盾与问题，以这些具体的问题作为研究的现实起点，研究这些矛盾产生的社会历史根源，并予以合理的解释，在此基础上为问题与冲突的解决提供指导性的方案，那么，理论就不可能是抽象的。

第三，从研究内容来看，行政伦理学要依据现实拓展内涵。

　　一方面,从理论的层面看,两个基本理论问题研究不够。

　　(1)角色、责任与伦理之间的关系以及角色冲突、责任冲突与伦理冲突等。这一问题有个别学者有所关注,但是研究不足。美国著名的行政伦理学专家库珀在其经典的专著《行政伦理学——实现行政责任的途径》中,谈到其书主旨时说:"这本书的焦点是组织环境中公共行政人员的角色。在探讨公共行政人员的角色问题时,我们用具有伦理含义的核心词汇——责任来表称这种角色;我们探讨的主要伦理过程又是与行政责任相关的各种伦理问题,在这里,我们称之为'设计的方法'。"①因为,行政人员与其他人一样,生活在复杂的社会关系下并承担着不同的角色,而且,每一种角色都附带着一系列的义务与利益规定。因此,角色冲突、义务冲突甚至是道德冲突而产生的伦理困境使得行政人员处于两难的境地。而行政伦理学就应该研究这种冲突的表现形式、冲突发生的背景,并为冲突的缓和与最终解决提供伦理的指导与有道德感的归属。

　　(2)行政伦理关系的问题,即政府及其行政人员与其他组织及个人所形成的非常复杂的伦理关系,在学术界几乎没有人去关心与研究它。这些行政伦理关系是行政伦理的"实体",而这一问题几乎没有人研究。梁漱溟先生认为,伦理关系"就是互以对方为重,彼此互相负责任,彼此互相有义务之意"②因此,伦理关系中最重要的内容就是责任与义务。张康之教授则赋予了伦理关系以更深刻的含义,他认为,在统治型社会治理中,起主导作用的是权力关系,在管理型社会治理中,起主导作用的是权力与法律的二元结构关系,而在服务型社会治理中,伦理关系与权力关系、法律关系一样,将成为一种重要的治理关系出现在治理体系中,必将影响社会治理的一系列制度安排。③ 笔者认为,行政伦理关系有十种表现形式,从宏观面看,有政府与自然、政府与社会、政府与市场的伦理关

---

　　① 库珀:《行政伦理学——实现行政责任的途径》(第四版),中国人民大学出版社2001年版,序言第10—11页。

　　② 《梁漱溟全集》,山东人民出版社1989年版,第659—660页。

　　③ 张康之:《公共管理伦理学》,中国人民大学出版社2003年版,第54页。

系;从中观面看,有政府与企业、政府与非政府组织、政府与公民个人、政府与学府的伦理关系;从微观面看,有政府间、政府与其成员、政府成员上下级的伦理关系,等等。只有对这些现实的、客观的行政伦理关系进行深入而细致的理论研究,才能为政府在复杂的伦理关系中寻找到准确的责任、义务与道德的定位。

正是基于这一思考,笔者提出了"十大行政伦理关系"的研究思路,并试图对每一种行政伦理关系进行逐一而细致的研究,这是本书的主旨。

另一方面,从现实的层面看,四个实践性的问题缺少研究。

(1)伦理教育。行政伦理学与行政伦理建设的终极目标是培育出"德性行政人",其中,一个关键的问题是伦理教育。由于我国传统的思想政治工作有两个特点,一是偏向政治意识教育,二是把对象看作是被动的"教育受体"。因此,思想政治工作常常缺少情感支持、理性反思与人文关怀。鉴此,新形势下的行政伦理教育就有许多问题值得我们探讨与研究。

(2)伦理咨询。学者李萍撰文认为:"人们虽然在行政伦理建设方面提出了不少好的建议和有效的措施,然而,伦理咨询这一环节却被忽视了。"①现代社会中,行政人员产生的责任、义务与伦理的冲突与困境,有时不一定根源于道德的原因,极有可能与心理因素有关,尤其是行政人员的心理失衡会影响到冲突中的行为选择。因此,行政伦理建设引入伦理咨询与心理疏导机制是现代社会发展的要求。

(3)伦理评价。对行政行为的评价,我们由改革开放之前的重政治评价转向了改革开放之后的重经济评价,这虽然是一个进步,但都暴露出行政评价的片面性。今天,我们对行政行为不应该坚持单一的评价标准,应该把伦理的评价包括在内,形成一个政治—经济—伦理的综合评价体系。对此,学者李慧撰文进行了研究。② 这是一个好的开端。

(4)伦理监督。行政权力是公共权力,因此,中国共产党的十六大报

---

① 李萍:《论伦理咨询与行政伦理建设》,《道德与文明》2004年第1期。
② 李慧:《行政伦理评价中的问题及对策》,《中国行政管理》2004年第5期。

告指出:"从决策和执行等环节加强对权力的监督,保证把人民赋予的权力真正用来为人民谋利益。"从目前我国权力的监督机制来看,有对权力的法律监督与工作监督。为了保证对权力的全方位监督,应该研究对权力的伦理监督,即把较低层次的"法律监督—是否违法"与"工作监督—是否称职",上升为较高层次的"伦理监督—是否公正"上,这里就有许多问题需要研究。

二、行政伦理学:新世纪的"显学"①

行政伦理相关思想古已有之,西方古巴比伦、古希腊和罗马帝国就有了伦理思想的萌芽,我国传统道德中的"忠"、"信"、"廉"、"智"等也都是服务于古代传统的"德治"行政。但将行政伦理上升到系统的理论陈述,特别是从学科的角度系统研究行政伦理也只是始于上世纪后半期的西方国家。经过世纪之交的新公共行政、新公共管理、新公共服务三个主要的行政理论对传统官僚制的批判与反思之后,一门新兴学科——行政伦理学由可能从向了现实,并日益成熟。在我国,行政伦理学的系统探索则更为晚近。进入新世纪,行政伦理学的研究呈现出许多"显学"之迹象,这一现象值得我们关注。

1. 上世纪末西方的理论动向:行政价值凸显

西方的行政学在其一百多年的历史发展中始终交织、盘旋着两根主线——管理主义与宪政主义。早期的行政学是建立在以伍德罗·威尔逊(Woodrow Wilson)、怀特(Leonard D. White)及古德诺(Frank Goodnow)为代表的"政治——行政"二分法和马克斯·韦伯(Max Weber)的"官僚制"基础之上的,如威尔逊指出:"政治是政治家的特殊活动范围,而行政管

---

① 此部分是与高振杨博士研究生合作完成,对于他的工作以及他对我的支持,我表示肯定与衷心感谢。

理则是技术性职员的事情",①古德诺主张政治是国家意志的表现,而行政是国家意志的执行。怀特强调行政管理是科学问题,应维持价值中立。韦伯的"理想型官僚"模式的提出开拓了公共行政的科学化、技术化的道路,等等。总的来说,早期行政学是以管理主义为中心的,关注的是行政的科学性与效率,即行政的工具理性与技术性问题,缺乏以价值理性和以价值问题为宗旨的行政伦理的指导纬度。随着行政学的不断发展与深入,人们开始对传统官僚制进行批判与反思,价值问题越来越引起人们的重视。经过西蒙(Herbert A. Simon)的"事实—价值"的二分法及沃尔多(Dwight Waldo)的"民主"核心原则之后,西方行政学界开始了以价值问题为宗旨的行政伦理探索,走上了以宪政主义为中心的"伦理救治"之路。上世纪末,西方新公共行政、新公共管理、新公共服务三大理论范式基于对官僚制的批判与反思,开拓了理论研究新视角,提出了一系列从属于公共行政价值目标的公共行政体系的改造方案,凸显了行政价值的重要性,开启了公共行政的伦理思考之门。

第一,社会公平、民主行政——新公共行政的价值诉求。20 世纪 60 ~80 年代西方社会出现了一系列的社会、经济、政治问题,政府改革迫在眉睫。为了回应改革的呼声,行政学界对官僚行政自身固有的效率至上的弊端进行反思,寻求新的救治路径,于是,以弗雷德里克森(H. G. Frederickson)为代表的新公共行政学派应运而生。新公共行政学派批判了传统的效率观,把公平与效率结合起来考虑,强调公共行政中的价值问题,以此来校正官僚制对单向度的技术与效率的理性追求,即"用'社会性效率'代替了'机械性效率',主张效率必须与公共利益、个人价值、平等自由等价值目标结合起来才有意义";②新公共行政运动以"社会公平"为政府管理的目标,并赋予其核心价值观的地位,认为公众的需要、权利、利益高于政府自身的利益扩张和利益满足。新公共行政强调民主行政,

---

① 伍德罗·威尔逊:《公共行政学研究》,《国外公共行政理论精选》,中共中央党校出版社1997年版,第15页。

② 李瑞:《管理主义与宪政主义——对西方行政学的一种认知角度》,《中南财经政法大学研究生学报》2006年第2期。

即通过公民参与、政治互动与沟通、民主、伦理等观念来增强社会公平及民主行政。新公共行政对官僚制的消极人性假设开出的基本药方是："将公共行政者视为民主责任的承担者，主张公共行政人员是好进取、负责任、有见识、能反省、敢创新的主动者。"①

从行政学理论中的核心价值——社会公平、民主行政来看，新公共行政对行政价值的追求不仅包含着政治取向——在政治的意义上担负公正责任，同时也内含着伦理诉求的倾向——在伦理的意义上担负公共责任。特别是后者，是对传统理性官僚制强调价值中立的一种颠覆，将伦理价值引入行政理论建构之中，成为批判与救治官僚制行政模式的滥觞。自此，在行政学的发展中伦理视角的研究吸引了越来越多学者的关注，并开启了对政府管理行为进行伦理考察和价值定位之门。

第二，成本效益、顾客回应——新公共管理的价值导引。20 世纪 80年代末至今，管理主义经过传统管理主义、行为管理主义之后，开始了第三次范式转换——新公共管理。以戴维·奥斯本（David Osborne）为代表的新公共管理运动的兴起并逐渐发展壮大，乃至成为近年来西方规模空前的公共管理改革的主体指导思想。这一运动兴起的原因如下：一是源于对传统官僚制的"低效率、文牍主义、官僚主义"的批判与反思；二是对属于宪政主义流派的新公共行政运动的借鉴与超越，三是应对现实生活中穷出不尽的政治、经济、社会危机的需求。

新公共管理主要以现代经济学和私营企业管理理论为基础，强调以下主张：（1）注重结果而非过程，树立明确的目标，采用绩效管理，引入 3E（即经济 Economy、效率 Efficiency、效益 Effectiveness）为评估标准。（2）引入市场竞争机制，通过民营化、契约外包、经营特许权等手段，来提升公共部门的服务品质。（3）顾客导向，以公共服务的顾客取向作为公共部门实践的某种价值定位。（4）政府掌舵而非划桨，政府的主要职责应定位于确保各项公共服务与公共财政均可被顺利提供，而不必亲自动手处理。

① 罗大明、石正义：《改造官僚行政：西方公共行政的理论探索》，《电子科技大学学报（社科版）》2006 年第 8 期。

(5)组织机构的分散化和小型化。(6)公共行政的文化尽可能朝着弹性、创新、问题解决、具有企业家精神的方向发展。①

新公共管理的核心价值是成本效益、顾客回应,其效率观与传统官僚制的行政效率观不同,新公共行政者在向上级负责的同时,也向其合作伙伴和民众(体现为顾客)负责。因此,新公共管理运动在模糊政府与其他公共部门界限的同时,也突出了公共管理的公共特性(价值定位和价值属性),并悄悄地把公共行政的价值问题放在了现实问题的解决过程之中,从而为建构行政伦理体系和解决行政伦理问题,提供了可行性思路和方案。②

第三,公民权利、公共利益——新公共服务的价值关注。20 世纪 90 年代至今,宪政主义为回应管理主义的新公共管理思潮,开始了以罗伯特·登哈特(Robert B. Denhardt)为代表的新公共服务的范式探索。新公共服务的兴起:一是源于经济全球化、信息网络化的知识经济的来临,对政府的管理能力与服务水平提出的挑战;二是全球环境开始恶化,跨国性的政治事件与不稳定因素迅速增长,要求政府从局部性地方治理、国家治理转向全球治理;三是跨国公司、国际性非赢利组织和志愿部门在全球治理中的作用不断加强,要求政府重新定位其职能及治理手段。③ 总之,新公共服务是在新的时代背景下,对新管理主义的消极因素(如顾客导向的不当隐喻、政府责任的推卸、公共性的丧失等价值理念)进行了反思与批判,并试图构建具有超越性的理论体系,以回应现实的需求。

新公共服务的理论基础是多元主义理论、新制度主义、社会资本理论、社群主义、自组织网络理论、公民资格理论。其主要内涵是:政府的职能是服务而非掌舵;追求公共利益,公共利益是目标而非副产品;战略地思考,民主地行动;服务于公民而非顾客;责任并不是单一的,不仅关注市

---

① 张成福:《公共行政的管理主义:反思与批判》,《中国人民大学学报》2001 年第 1 期。

② 戴木才、曾敏:《西方行政伦理研究的兴起与研究视界》,《中共中央党校学报》2003 年第 2 期。

③ 靳永翥:《论西方行政管理实践范式的历史演进》,《西南民族大学学报(人文社科版)》2005 年第 7 期。

场,还应关注宪法法律、社区价值观、政治规范等;重视人而不仅是生产率;超越企业家身份,重视公民身份。

新公共服务的核心理念是,在人民主权的前提下,作为最主要的公共管理主体——政府,其基本职能是服务于公共利益。政府用服务的活动方式替代掌舵,用公民导向替代顾客导向,用对公民的回应替代对市场的回应;新公共服务还主张多中心的参与结构,合作式组织形式、多中心的治理方式;同时强化公共职业伦理与准则、社区公共精神与规制、宪政制度与法律法规等等来弥补公共部门责任机制的不足。在价值的理念上,新公共服务主要从呼吁维护公共利益、强调尊重公民权利、重新定位政府角色等方面,对新公共管理范式进行了超越。这种超越实际上是将"以人为本"的伦理价值从新公共管理的"经济效率"的桎梏中进一步解放出来,进一步凸显了西方行政学发展的伦理指向。

2. 上世纪末西方政府再造的方向:伦理救治

西方的行政实践经历了古典范式的"小政府"与"政党分赃制"及现代范式的"官僚行政"与"福利国家",目前正处于"新公共行政"、"新公共管理"、"新公共服务"各种范式的转换之中。政府的行政实践在经历了古典"政治路径"的外部控制,及现代"科学路径"的价值中立之后,在世纪之交,正进行着新公共行政、新公共管理与新公共服务三大理论及实践探索活动,这些理论引领着行政实践不断克服"科学路径"的弊端,经过"市场路径"救治方案的探索后,并逐渐显现着"伦理路径"的新取向。政府再造从外部控制到价值中立,再到注重价值观及内部控制,是行政实践历史发展的必然。

第一,新公共行政——"科学路径"的矫正。马克思·韦伯的官僚组织理论的趣旨是解决行政效率的,这种官僚行政的本质特征就是理性化,是一种追求理性与效率的纯粹的技术性体系,在行政实践的演变历程中追求的是一条"科学路径",体现了科学精神与法制精神,克服了"政党分赃制"的诸多弊端及"小政府"的一系列行政低效问题。然而,官僚行政也因其缺乏人本主义的终极关怀、忽视公平、民主等社会价值而导致行政主体公共意识和道德责任的沦陷。面对这些新困境,以弗雷德里克森(H. G. Frederickson)为首的理论界发起了新公共行政运动,对"科学路径"的不足进行了补救。

在实践中,新公共行政学派突破了"科学路径"重形式和理性的局限,认为公共行政不仅要以理性与效率为目标,而且要把社会公平放在目标的首位,从而形成以社会公平、民主行政为核心的社会价值体系,并以此为契机不断推动现代公共行政的改革。新公共行政力图突破"科学路径"的价值中立,主张建立正义公正的"政体价值",并提出了对公务员进行道德意识"外化"和伦理规范"内化"的双向控制举措。

尽管,新公共行政对崇尚"科学路径"的官僚制的不足进行补救,力图用公正、民主、公民参与、伦理及回应性等观念重组新的组织制度,但没能从根本上解决官僚制与民主之间的矛盾,加之社会公平概念的宽泛与不确定性,以及实践中遇到诸多困难,新公共行政对"科学路径"的矫正最终正如张康之教授所言,"在理论上的批判性特征大于建构特征,但是,在实践上则较为幼稚的。"①因而新公共行政让位于新公共管理是历史发展的必然。

第二,新公共管理——"市场路径"的导向。以戴维·奥斯本(David Osborne)为代表的新公共管理运动于 20 世纪后期发源于英国、美国、澳大利亚和新西兰,并迅速扩展到其他发达国家乃至全世界,它以现代经济学、管理学理论,如公共选择、经济人、市场有效等理论假设为依据,把市场的激励原则和私人部门的管理手段运用于政府部门,具有更强的建构特征,突出了其实践的现实性与生命力。

新公共管理从融合政府与市场的界限入手,对政府再造提出了新的路径,如应用"企业家精神"、"顾客导向"等理念,并引进诸如目标管理、绩效评估、全面质量管理等企业的管理方法,以"3E"(即经济、效率和效益)为主的绩效评估标准,使政府从划桨走向掌舵,以提高政府社会服务

---

① 张康之:《在公共行政的演进中看行政伦理研究的实践意义》,《湘潭大学学报(哲学社会科学版)》2005 年第 5 期。

的效率和公共产品的质量。因此,西方政府的再造实践,基本上是围绕着三条主线进行:一是调整政府与社会、政府与市场的关系,减少政府职能,力求管少、管好;二是动用市场与社会的力量提供公共服务,以弥补政府财力和服务的不足;三是运用企业管理的成功经验改革政府内部的管理体制,提高公共机构的工作效率和服务质量。①

总的来说,新公共管理是以管理主义为导向,其价值基础还是效率价值观,它注重绩效评估和效率,以结果而不是程序的正确性来评估管理水平,建构的是以"市场"为导向的政府再造之路。然而,新公共管理运动表面上打破了政府部门与公民社会,特别是第三部门的界限,实质是提升了政府管理的公共属性,是将公共价值放置于社会实践中的一种尝试,这有利于将伦理的视角引入到政府管理之中,为公共行政伦理的实践构建奠定了坚实的现实基础。

第三,新公共服务——"伦理路径"的显现。实践中新公共管理并不是完美无缺的,如顾客导向的不当隐喻、政府责任的推卸、公共性的丧失、绝对经济人假设,以及企业家精神等价值理念。这些不足引起了以罗伯特·登哈特(Robert B. Denhardt)为代表的新公共服务派学者的批判。在政府的实践活动中,新公共服务的倡导者,一方面肯定了新公共管理在政府实践中诸如绩效评估系统、战略管理目标、弹性化组织设计及运作方式等积极因素,另一方面也力争克服上述的各种不足。

实践中的新公共服务把公平,民主、社区、公共精神等价值观置于效率、生产力等价值观之上,并倾向构建一条不同于、且超越于行政史上的"政治路径"、"科学路径"、"市场路径"的第四条路径——"伦理路径"。新公共服务的倡导者拒斥企业家精神,呼唤公共行政的精神,发掘道德价值,用伦理精神去重新审视政府及其公共服务。②

新公共服务的政府再造之路——"伦理路径",强调以人为本与提高

---

① 陈振明:《公共管理学》,中国人民大学出版社 2003 年版,第 31 页。
② 张康之:《在公共行政的演进中看行政伦理研究的实践意义》,《湘潭大学学报(哲学社会科学版)》2005 年第 5 期。

绩效的协调统一;主张以服务为宗旨,改变了政府掌舵的职能取向;主张以公民而不是顾客为服务对象,尊重了公民权利;这些指向,强化了公共部门的责任。总之,新公共服务对行政价值及内部控制理论诉求及实践探索,凸显了"伦理路径"即将到来。

3. 世纪之交我国政府重铸的路径之一:德治

自 1982 年以来,按精简、统一、效能的总体原则,我国先后经历了五次力度不同的政府机构改革,从合并机构、精简政府工作人员的数量,到强化政府经济调节、监督以及社会服务职能,我国的改革有效地推动了政府职能的转变和提高了行政效率。然而,在新世纪全球化的浪潮下,我国政府改革进入攻坚阶段,尤其是加入 WTO 之后带来的新机遇与挑战,政府改革更是举步维艰。纵观我国政府的改革历程,改革一直是沿着人员精简、机构调整、完善法规体系、制度建设等对官员进行外部控制之路走过来的。因而,在新的历史转型时期,需要以新的视角来探索政府的改革之路。近年来,政府领域对不断出现重大事故的行政人员进行责任追究的问责制,正是政府改革路径的一种尝试。因此,选择对行政人员进行内部控制的"德治"之路,也似乎已成为中国政府改革道路的必然选择。

第一,转型期之困境——呼唤政府改革的"伦理之路"。目前,我国正处于新旧体制转换时期,即由计划经济体制向社会主义市场经济体制转换。同时,在全球化的影响下,世界各国的公共行政都在进行着范式的革命性转换,政府改革如火如荼。因此,我国的政府改革既要顺应历史转型又要与世界接轨。在双重压力之下,我国政府改革在传统与现代、东方与西方的摩擦及冲突中探索,也必然会面临着诸如官僚主义泛滥、政府责任缺失、法制观念淡薄等问题。其中,政府的责任缺失尤其突出,它表现为:地方保护主义盛行,上有政策下有对策;政府决策失误,搞"拍脑袋工程",求"政绩工程";政府腐败丛生,"设租、寻租"严重等等。

为根除这些顽疾,必须对政府的公共权力进行控制与约束。制约公共权力的途径一般有"政治控制"、"责任控制"及"法律控制"三种途径①。但我国的改革实践证明:第一,以西方"三权分立"与"权力制衡"为理论基础的公共权力的"政治控制"途径,在目前还不是万能的,这既与我国传统的官本位、人治等因素有关联,也与我国政治体制改革滞后的现实因素相关联。第二,"责任控制"是近代民主政治的产物,而我国的民主政治还在建设之中,无论是对作为整体的政府组织还是作为个体的行政人员的责任控制都处于探索之中。第三,"法律控制"途径是从制度层面来规范公共权力的运行,由于制度供给不足、人治现象屡禁不止等因素,我国的法律控制途径有待进一步完善。从上述分析可知,三种从外部进行控制的途径,在转型时期还不能完全确保实现公共权力为"善"的目的。因而,转型时期我国政府治理就必然呼唤着新的路径,即道德控制之路。

第二,"问责"频现——伦理化的政府治理模式初探。2003 年非典期间,一些高级官员因防治非典不力被免去党政职务,之后,其他地方政府也在短时间内就同一问题连续大规模地查处渎职官员。自此,从零星的问责到大规模的问责风暴,再到从上至下的各级行政问责等规范文件的出台,"行政问责制"正式走向前台。

特里·库珀认为,在公共组织中保持负责任的行为有两种方法:内部控制与外部控制。② 因而实现行政问责制的路径选择不外乎两条:一是制度层面的控制,即政治责任、行政责任及法律责任的问责,是从"他律"角度的硬约束,要求政府官员"正确地做事";二是伦理层面的控制,即道德责任的问责,是从"自律"角度的软约束,要求政府官员"做正确的事"。可见,道德责任的担当是政府责任控制不可缺少的途径之一,它是行政官员从行政伦理的层面出发,自觉承担责任的途径。道德问责,还有利于在公职人员中强化科学的政治责任、行政责任、法律责任的理念。实践也证明了不可用政治责任、行政责任及法律责任替代道德责任。因此,西方学

---

① 刘祖云:《论控制公共权力的四条路径》,《理论探讨》2005 年第 2 期。
② 库珀:《行政伦理学——实现行政责任的途径》(第四版),中国人民大学出版社 2001 年版,第 122 页。

术界在经过新公共行政、新公共管理及新公共服务三大运动之后,开始突破官僚制的单一制度化责任追究的局限,政界与学术界都意识到,要实现公共行政的道德责任,就必须走道德治理之路。

我国的官员问责制就是在这种全球性的理论与实践背景中孕育而生的。我国问责制的出现,不仅从观念上要求官员必须做与其职权一致的"份内之事",而且从心理上重塑官员的行政价值和道德意识。各级政府问责制的规范性文件的出台,则是进一步通过制度层面来体现基本的行政伦理精神,也是我国社会转型时期行政伦理的内在诉求,标志着我国道德化政府治理模式探索的开始。

第三,"以德治国"——有中国特色的公共行政发展道路。德治思想在我国有着悠久的历史,是中华文明五千年的优秀民族传统之一。古代的儒家圣人孔子在《论语·为政》中指出:"道之以政,齐之以刑,民免而无耻;道之以德,齐之以礼,有耻且格。"可见,中国传统社会是重视伦理道德的,但长久以来,由于过分强调伦理价值而忽视了科技理性的发展,致使中国的科学研究落后。新中国成立以来,以毛泽东为核心的第一代中央领导集体尤为重视德治的作用,系统地阐述了以"为人民服务"为核心的新型道德观;以邓小平为核心的第二代中央领导集体着重强调"两手硬、两手抓"的物质文明与精神文明共建的关系;以江泽民为核心的第三代中央领导集体则提出"以德治国"的治理理念。"德治"理念,提升了道德建设的重要性,而"三个代表"则指明了执政道德建设的基本方向,"执政为民"更凸显了执政道德建设的核心价值。

"德治"治理模式的提出是与我国特殊的行政生态分不开的。目前,我国正处于传统农业社会向工业社会过渡的阶段,这一阶段,我国行政生态的特点是:没有西方发达的生产力;缺乏西方成熟的市场经济基础;官僚化不足、公民自主活动能力不强、法制化有待完善;长期实行集中的统一的政治制度;人性非私的假设,而不是西方的自利人假设,等等。① 这

---

① 闫志刚、周福全:《伦理化的政府治理模式——中国特色的公共行政道路》,《湖北社会科学》2006 年第 9 期。

些特殊的行政生态要求我国的治理模式,一方面应向内挖掘传统的德治思想,另一方面应向外借鉴西方现代社会的公共管理伦理取向。

总之,"以德治国"是建立在马克思主义的德治思想基础之上的,是对中华传统文化精华的继承与创新,是代表着广大人民群众根本利益的"以德行政",是对传统的为维护统治阶级利益的"为政以德"的批判与继承。"以德治国"是以"依法行政"为前提的,是建设社会主义法制国家基础之上的德治,是具有市场经济特色的德治,二者彼此促进、相互补充、相辅相成。可以说,"以德治国"是具有中国特色的公共行政发展之路。

4. 新千年我国行政伦理研究的繁荣之势

新千年以来,理论界对行政伦理的研究正如火如荼,无论是从理论研究成果、研究内容还是从研究趋势来看,都呈现出一片繁荣景象。

就笔者所能收集到的资料,新千年以来,理论研究成果主要有:(1)译著1部,即2001年由张秀琴翻译的(美)库珀《行政伦理学:实现行政责任的途径》。(2)教材7部以上,如王伟的《行政伦理概述》、张康之/李传军的《行政伦理学教程》、徐家良/范笑仙《公共行政伦理学基础》等,这些教材从不同的角度探索我国行政伦理学的学科体系。(3)专著9部,比如:张康之《寻找公共行政的伦理视角》,周奋进《转型期的行政伦理》,(美)马国泉《行政伦理:美国的理论与实践》以及拙著《当代中国公共行政的伦理审视》,等。(4)音像制品有:王伟《公共行政伦理建设》一套10片光盘、李传军《行政伦理学》一套11片光盘。(5)学术会议有:2002年中韩行政伦理研讨会(专题)、2003年全国行政哲学研讨会(行政伦理为议题之一)、2005年全国行政伦理与行政能力建设学术研讨会(专题)、2006年第三届中美公共管理国际学术研讨会(行政伦理为议题之一)。(6)以"中国期刊网"为据,按主题,以"行政伦理"为检索词的期刊文章570篇。从这六个方面,可见,新千年以来我国行政伦理研究成果之丰硕。

为了承接我国行政伦理学的一系列研究成果,并拓展我国行政伦理学研究的广度与深度,笔者从梳理"十大行政伦理关系"着手,试图探寻一种行政伦理学研究的新路径。

导论 "十大行政伦理关系"的提出

一、关系本体论

1. 人是关系的存在

人本质上是一种关系中的存在,凡是经历过社会生活的人,都不能否认这种关系的存在及其重要意义。从某种程度上说,动物之间也有一定的关系,如母虎与虎子之间的"关系",但是,动物之间存在的只是自然生命的关系,因为动物是以自然个体方式存在的,而不是作为社会主体的自为存在,支配它们行为和相互关系的只是第一信号系统的低级意识,其行为是自然的、本能的,所以说,动物之间不是以关系存在的。马克思和恩格斯就曾经从人与动物的比较中强调了这一点,他们认为,"动物不对什么东西发生'关系',而且根本没有'关系',对于动物来说,它对他物的关系不是作为关系存在的",唯有人才能在其存在过程中建立多方面的关系。① 早在先秦,孔子就指出"鸟兽不可与同群,吾非斯人之徒与而谁与?"②"斯人之徒"也就是和我共在的他人或群体,"与"则是一种关系。

① 《马克思恩格斯选集》第1卷,人民出版社1972年版,第35页。
② 《论语·微子》。

对孔子来说,与他人共在,并由此建立彼此之间的社会关系,是人的一种基本存在境遇,孔子的仁道学说便奠立于对这种关系的确认之上。

　　人与社会关系是统一的,没有社会关系就没有人。社会关系是人得以表现自己的条件,人也是社会关系的载体。马克思、恩格斯正是从社会关系的角度来理解与确认人的本质的。在马克思恩格斯看来,人的现实性确证就是社会关系,社会关系就是现实的人本身,因此,"人的本质并不是单个人所固有的抽象物。在其现实性上,它是一切社会关系的总和。"①所以,我们不可能从社会关系之外抽象出人的本质。当代日本著名的马克思主义哲学家广松涉认为,马克思哲学新视域的确立,是以1845年春天"关系本体论"的建构完成的。广松涉在对马克思思想中社会关系定位的理论思考中,给予"关系"以"本体存在"的理论解读,尽管这一思考遭到了我国著名学者张一兵与仰海峰的质疑②,但它反映出"关系"的确认在马克思思想中的重要性。

2. 关系具有本体论的意义

　　关系作为人难以摆脱的一种存在境遇,已经受到了当代哲学家的高度重视,这些哲学家大多数是从形而上的层面,对存在的关系之维做了理论考察。首先,值得一提的是声名斐然的哲学家马丁·布伯的"关系本体论"。在马丁·布伯看来,真正的存在不是任何一种实体,而是关系;而关系的存在本质在于它是一种"我—你"关系,而不是传统西方哲学所遵从的"我—它"关系。"我—它"关系是对象性或主体与对象的关系,"它"仅仅为我所用而并不与我相互沟通。"我—你"关系是主体间的关系,它是相互的、开放的关系,对于我而言,你是不能分离的、不可或缺的。"我—你"关系是一种存在关系,亦是伦理关系,也是一种精神超越关系。因此,马丁·布伯的关系本体论是以人的存在作为主题的,是对人类生存

---

　　① 《马克思恩格斯选集》第1卷,人民出版社1972年版,第18页。
　　② 参见张一兵,仰海峰:《社会关系本体论,还是方法论的历史唯物论?——马克思哲学思想中社会关系规定的科学理论定位》,《南京社会科学》1996年第12期。

关系进行的抽象沉思。①

其次,麦金太尔表达了接受与给予关系的原型。他认为,我们从出生到死亡都处在一种接受与给予的关系之中。我们从父母亲、其他家庭长者、教师和其他师傅那里接受,……稍后些是其他人、儿童、学生和那些在不同方面丧失能力的他人,不得不依靠我们的给予。如此理解就可知,独立的实践推理者从这些关系中呈现出来,通过这些关系,她或他继续得到维护,因此,从一开始她或他就受惠于这些关系。②

如果说,哲学家们对关系存在之维的考察,更多的是在抽象与思辨的层面展开的话,那么,我国著名学者杨国荣教授的考察就回到了历史本身。他说:"对人的存在及作为存在形态的关系的真实理解,在于回到历史本身。"因此,杨国荣教授对关系的存在之维作了历史发生学的考察,正是基于对人的"两重生产"历史的滚动性考察,杨国荣教授认为:"可以看到,生命的生产与再生产及物质资料的生产与再生产,一开始便在终极的、本源的层面上,将人规定为一种关系中的存在。……唯有当奠基于两重生产的诸种关系获得较为适当的定位时,人的存在才是可能的。"③杨国荣教授在这一考察中,把"社会关系"推进至"两重生产的诸种关系"尤其是"生产关系",以此来揭示"人的本质"的思路,符合马克思主义的历史观。

二、伦理关系的本体论发掘

1. 伦理关系的本体论意义

在哲学追问与运思中,作为人难以摆脱的一种存在境遇,关系无疑具

---

① 参见王晓东,刘松:《人类生存关系的诗意反思——论马丁·布伯的"我—你"哲学对近代主体哲学的批判》,《求是学刊》2002 年第 4 期。

② 龚群编译:《麦金太尔论社会关系、共同利益与个人利益》,《伦理学研究》2004 年第 3 期。

③ 杨国荣:《伦理与存在:道德哲学研究》,上海人民出版社 2002 年版,第 26—28 页。

有本体论的意义。那么,由此自然产生的问题就是:如何赋予本体意义的社会关系以合理的形式?如何进一步推进关于人的本质的研究?这是一个重要的理论问题。历史地看,对于伦理关系,许多哲学家的思考给我们留下了丰富的思想资料。费尔巴哈曾说:"只有把人对人的关系即一个人对另一个人的关系,我对你的关系加以考察时,才能谈得上道德。"①这里,费尔巴哈谈的只是抽象的"人对人关系"与"道德",他没有、也不可能真正了解具体的社会关系与道德,但这一思路却具有启发价值,他揭示了:在人的关系中,道德显示了存在的历史理由。列宁在批判黑格尔时,深刻地揭示了道德与现实性之间的关系。"'善'是'对外部现实性的要求',这就是说,'善'被理解为人的实践=要求和外部现实性。"②列宁把道德理解为人类改变现实世界的实践活动,也是强调道德在人的现实关系中的力量与重要性。循着这一思路,当代中国许多学者对这一问题进行了富有创见的深入思考。宋希仁先生在2000年曾撰文说:"伦理关系不只是思想关系,它也是有思想渗透其中的实体性关系。从实体性来看,它是生活的全部,亦如黑格尔所说,是包括家庭、市民社会和国家的现实关系与过程。"③宋先生在这里强调伦理关系是"实体性关系",其意思是表达伦理关系是一种客观关系,它不仅仅是思想关系,它就像"生产关系"一样是"现实关系与过程"。

之后,许多人致力于推进这一观点,最有代表性的当属两位著名学者杨国荣教授与张康之教授。杨国荣教授认为,如果社会成员之间不能在基本的伦理原则下合理地处置彼此的关系,并由此形成某种道德秩序,那么,生命与物质资料的两重生产,以及由此而形成的广义的社会生活的生产与再生产便难以正常展开。因此,"作为人的社会性的一种表征,道德构成了社会秩序与个体整合所以可能的必要担保。"④因为,在人类社会

---

① 《费尔巴哈哲学著作选集》(上卷),商务印书馆1984年版,第527页。
② 列宁:《哲学笔记》,人民出版社1956年版,第229页。
③ 宋希仁:《论伦理关系》,《中国人民大学学报》2000年第3期。
④ 杨国荣:《伦理与存在:道德哲学研究》,上海人民出版社2002年版,第28页。

的发展过程中,由于社会分化产生了不同的群体,每一群体都会根据自身的特殊需要制定或确立特定的行为规范体系,在所有的规范中,都必然包含有道德的内涵,或者说,都必须把道德规范作为最根本的依据。因此,"展开于生活世界、公共领域、制度结构等等层面的社会伦理关系,似乎具有某种本体论的意义。"①如果说,杨国荣教授的探讨是基于哲学层面的思考,那么张康之教授则从公共管理学、公共管理关系的角度提出了几乎一致的看法。"在伦理学中,长期以来存在着否认伦理关系客观性与原生性的错误倾向,……其实,伦理关系是根源于社会生活的需要,是一种原生性的客观社会联系。"②对此,笔者曾撰文对张康之教授的这一见解发表了看法,认为他对伦理关系进行了"本原性解读"。③

2. 伦理关系本体化的依据

不管是"本体论意义"还是"原生性关系",都是力图把马克思主义的"社会关系本质论"向前推进,并延伸至"伦理关系"的视界。那么,如何看待"伦理关系本体化"的观点呢? 笔者认为有两个根据:

第一,在社会历史演进与发展中,人的本质处在不断暴露与充分展开的情境中,理论研究必须对人的本质内容作出新的概括,以实现理论创新。中国近代的思想家梁漱溟曾认为,人从出生到老死,都要与别人发生各种各样的关系,"在相互关系中就有了情,有情就发生了义","因情生义,大家都在情义中;大家从情分各尽其义,这便是伦理","必须彼此有情,彼此有义,有情有义,方合伦理,方算尽了伦理的关系。"④梁漱溟把握到了:伦理关系作为社会联系的产物,它具有普遍存在的特征。今天,人们对于伦理关系普遍性的理解就更为深刻而全面,即不仅人与人之间存

① 杨国荣:《伦理与存在:道德哲学研究》,上海人民出版社2002年版,第94页。
② 张康之:《公共管理伦理学》,中国人民大学出版社2003年版,第80页。
③ 参见刘祖云:《剖析社会治理研究中的一个分析框架——从〈公共管理伦理学〉看坚持马克思主义的学术创新方向》,《教学与研究》2005年第4期。
④ 《梁漱溟全集》(第1卷),山东人民出版社1989年版,第659—660页。

在伦理关系,人与自然之间也存在伦理关系;不仅存在"代内伦理关系",还存在"代际伦理关系"。现实关系的充分展开呈现出伦理关系的丰富性与普遍性,人们越来越认识到伦理关系对于人类生活的基础性地位。

第二,后现代理论话语中"道德关注"与"道德复兴"的倾向,使学者们把思维的视角转向了伦理关系的领域,以挖掘伦理关系在社会治理中的意义与作用。英国思想家齐格蒙特·鲍曼认为,"当现代性到了自我批判、自我毁誉、自我拆除的阶段时(在这个过程中,'后现代性'就意味着掌握与转移),很多以前的伦理学理论(但不是现代的道德关怀)所遵循的路径,开始看上去像一条盲目的小径,同时,对道德现象进行激进、新颖理解的可能性之门被开启了。"①可以说,后现代社会背景为理论创新提供了可能性的空间,因为,生活于后现代社会中的人们所面对和努力去解决的道德问题,不但包括过去已经完全治疗好而现在又以新形式出现的旧问题,也包括过去时代人们不知道或没有引起注意的新问题,人类社会治理的革命性变革需要以一种新颖的方式被理解与处理。因此,"在这种条件下,在现代伦理哲学与政治实践中消失的道德力量之源能够重新出现,同时它们在过去消失的原因能够被更好地理解,并且作为一种后果,社会生活'道德化'的机会得到提高。"②在后现代道德复兴的语境下,由社会关系、生产关系深入至伦理关系的层面是合乎逻辑的。

3. 行政伦理关系是实体性关系

综上所述,强调伦理关系的本体存在性,是为了论证伦理关系的客观性与现实性,以及当今研究与关注它的重要性与意义所在。本书依托这一理论运思,其目的是说明"行政伦理关系"的客观性与现实性,并强调行政伦理关系不仅仅是一种思想关系,而应该把它作为一种客观的现实关系来研究与对待。这样理解,行政伦理关系就是指,政府管理活动所涉

---

① 齐格蒙特·鲍曼:《后现代伦理学》,江苏人民出版社2003年版,第2页。
② 齐格蒙特·鲍曼:《后现代伦理学》,江苏人民出版社2003年版,第4页。

及到的现实的社会关系及其展开过程。另外,当我们从发生学的角度来研究行政伦理关系产生的过程时,也会看出它的客观存在性。《易经·序卦传》中说,"有天地而有万物,有万物而有男女,有男女而有夫妇,有夫妇而有父子,有父子然后有君臣。"这种直观的、朴素的推论表达了由两性关系到家庭关系再到社会关系的客观历史过程。在家庭关系向社会关系扩展的过程中,随着社会公共管理的需要与政府组织的产生,一种新型的社会关系——行政伦理关系产生了,而行政伦理关系的展开是与人类的"两重生产",即生命的生产与再生产及物质资料的生产与再生产相伴生的。我们从脱离生产方式的抽象的人性或绝对精神中,找不到行政伦理关系的科学解释,也不能直接引申出行政伦理关系。

无论是伦理学还是行政学,行政伦理关系的存在都是被忽视的。一方面如宋希仁先生所言,"在伦理思想史上,对伦理关系的本质和特点肯定的不少,但真正从理论上阐明伦理关系者不多。"[①]另一方面,在行政学的历史中,行政伦理关系始终被"行政关系"的狭隘视界遮蔽着,因为,在行政学的研究中,主要是从行政主体对行政客体管理的角度来研究行政关系,而没有涉及到更加深层的行政伦理关系。

三、行政伦理关系研究的三维视野

从总体上看,行政伦理关系是指政府组织内部之间,以及政府组织与外部环境之间相互作用而形成的一种具有善恶意义的社会关系。行政伦理关系的研究呈现出两个视角。第一,以政府系统内部各主体之间的行政关系为基础,研究它们之间的权利与义务的要求;第二,以政府组织与外部环境之间的行政关系为基础,研究行政主体与环境要素及行政客体之间的权利与义务的要求。因此,行政伦理关系是以政府组织及其成员

---

① 宋希仁:《论伦理关系》,《中国人民大学学报》2000 年第 3 期。

为核心向外辐射的一个复杂的社会伦理关系网络,从理论上把这样一个复杂的伦理关系网络理清楚,是有价值的。

政府是一个特殊的社会组织,其特殊性就表现在它拥有公众赋予的公共治理权,所以,行政道德与行政伦理的问题才备受关注;但是,传统伦理学在关注行政道德时,只是泛泛地从政府与社会关系的角度进行研究;因此,传统伦理学只是抽象地关注了政府与社会这一层面的行政伦理关系及相关的伦理问题。在社会关系与行政关系越来越复杂化的今天,这种研究思路肯定难以胜任。于是,国内研究行政伦理学的学者张康之与李传军等人已开始摆脱这一研究思路,对行政伦理关系的复杂性有所认识,并开始关注政府系统内部的行政伦理关系。“在现实生活中,行政伦理关系的范围非常广泛,一般可分为两个方面:一是政府系统内部的行政伦理关系;二是政府系统与外部环境之间的行政伦理关系。政府系统内部的行政伦理关系包括:中央与地方、中央与部门、部门与部门、行政机关与行政人员、行政人员之间的行政伦理关系。政府系统与外部环境之间的行政伦理关系包括:政府与企业、政府与事业单位、政府与社会团体、政府与公民或公众之间的行政伦理关系。”①

但是,他们研究政府与环境之间的行政伦理关系,却有简单化的倾向。因为他们只注意到政府与其环境中各主体(即企业、事业单位、社会团体、公民或公众)之间的伦理关系,而没有注意到政府组织与环境要素之间的伦理关系。因为,政府与其存在环境之间的关系也是非常复杂的。正如一位西方学者所言:“从整个宇宙中减去代表组织的那一部分,余下的部分就是环境。”②今天,对于政府组织而言,把其存在的环境只理解成具有主体性特征的其他组织、团体或个人,肯定是片面的。对此,笔者将政府组织存在的环境作出区分,即划分为“一般环境”与“具体环境”两类。所谓一般环境是指自然、社会、市场这三个重要的环境要素;而具体

① 张康之、李传军:《行政伦理学教程》,中国人民大学出版社2004年版,第8页。
② 斯蒂芬·P·罗宾斯:《管理学》(第四版),黄卫伟等译,中国人民大学出版社1997年版,第64页。

环境就是指企业、非政府组织、公民个人等主体性的存在。笔者认为,政府组织不仅与具体环境形成伦理关系,而且与一般环境也形成伦理关系。因此,以政府为中心的行政伦理关系网络,我们大致可以分出十种形态,它们分别是:政府与自然、政府与社会、政府与市场、政府与企业、政府与非政府组织、政府与公民个人、政府与学府、政府间、政府与其成员、政府成员上下级间的行政伦理关系,即"十大行政伦理关系"。这十大行政伦理关系展开为三个层次。

1. 宏观的行政伦理关系——政府与自然、政府与社会、政府与市场的伦理关系

这三种宏观的行政伦理关系是传统伦理学或行政学所没有关注到的,今天看来,它们是确实存在的,也是非常重要的。在这三种行政伦理关系中,政府面对的是自然、社会与市场这"三大环境",而这"三大环境"是任何"私人"都管不了、管不好的。维护好"三大环境"只能是政府的责任,研究政府与其"三大环境"的伦理关系是有意义的。

第一,政府与自然之间的伦理关系是"人与自然之间伦理关系"的理论延伸。因为,人与自然之间伦理关系的研究,必然要过渡到着重研究作为团体存在的人与自然之间的伦理关系上。道理很简单,对自然能产生深刻影响的既不是个体的人,也不是抽象的社会,而是以团体形式存在的人。其中,政府与自然的关系最重要,可以说,政府对自然的态度将决定自然的状况,因此,政府是最大的环境伦理责任人,这是政府与自然之间深刻的伦理关系。

第二,政府与社会之间的伦理关系是对"政府与社会之间现实关系"的理论解构。因为,现实的政府与社会之间形成了一种利益关系,从而,政府成为社会对立或异己的力量。现实的未必就是合理的。政府与社会之间这种利益冲突关系,是应该受到批判的。因为,无论是从产生还是从存在来看,只有当政府把整个社会的公共利益当作自己的目标时,政府的行为才是善的,也只有在这种合理的伦理关系中,政府才能找到其准确的

价值定位。

第三,政府与市场之间的伦理关系是基于"政府与市场伙伴关系"的理论定位。政府与市场作为两种不同的制度安排,它们在社会资源配置中的"互补性"是一个不需要讨论的问题。但是,进一步的思考使我们会追问:政府与市场的互补性,仅仅只对社会发展具有经济学与经济增长的意义吗? 难道就没有道德的意义? 因此,从整个社会公正与正义的角度来定位"政府对市场的适度干预"与"市场对政府的适度改造"是有价值的。

2. 中观的行政伦理关系——政府与企业、非政府组织、公民个人、学府的伦理关系

中观意义上的行政伦理关系,实际上是指政府组织这一主体与其他社会主体之间形成的伦理关系。这一层面的行政伦理关系是传统伦理学或行政学比较关注的,也就是通常意义上的行政道德,即"官德"问题。但是,传统理论对行政伦理的关注仅仅局限于官员个体与其他个体之间的伦理关系,即基于官与民的伦理关系而产生的对官员的道德要求,而鲜有把政府组织作为独立主体来考虑,以研究政府组织的道德要求。行政道德实际上可以分出两个层次来,即"政府道德"与"官员道德"。就像"企业家伦理"与"企业伦理"是两回事一样,"政府伦理"与"官员伦理"也是有实质性区别的。因此,中观的行政伦理关系就是把政府组织作为一个独立的"伦理主体"看待,进一步研究政府组织这一团体与其他社会主体之间所形成的伦理关系及其相关的义务与道德规定。

把政府组织当作"伦理主体"看待,这既是对传统伦理学只关注个体伦理的超越,也是社会发展对行政伦理学提出的新要求。正如彼得·德鲁克所言:"社会已成为一个组织的社会。在这个社会里,不是全部也是大多数社会任务是在一个组织里和由一个组织完成的。"①这充分表现了

① 彼得·德鲁克:《后资本主义社会》,上海译文出版社 1998 年版,第 52 页。

组织的重要性。而且,把组织当作伦理主体看待,也是有客观依据的:第一,组织具有意向性,即它具有自己的行为意志;第二,组织能够将其决策付诸行动;第三,组织的行动能够导致积极的或消极的后果。因此,组织实际上形成了与个体具有极大相似性的行为主体,而且,它还是一个超越个体的行为能力者。正因为如此,在我国伦理学的领域中,有些学者提出要建立"团体伦理学",即把"团体"作为伦理主体看待,以研究其应承担的义务与道德要求。

把政府组织当作伦理主体看待,与其形成的伦理关系有两种形态:一种是组织对组织的关系,即政府与企业、政府与非政府组织、政府与学府的伦理关系。由于"学府"在社会治理中的特殊地位,有必要单独研究它与政府之间的伦理关系。另一种是团体对个体的关系,即政府与公民个人的伦理关系。

3.微观的行政伦理关系——政府间、政府成员上下级间、政府与其成员的伦理关系

传统的伦理学只是从政府与社会关系的角度,即行政主体与行政客体、官与民的角度来研究行政伦理问题,理论研究的视角没有深入到政府系统内部的伦理关系上。因此,微观意义的行政伦理关系就是梳理政府系统内部的伦理关系。政府系统内部的行政伦理关系需要考虑到三个方面:第一,基于团体视角的政府间的伦理关系,它既包括上级政府与下级政府的伦理关系,也包括同级政府间的伦理关系;第二,基于个体视角的政府成员上、下级间的伦理关系;第三,基于团体与个体关系视角的政府与其成员的伦理关系。

四、"十大行政伦理关系"的研究论纲

"十大行政伦理关系"的提出,旨在对以政府为核心的行政关系进行

伦理意义的理论建构,以强化政府在公共管理中的责任、义务与道德的规定性。现实地看,每一种行政伦理关系都是以特定的"行政关系"作为基础的;因此,下文所述的每一种关系,既是每一种行政伦理关系的现实支持,又是每一种行政伦理关系试图超越的现实关系。

1. 政府与自然:干预关系与伦理关系

笔者认为,提出"政府与自然的关系"就是一个理论创新,因为"政府与自然的关系"是"人与自然关系"认识的深化。在人与自然关系中的"人",有三种存在形态,即个体的人、群体的人与整体的人类。在当前的研究中,人与自然关系中的"人",在理论表达上,要么指的是"个体的人",要么指的是"整体的人类",也就是说,人与自然之间关系的研究,还仅仅局限于"个体的人"或"整体的类"这两端的研究上。在现代社会中,就对自然干预的程度而言,"整体的类"是抽象的,"个体的人"是渺小的。可以说,对自然产生广泛而深刻影响的既不是个体的人,也不是抽象的人类,而是以各种组织方式存在着的"群体的人"。因此,为了深化人与自然之间关系的研究,应着重研究"组织起来的人"与自然之间的关系。在各种组织中,政府与自然之间的关系最为复杂、也最为重要。因为,政府既是自然环境的最大干预者,同时,它又是自然环境干预的管理者,即自然环境的保护者。

从现实的层面看,政府与自然的关系是干预与被干预的关系,也是干预与管理的关系。在此基础上,笔者进一步提出"政府与自然的伦理关系",旨在对"政府与自然的现实关系"进行超越性建构。在这一理论建构中,笔者强调三点:第一,政府与自然的伦理关系,是人与自然伦理关系的深化;第二,政府与自然的关系,本质上是一种行政伦理关系;第三,在生态危机的背景下,通过反思政府与自然的伦理关系,以寻求政府关于自然保护的责任、义务与道德的规定性。

2. 政府与社会:价值关系与伦理关系

我国理论界对政府与社会关系的研究,主要集中于政府与社会之间外在权力配置的层面上。在我国早期的社会转型中,重新配置政府与社会的权力,以调整政府与社会之间的关系是合适的;然而,随着社会变迁的广度延伸、行政改革的深度拓展,并伴随着市民社会力量的壮大,我国原有的"社会统摄于政府"的高度同构状态逐渐消解,社会与政府从而呈现出二元化的结构态势,政府与社会之间的关系也随之复杂化。

笔者认为,为了深化政府与社会之间关系的研究,学术界不能仅仅局限于外在的权力关系配置的层面上,而应该深化到内在的伦理关系建构的层面上。因为,无论是从产生还是从存在来看,政府都只是社会的工具,只有当政府把社会看作是目的时,政府才是善的,否则就是恶的。政府与社会之间不仅要确立一种合理的权力边界,更重要的是:政府与社会之间还必须建构一种合理的伦理关系,在这种伦理关系中,政府要担当起更多的社会责任,而政府的德性就体现在它担当社会责任的程度上。只有在这种内在的伦理关系的建构中,政府才能找到其准确的价值定位。

3. 政府与市场:伙伴关系与伦理关系

当今,政府与市场作为两种制度安排,它们在社会资源配置中的"凸性互补"已广泛达成共识。进一步研究表明:第一,政府与市场之间关系的变更、边界的调整就是一个"双重博弈"的过程,在博弈中,政府与市场之间暂时的均衡会被一定历史条件所打破,然后,两者在寻求一种新的均衡。第二,当今,政府与市场的关系越来越体现出"伙伴相依"的特征,即没有政府的市场与没有市场的政府都是不可想象的。第三,"商会"已逐渐成为政府与市场之间新型伙伴关系实现的主要路径。

政府与市场的关系一直是经济学热捧的话题,然而,正如1998年诺贝尔经济学奖得主阿马蒂亚·森所言:"经济学研究最终必须与伦理学研究和政治学研究结合起来,这一观点已经在亚里士多德的《政治学》中就得到说明与发展。"①因此,政府与市场的互补性不仅仅是一个经济学的命题。笔者认为,从整个社会公正与正义的角度出发,"政府对市场的适度干预"与"市场对政府的适度改造"不仅只具有效率与效益的意义,而且具有社会伦理价值。基于这一伦理价值,我国政府的行政改革必须以"有限政府"作为基本目标,这一理念既合乎效率原则,也合乎社会正义的伦理原则。

4. 政府与企业:利益博弈与道德博弈关系

2005 年,清华大学孙立平教授撰文提出"中国进入到利益博弈时代"。进一步,笔者认为,正是政府与企业的利益博弈拉动中国进入到"利益博弈时代"。因为,一方面,由中国政府主导的社会改革使原有的单一行政框架下的利益分配机制,转化为现有的多元社会框架下的利益分配机制,在新的利益分配框架下,各社会力量就有可能成为利益博弈的主体;另一方面,企业是与政府进行利益博弈最早的社会单元。可以说,政府与企业的利益博弈,是中国社会利益博弈之网的"大纲"。

政府与企业的利益博弈关系是两者众多关系中的一种现实关系;然而,值得我们警醒的是:政府与企业在利益的"合作博弈"中却往往带来公共利益的损失。正如学者陆震就公共利益被侵吞撰文所言的那样,"所有这类案例,构成了一幅当代中国社会生活中公共利益弱势化的图景。……从而形成了分食、抢食公共利益的局部恶性循环。"②因此,政府与企业的利益博弈必须加以规范与引导,其中,提出政府与企业的"道德博弈"就是一种新的建构与引导。所谓"道德博弈",一是指道德地博弈,这是说利益博弈手段的道德性;二是指获取合道德的利益,这是说利益博弈目的的道德性。有现实的"不道德博弈"就必须进行理想的"道德博弈"的建构与规范。在当今中国社会的利益博弈中,理想对于现实的解构是

---

① 阿马蒂亚·森:《伦理学与经济学》,商务印书馆 2000 年版,第 9 页。
② 陆震:《公共利益萎缩:中国现代化进程中的重大理论缺失与目标偏差》,《探索与争鸣》2004 年第 9 期。

必需的,理想对于现实的建构也是必要的。

5. 政府与非政府组织:竞争与合作关系

人们普遍认为,一个健康、完整的社会被看成是由政府、企业与非营利组织构成的"三足鼎立"。当今,第三部门已成为我国社会结构中一支重要的社会力量,这一新型社会力量的形成,就势必把"第一部门"与"第三部门"之间的关系提了出来。

一方面,目前我国非政府组织的存在对政府还具有高依附性;另一方面,两者之间也体现出一定程度的竞争关系。这一竞争关系主要集中在两个方面:(1)公共事务管理权的竞争。公共事务管理不仅是政府与非政府组织的社会责任,同时也是一种实质性权力;非政府组织对公共事务管理的参与就意味着将分享、争夺部分公共事务管理权。从总体上看,非政府组织参与社会公共事务管理,无疑会使政府的整体权力受到一定程度的削弱;而在具体社会事务的管理中,两者的管理活动及其职能重叠会使公共事务管理权的竞争更加凸显。(2)社会资源的竞争,尤其是财政资源的竞争。财政资源的竞争分两种情况:一种是那些主要依靠政府财政支持的非政府组织,它们与某些政府机构形成了直接的财政资源竞争关系;另一种是那些不依靠政府财政支持的非政府组织,它们与政府形成了间接的竞争关系。因为,政府的财政资源来源于公众的纳税,非政府组织的财政资源来自于公众的捐献;当政府提供的公共服务缺乏效率并引起公众不满时,公众就会减少对该项服务的纳税意愿并向政府施压,从而有可能把资源转向更有效率的非政府组织。

然而,竞争关系不是政府与非政府组织之间关系的主导内容,因为,这一关系必须服从两者共同的社会伦理目标。从整个社会的层面看,政府是出于社会公共管理的需要而产生的一个最具权威性的公共组织,它的基本职责是为社会提供公共物品;但是,基于政府在提供公共物品上的失灵现象,以及社会对公共物品需求的多样性事实,非政府组织找到了其独特的功能定位,这一功能定位本质上是对政府功能的弥补与完善、而不是对抗与替代。因此,政府与非政府组织的竞争关系必须服从两个原则:一是为社会提供公共物品的总原则;二是更有效率、更合理地为社会提供公共物品的具体原则。因此,两者的关系是:以竞争促合作、在合作的框架下突出竞争优势,以达成社会整体目标的实现。

6. 政府与学府:权威博弈与责任伦理关系

在中观层面的行政伦理关系中,政府组织与其他社会主体形成了两种伦理关系,一种关系是"组织对组织",而另一种关系是"组织对个体"。在组织对组织的关系中就是指:政府与其他组织的伦理关系,具体有:政府与企业、政府与非政府组织、政府与学府的关系。其中,高等学校或称"学府"虽然其定位比较复杂,在当今中国,它既不是企业性质,也不是非政府组织性质。但是,笔者考虑到它在当今社会治理中的特殊地位,即学术权威在社会治理中的特殊作用,以及学术权威与政治权威之间的特殊关系,所以,有必要从理论上单独研究它与政府的伦理关系。

对于政府与学府关系的研究,笔者尝试着用博弈论的分析工具,剖析两者作为"社会权威"的博弈关系,对此,笔者提出"权威博弈"这一新的概念。在社会系统中,政府是当然的政治权威,而学府则代表着学术权威。从西方国家政府与学府博弈的历史轨迹来看,两者是在充分选择各自博弈策略的前提下,通过拥有的社会资源试图来影响与控制对方。政府与学府在"理性的政治追寻"与"政治的科学化"的双向互动中,形成了政治权威与学术权威的一种博弈均衡态势。反观我国政府与学府的博弈,其最大的特点是政治权威的强大与学术权威的不足,两者的博弈是在不对等的情况下展开的,因此,就形成了我国政府与学府在博弈过程中的"双重权威失灵"现象。

7. 政府与公民:权力与权利的不对等与平衡关系

政府组织与公民个人的关系,即国家权力与公民权利的关系,亦即强制与自由的关系。对于这一关系,社会契约论的思想家们表达得非常清楚。格劳秀士说:"国家是一群自由人为着享受公共的权利和利益而结合起来的完善的团体。"国家的主要任务"是为了运用公众的力量,并征得公众的同意,保证每个人使用自己的财产。"①契约论认为,公民的自由与权利是政府存在的目的,而国家权力与强制只是实现这一目的的手段。然而,在现实中,问题并非像社会契约论说的那么简单;相反,政府权力作为一种强制力却很有可能成为公民权利的障碍、甚至是异己的力量。这是因为:第一,政府权力的扩张性。这既是基于政府组织主观扩张的动因;又是基于社会对政府管理新要求的客观刺激,而政府权力的扩张就是对公民权利的侵扰。第二,政府权力与公民权利的密切相关性与力量悬殊性。政府权力是一种社会管理的权力,这一权力在行使中必然会广泛关涉公民权利。而且,从力量对比看,公民权利要比政府权力弱小得多。因为,公民权利的基础是个人力量,而政府权力的基础乃是国家及多种特殊的强制手段。

思想家韦德说:"政府权力的膨胀更需要法治。"②因此,法治简单地说,就是权力与权利关系的合理配置,就是对政府权力的控制。从西方国家政府权力控制的基本路径来看,是通过宏观的道德控制、政治控制、法律控制的三种路径,以及微观的责任控制路径的有机结合,实现了对政府权力的控制,以确保权力与权利的基本平衡,③从而维持政府与公民之间一种合理的关系形态。总之,政府与公民之间伦理关系的建构,必须依赖于权力与权利关系的基本平衡。只有在权力与权利平衡的这一基础上,才能减少政府权力"恶"的可能性,以实现政府组织维护公民自由与权利的"善"的目的。

8. 政府间:分工协作关系及其伦理关系

政府间的伦理关系,是以组织团体为审视视角以把握政府系统内存

---

① 参见马啸原:《西方政治思想史纲》,高等教育出版社1997年版,第232页。
② 韦德:《行政法》,中国大百科全书出版社1997年版,第28页。
③ 参见刘祖云:《论控制公共权力的四条路径》,《理论探讨》2005年第2期。

在的伦理关系。单从组织团体的角度来看,政府间关系分纵向关系与横向关系两种:纵向关系是指以隶属关系为基础的上下级政府之间的关系;而横向关系是指无隶属关系的同级或不同级政府之间的关系。

政府间的关系首先表现为分工协作关系,这是由政府组织的科层制特点决定的。科层制结构导致了政府权力的两种分配方式:一是结构性分配,即根据政府权力的层次性不同而进行的纵向垂直性划分,形成了结构性权力,从而使政府组织呈现出等级差别;二是功能性分配,即根据政府权力作用客体的不同、承担任务的不同对其权力进行的横向水平性分割,形成功能性权力,从而使政府机关呈现出专业差别。政府组织的"结构—功能分化",使政府的整体权力"自上而下"地层层分割与授予,并使政府的整体责任"自下而上"地层层担当,因此,"分工与协作"就成为各政府组织完成任务与目标的基本手段与方式。

在政府组织的分工与协作关系中,各地方政府作为政府间关系的重要链条,在其中发挥着重要作用。这是因为,首先,各地方政府作为政府层级代理链条中的一环,既受上级政府委托行使社会治理权,又向下级政府委托其社会治理权,因此,各地方政府就成为中央政府实现社会治理过程中委托代理链条向下延伸的纽带。其次,各同级地方政府在面对上级政府时,实际上形成了具有竞争地位的对手关系。各地方政府,尤其是处于代理链中间层次的地方政府,实际上要与三层政府形成博弈关系:一是与其上级政府形成博弈关系,在执行上级政府委托治理权的过程中,通过影响上级政府的决策导向以获取地方利益的最大化;二是与下级政府形成博弈关系,通过自己的政治意愿来迫使下级政府与自己保持政策一致;三是与非隶属关系的同级政府形成博弈关系,通过任期内社会治理绩效的显示,来获取在上级政府中的优势地位。从这一分析中,我们可以看出,如果假定中央政府的政治意愿与社会的整体利益是一致的,那么,由于地方政府的多重利益代表身份,它的政治意愿是最有可能违背社会整体利益的大方向,其中,最突出的表现形式就是"地方保护主义"。因此,在政府间伦理关系的思考中,地方政府的角色定位以及地方政府的责任、义务与道德的规定性,是一个特别需要关注的成分。

9. 政府官员上下级:等级关系与人格平等关系

政府官员上下级的伦理关系,是以个体为审视视角而提出的一种行政伦理关系。政府官员上下级的关系,首先表现为"等级递进关系",这是由政府组织的科层制结构决定的。根据韦伯的概括,官僚制的特征之一就是"层级制",即在一种层级划分的组织分工中每个官员都有明确界定的权限,并在履行职责时对其上级负责。因此,"对上负责"就成为官僚制组织形式的一个基本原则,从而官员上下级之间就呈现出一种等级关系。

源于文化与制度的差异性,这一正常的等级关系在我国政府组织的运行中被大大强化了,从而形成了一种不正常的"等级依附关系"。这种等级依附关系恰恰是以牺牲官员的人格平等关系作为代价的。一方面,在我国传统的官员心理层面上,对于官员常常是以等级来评价其地位的,即官越大,其能力越大、品德越高、人格越完善;这样,"品德"与"人格"等非组织化的因素事实上也被等级化了,正是贯穿着这种思维与心理,在我国政府组织的运行中,只有上对下的监管,而不可能存在下对上监管的心理空间。这就是中国古代官场上出现的"上梁不正、下梁必歪"的事实。另一方面,在这种等级依附关系中,官员们普遍形成了一种"主奴双涵"的双重人格。作为文化符号,官僚这一称谓标志着主人与奴才同体,权贵与仆隶混一的政治角色,官僚角色的主奴双涵,既是历史过程的产物,又是政治结构的必然,还以称谓的形式转化为文化符号。① 具体地说,就是形成了"对上是奴、对下是主"的官员心理与人格定位。

因此,我国政府官员上下级伦理关系建构的重点,应是强化上下级间的人格平等关系。通过这一平等关系的建构,保持政府官员的人格独立,

---

① 张分田:《亦主亦奴——中国古代官僚的社会人格》,浙江人民出版社2000年版,第204页。

以祛除等级依附心理。这既是我国传统政府管理向现代政府管理理念转化的需要,也是我国政府"依法行政"实践的需要。

10. 政府与官员:冲突关系及其伦理关系

政府与官员的关系,是基于团体与个体关系视角而提出的一种行政伦理关系。在微观的行政伦理关系中,政府间的伦理关系、政府官员上下级的伦理关系是比较好理解的,为什么还要提出政府与其成员间的伦理关系呢? 因为政府作为一个公共组织,其公共责任的实现,一方面要依赖政府组织团体的力量,同时还要依赖政府成员个体的力量。但是,在实际生活,这两种力量时有冲突与矛盾,既有道德的政府与不道德的成员之间的矛盾,也有不道德的政府与道德的成员之间的冲突,因此,如何化解政府组织团体与政府官员个体之间的矛盾与冲突也是行政伦理学一个重要的研究内容。

从德性来看,政府有道德与不道德之分野,官员也有道德与不道德之区别。所谓"道德"是指:政府或官员能从内在信念上认同"公共性",并把公共利益的实现作为根本宗旨;相反,就是"不道德",即政府或官员行为的总是表现出"自利性"。从组合方式来看,政府与官员之间的关系有四种形式:一是道德的政府与道德的官员之关系,这是最理想的行政伦理关系,这一关系能够在团体与个体之间形成合力,从而使政府"公共治理"的目标与任务能够顺利实现。二是道德的政府与不道德的官员之关系,在这一情况下,整个组织的道德氛围与道德气候所形成的"道德力量"会强烈地干扰与纠正任何个体的不道德行为,从而使个体的不道德行为失去存在的空间。在这一关系中,要么不道德官员的行为获得改造,要么不道德官员被组织所排斥,因此,政府组织仍然能保持其"道德的纯洁性"。三是不道德的政府与道德的官员之关系,这恰好与第二种关系相反。如果假定政府组织是不道德的,那么,其中存在着的"反道德力量"会破坏任何个体追求道德的冲动,结果,道德的个体要么屈服,要么离开。这一情况在转型期我国的一些政府机关里也是不鲜见。四是不道德的政府与不道德的官员之关系,在这一情况下,政府与官员形成了一种"反向合力",它对于政府"公共治理"目标与任务的实现具有"高抗力"。

通过以上分析可以看出:在政府与官员行政伦理关系的矛盾与冲突中,起主导作用的常常是政府组织作为团体的德性问题,而这一点是以前的理论研究严重忽视的。笔者认为,塑造一个"道德的政府"是化解政府与官员之间道德冲突的根本点。正如特定的文化系统能通过其特定的制度、规则与习惯来塑造介于其中的个体行为方式的相似性一样;一个德性的政府,不仅规定了成员的价值取向与行为空间,而且它潜存的一系列规则,会以其有效性与权威性规定着成员参与活动的行为方式。这些价值与规则不仅对现有官员的行为起到规定作用,而且对一个想进入其中的"新手"也具有训戒作用。

五、行政伦理关系的研究意义

1. 行政伦理关系的提出,可以充分发挥伦理与道德所具有的社会治理作用

宋希仁先生在文章中讲到伦理关系时说,"凡是经历过社会生活的人,都不能否认这种社会关系的存在及其重要意义。"①笔者认为,伦理关系对于社会生活的重要性就在于它具有社会治理的意义。因为,伦理关系是一种特殊的社会关系,它既是一种必然性关系,也是一种必要性关系,它是两者的统一。说它是必然性关系是因为它体现的是事物本身的存在和变化规律,比如:家庭中的亲子、长幼关系是客观的、不依个人意志为转移的,也是不可逆转的,这是必然性;那么,当人认识到这种必然性的关系时,其必然性之理就转换为必要性之理。也就是说,在家庭中会按照

---

① 宋希仁:《论伦理关系》,《中国人民大学学报》2000 年第 3 期。

辈分的伦理关系来确认亲子、长幼的关系,于是,家庭关系中就产生了:"亲子要有亲、长幼要有序,长应有所尊,幼应有所敬"等人伦之理,遵守这些"人伦之理",就是处于家庭关系中的人的一种必要的义务与道德的规定。

家庭的伦理关系如此,整个社会的伦理关系也是如此。人作为一种关系中的存在,当他自觉地履行其在某种伦理关系中的特定义务时,体现在他个人身上的就是道德的造诣,就是个人之德。因此,道德伴随着伦理关系而产生,又维系和调节着伦理关系的发展,它一方面通过"应当如何"的义务规定来塑造个体的德性,另一方面又以道德风尚的形式维系着和谐社会关系的生成。概言之,当客观的、必然性的伦理关系之理真正获得主观上应然性的表达时,作为社会意识就是道德,作为个人行为就是德性,即黑格尔所言的"主观的善和客观的、自在自为地存在的善的统一就是伦理。"①因此,黑格尔所言的"伦理"乃是人类基于一种关系的存在,而生发出的一种自我约束乃至自我管理的道德行为建构,而且,这种自我管理是一切社会治理方式的源泉与根本所在。

就政府对社会的治理方式而言,张康之教授认为:"在政府组织与社会的关系中,长期以来,权力关系是一种主导性的关系,只是到了现代社会,由于法的完善,才使法律关系突出了出来。然而,伦理关系始终未显性化。……以至于在政府与社会的现实关系上,很难发现伦理关系的存在。"②历史地看,在农业社会的统治型治理结构中,起主导作用的是权力关系,伦理关系是虚伪的。在近代以来的管理型治理结构中,发挥作用的是权力关系与法律关系的二元统合,伦理关系是边缘的。历史的考察,就不能不让我们拷问:在人类社会治理的问题上,伦理难道要么是虚伪的,要么是边缘的吗? 在现代与后现代的历史转换中,当人类面临着一系列新的道德冲突与伦理困境时,我们除了寻求"道德力量之源"外,还能寻

---

① 黑格尔:《法哲学原理》,商务印书馆 1961 年版,第 162 页。
② 张康之:《公共管理伦理学》,中国人民大学出版社 2003 年版,第 60 页。

求什么? 人类社会治理方式寻求伦理与道德的支持是无奈的、也是合乎逻辑的。

解决社会治理问题的可能性方案必须与问题发生的环境特征相适合。当下,我们正处在一个过渡时期,即现代性向后现代的历史转换中。对此,库珀说:"后现代是对这样一种世界特征的描述:在这个世界中,人们质疑基础假设,认为它终结或解体了,不再控制整个社会了。"①现实地看,西方的"新公共行政运动"与"新公共管理运动"都有一个共同的特点,即库珀所概括的,"承认外部政治控制对于确保负责任的行政行为是不充分的,有必要实施内部控制。"而且库珀说:"我们注意到一个有趣的现象:自从'新公共行政'出现以来的30年间,强调内部控制重要性的人已经在关于公共行政的基本假设中找到了永久的地盘。"②也就是说,就社会治理方式而言,寻求道德支持的内部控制已成为一种实践指向。

2. 行政伦理关系的提出,是基于对"行政关系"进行道德规范的必要性

行政关系是一种特殊的社会关系,就其本质来说,行政关系集中地体现在行政权力行使的过程中。在政府的管理活动中,权力是一种必要的支持力量,因此,与政府组织所形成的一切关系都是以权力关系为核心而生成、展开的,而任何权力都是以"命令—服从"的方式与规则加以运行的。因此,在行政关系中比较强调:政府与官员是权力行使的主体,而社会与公众是权力管理的对象,这之间,主体与对象、主动与被动的单向关系是比较明确的,也是不可逆转的。行政关系的特殊性还表现在:行政权力是一种公共权力,掌握行政权力的政府与官员只是行政权力的"行使主体",而社会与公众才是行政权力真正的"所属主体"。因此,行政关系所

① 库珀:《行政伦理学——实现行政责任的途径》(第四版),中国人民大学出版社2001年版,第34页。
② 库珀:《行政伦理学——实现行政责任的途径》(第四版),中国人民大学出版社2001年版,第146页。

表现出来的单向的关系模式应该受到必要的规范与调整。

历史地看,西方社会在对"单向度的行政关系"进行调整时,大致形成了两个理路。

第一,科学的规范,即通过认识行政关系及行为发生发展的规律,实现对政府管理体制与运行机制的合理化设计,促使行政关系与行政行为的科学化与技术化。对行政关系进行"科学规范"的典型形式就是韦伯设计的"官僚制"组织模型。在韦伯看来,官僚制有两个主要的特征:一是公职的等级排列,整个地形成一个金字塔型的权力结构;二是职权的系统分工,每个职位都有其明确的责权范围。也就是说,官僚制在对行政权力进行"形式合理性"的技术性分割的同时,也对政府与官员应承担的责任进行了"形式合理性"的科学规定。因此,官僚制就是通过建立一种"权责一致"的组织模式与体制,通过对每一权力进行合理化的责任规定,来达到对行政关系的调整与行政行为的规范。

第二,法治的规范,即根据法制的精神,通过立法与执法活动对行政关系及行为加以规范与调整,以实现依法行政。法律对行政关系的调整与行政行为的规范体现在两个层次上。一是宏观上,通过将国家权力一分为三,建构一种"三权分立"的制度框架,并通过立法权与司法权制衡行政权,以实现行政权力行使的规范化;二是微观上,通过专门行政法的约束,以实现行政权力行使的规范化,即"无法律就无行政"的法治理念。现代的行政法都把对行政权力的控制以及对行政关系的调整作为重要的价值取向。在行政法的基本原则上,各国都将制约行政权力、规范行政关系作为重点,以防止行政专横并使行政活动合理化,它不但为行政司法监督创造了有法可依的条件,而且为普通公民提供了监督行政的机会。

但是,从对行政关系进行规范的实际效果来看,仅有科学与法治两种规范是不够的。可以说,对行政关系的这两种规范都没有从根本上解决行政关系的单向度性。在此,还必须深入地分析一下行政关系的复杂性。研究表明,行政关系还内含着一种行政价值关系。在行政价值关系中,政府与社会、官与民的地位发生了根本性的变化,即政府与官员处于被动的客体地位,社会与公众反而处于主动的主体地位。也就是说,在行政关系中,双方的主动性与被动性、主体性与客体性是建立在不同关系的根基上。一方面,在政府与社会的行政管理关系中,政府与官员处在主动的主体地位,而社会与公众则处于被动的客体地位;另一方面,在政府与社会的行政价值关系中,政府与官员是被动的客体,而社会与公众则是主动的主体。因此,行政关系不再是单向度的,而是双向互动的。

基于行政价值关系的视角,对于行政关系还需要进行另一种更为重要的规范,即"道德规范",它是指,通过揭示政府管理过程中实际存在的伦理关系,以实现行政管理制度的伦理化。只有对行政关系进行道德的规范才能从根本上改变行政关系的单向度性,真正实现行政关系的双向互动性与制衡性。对行政关系进行道德规范,作为对原有行政关系单向度的规避,它更加强调政府与官员作为行政关系一方的责任、义务与道德的规定性。历史地看,传统的行政理论和实践都比较重视政府与官员的主动属性,比较强调政府与官员的管制权利,因而,必然催生出专制主义的行政或管制主义的行政模式;而现代公共行政理论和实践的重点是强调社会与公众的主体性规定,因而,必然产生像"依法行政"、"责任行政"和"服务行政"的政府理念。

第一章　政府与自然的伦理关系：
责任与道德的单向性

"政府与自然的伦理关系"处于笔者研究的"十大行政伦理关系"之首位。

在政府与自然伦理关系的思考中,笔者要强调三点:第一,政府与自然之间的伦理关系,是建立在人与自然这一伦理关系的基础上,它是人与自然之间伦理关系研究的深化。第二,政府与自然之间的伦理关系,是以政府组织及其官员为中心展开的,并体现在政府管理及其决策制定与实施的动态过程中,它本质上是一种行政伦理关系。第三,当前,在生态危机的背景下,研究政府与自然之间实际存在的伦理关系,在反思中,寻找到政府关于自然保护的责任、义务与道德的单向规定性,是有实践意义的。

第一节　人与自然的伦理关系及其深化

1. 悖论:人对自然界的依赖性与独立性

一方面,"人是自然界的一部分",这是马克思在《1844年经济学—哲学手稿》中,关于人对自然界具有依赖性的经典表述。对此,国内学者在解读时,大致涉及到三个层次的内容:从发生学意义上看,人是自然界的产物;从存在特点看,人是具有自然属性的生物;从现实性上看,自然界是

人生命的物质基础。当代法国的思想家埃德加·莫兰在论及人"扎根于
自然界"这一命题时说："一切系统，包括那些被我们从其所属集合中强
行抽象出来的系统（例如原子或分子便是部分地是一个观念性的客体），
都必然地扎根在自然界中。"因为"其构成和存在的环境是物理性的：引
力与电磁力互动，形式的拓扑属性，生态环境，固定和/或流动的能量。
……这就等于在说：系统必定是物理的。一个观念系统，比如说我正在创
立的理论，它也会在能量上付出代价。"①因此，人的存在环境的物理性，
人与环境之间进行的物理性的能量交换，恰恰是人依赖于自然界最真实
的、最有力的证据。

　　另一方面，"自然界是人的无机的身体"，这也是马克思在《1844 年经
济学—哲学手稿》中，关于人与自然界之间关系的又一经典表述。按笔者
的理解，它表达的思想不是人对自然界的依赖性，而恰恰是人对自然界的
独立性。同样，埃德加·莫兰在论述生态关系的特点时，从另一个角度也
深刻地表达了这一思想。他说："漩涡属于河流，只是河流的一个瞬间，
但它也具有自己的特点，相对漩涡而言河流是环境。变成环境的河流也
是漩涡的一部分。"总之，"一个输入开放的系统总是在某些方面属于环
境，环境则对它进行渗透、穿越，对它进行共同的生产，所以环境也是该系
统的一部分。"②在此，埃德加·莫兰不仅看到了系统是环境的一部分，而
且还看到了环境也是系统的一部分。同样，马克思不仅看到了人是属于
自然界的，而且也看到了自然界也是属于人的。正因为如此，所以"人"
出现了，"人"与其他的"类"区别开来，人不仅具有自然属性，而且具有像
独立性、自主性等社会属性。

　　对于依赖性与自主性的关系，埃德加·莫兰一针见血地说："这样的
生物只能在生态关系中，也就是他们对环境的依赖中建设和保持它们的
存在、它们的自主、它们的个性和特性。这就是所有生态化思想的第一要

---

① 埃德加·莫兰：《方法：天然之天性》，北京大学出版社 2002 年版，第 136 页。
② 埃德加·莫兰：《方法：天然之天性》，北京大学出版社 2002 年版，第 209 页。

点:对环境的依赖是一个生物独立性的必要条件。"①因此,独立性是在依赖性中编织的,这就是生态关系中一个特有的"悖论"。

2. 矛盾:人对自然的异化与自然的反异化

人的"能动性"与"受动性"的关系,不管是在观念的层面还是在行为的层面,人类都没有很好地解决它。相反,近代以来,人的"能动性"是极度膨胀的,结果,造成了人对自然的"异化"与自然对人的"反异化"的尖锐矛盾。

一方面,人对自然的异化。所谓"异化"是指,"我们本身的产物聚合为一种统治我们的、不受我们控制的、与我们愿望背道而驰的并且把我们的打算化为乌有的物质力量。"②站在自然界的立场看,作为自然产物的人反而变成了自然的对立物,并以其行为改变并威胁着自然本身的秩序与和谐,这不是异化,又是什么呢?人对自然的异化,在观念的层面上表现为:人通过"人类中心论"的预设,让自然边缘化了;并通过"人的主体性"的预设,让自然客体化了。人对自然的异化,在行为的层面上表现为:人通过技术性的工具作用于自然界,不断增强人类改造自然与索取自然的能力;人通过社会性的组织作用于人自身,不断增强人类改造自然与索取自然的智慧。人对自然的异化实际上是人企图"去依赖性"的过程。历史地看,人的"去依赖性"的过程,隐藏于农业社会、肇始于工业社会、表现于工业社会向后工业社会的过渡期。

另一方面,自然对人的反异化。自然对人的"去依赖性"过程表现出极大的宽容,只有当人对自然的异化行为直接影响到它本身的秩序与和谐时,自然才表现出"反异化"的行为。历史地看,自然的这种"反异化"行为,发端于工业社会,显露于工业社会向后工业社会的过渡时期。近代以来,人类历史上的科技进步与工业革命使人控制自然的能力空前增强,

---

① 埃德加·莫兰:《方法:天然之天性》,北京大学出版社2002年版,第210页。
② 《马克思恩格斯选集》第1卷,人民出版社1972年版,第38页。

然而,工业化在强化人的中心与主体地位的同时,也使人类面临着前所未有的生态危机。今天,这种危机无论是从范围上还是程度上都大大地超过以前——从局部扩大到全球,从危及人们的身心健康扩展到整个人类的生存与社会的发展。因此,思想家马尔库塞说:"商业化的、受污染的、军事化的自然不仅从生态的意义上,而且从生存的意义上缩小了人的生活世界。它妨碍着人对他的环境的受欲式的占有和改变,它使人不可能在自然中重新发现自己。""大气污染和水污染、噪声、工业与商业强占了迄今为止还能涉足的自然区,这一切较之奴役和监禁好不了多少。"①这就是自然对人"去依赖性"的抗争,也是自然对人的"反异化"。

3. 反思:人与自然之间伦理关系的认识

人对自然的独立性是在依赖性中编织的,这一生态关系的"悖论"恰恰构成人与自然之间伦理关系的深刻原因。人类对这一深刻原因的认识,是由人与自然之间的对立,即人的异化与自然的抗异化的尖锐矛盾催发的。此后,人通过一系列的反思,才进一步提出:人与自然之间存在着一种更为深刻的关系,即伦理关系。

人与自然之间伦理关系的提出,这对传统伦理学的研究视域是一个非常重大的突破。差不多在20世纪70年代以前,人与自然之间的伦理关系是不可思议的。但是,这之后,随着生态危机的日益严重,"大地伦理"、"生态伦理"、"环境伦理"等概念先后进入思想家的视界,这意味着伦理学的研究正在发生着一次重大而深刻的转变,即从研究人与人、人与社会之间的伦理关系,转向研究人与自然之间的伦理关系。这种伦理学研究转向的重大意义就在于:人类开始突破传统的"人类中心论"的理论预设,人类道德关怀的视野开始从人扩展到更宽广的自然界,道德共同体的范围延伸至人之外的其他非人类存在物,实现了伦理学发展的一次飞跃。

人与自然之间伦理关系的确立是非常重要的,因为,伦理关系既是一

---

① 马尔库塞:《工业社会与新左派》,商务印书馆1982年版,第128—129页。

种必然性关系,也是一种必要性关系。说它是必然性关系是因为它体现的是事物本身的存在和变化规律,比如:家庭中的亲子、长幼关系是客观的、不依个人意志为转移的,也是不可逆转的,这是必然性;那么,当人认识到这种必然性的关系时,其必然性之理就转换为必要性之理。也就是说,在家庭中会按照辈分的伦理关系来确认亲子、长幼的关系,于是,在家庭关系中就产生了:"亲子要有亲、长幼要有序,长应有所尊,幼应有所敬"等人伦之理,遵守这些"人伦之理",就是处于家庭关系中的人的一种必要的义务与道德的规定。

　　家庭的伦理关系如此,人与自然之间的伦理关系也是如此。人作为一种关系中的存在,它对于自然的独立性始终不能摆脱它对自然的依赖性,当人认识到这种必然性之理时,人就会自觉地履行在这种必然性关系中的特定责任与义务,因此,道德伴随着伦理关系而产生,又维系和调节着伦理关系的发展,它一方面通过"应当如何"的义务规定来塑造人的德性,另一方面又以社会风尚的形式维系着人与自然和谐关系的生成。概言之,当客观的、必然性的伦理关系之理真正获得主观上应然性的行为表达时,体现出来的就是人之"善",反之,就是人之"恶",即黑格尔所言的"主观的善和客观的、自在自为地存在的善的统一就是伦理。"①黑格尔所言的这种"伦理"乃是人类基于一种关系的存在,而生发出的一种自我约束乃至自我管理的道德建构。

4. 深化:政府与自然之间伦理关系的提出

　　人与自然关系中的"人",有三种存在形态,即个体的人、群体的人与整体的人类。笔者认为,当前研究中,人与自然伦理关系中的"人",在理论表达上,要么指的是"个体的人",要么指的是"整体的人类",也就是说,人与自然之间伦理关系的研究,还仅仅局限于"个体的人"或"整体的人类"这两端与自然之间伦理关系的研究上,由此而生发出的对人类一系

---

　　①　黑格尔:《法哲学原理》,商务印书馆 1961 年版,第 162 页。

列行为的反思与道德约束。在现代社会中,就对自然干预的程度而言,
"整体的人类"是抽象的,"个体的人"是渺小的。可以说,对自然产生广
泛而深刻影响的既不是个体的人,也不是抽象的人类,而是以组织方式存
在的"群体的人"。因此,为了深化人与自然之间伦理关系的研究,理论
界应着重研究以组织方式存在的"群体的人"与自然之间的伦理关系。
正如彼得·德鲁克所言:"社会已成为一个组织的社会。在这个社会里,
不是全部也是大多数社会任务是在一个组织里和由一个组织完成的。"①
这充分说明了组织的重要性。

　　历史地看,人作为一种存在,一开始就表现出由本能支配的组织性。
人之所以比动物高出一筹,也是因为他们不断地用自己的意识去影响与
生俱来的组织性,使它不断地被涵化与整合。可以说,没有任何一个动物
像人类这样,个体在群体面前显得如此渺小而荏弱。现在人们提到的"社
会"概念,实际上是指抽象了的大组织,它是组织发展到一定阶段后的产
物,所以,组织的总和构成了人类社会。在组织中,人的群体能力不是个
体能力的简单相加,而是相加后,还要乘上一个十分重要的组织系数,即
群体能力 = 个体能力之和×组织系数。② 历史的发展表明:人的组织能
力越来越强,组织体系越来越完善,组织系数也越来越大。在人与自然的
关系上,人正是通过其强大的组织力,表现出对自然干预的程度越来越
广、越来越深。

　　在伦理学的研究中,作为人群体存在形式的组织一直被排斥在其研
究视角之外,传统伦理学几乎成了"个体伦理学"的同义语,其研究视角
始终定格在对"个体的人"进行道德规范上,而对组织所担负的道德责任
几乎没有明确要求。为了改变这种状况,在人与自然伦理关系的研究上,
应该把组织确定为伦理主体,并把组织纳入到伦理关系的调节中来。特
别是,在人的组织性存在中,政府组织是独特的,因为它掌控着"公共权

----

①　彼得·德鲁克:《后资本主义社会》,上海译文出版社 1998 年版,第 52 页。
②　王文元:《论人及人类的组织性——兼论组织性的非思辨性》,《北京社会科学》1998 年
第 3 期。

力",政府组织与其他社会组织间的关系具有管理上与法律上的双重不对等性,政府组织所表现出来的干预社会与自然环境的能力是其他社会组织不可比拟的;同时,政府组织与自然之间的关系也表现出多维性与复杂性,这些因素都表明:研究政府与自然之间的伦理关系是必要的、迫切的,是对人与自然之间伦理关系研究的深化。

第二节　政府与自然之间的伦理关系

1. 政府与自然现实关系的复杂性

要研究政府与自然之间的伦理关系,首先我们要分析一下政府与自然之间的现实关系,而伦理关系恰恰是从理想意义上对现实关系的引导与调节。

一方面,政府是自然环境干预重要的社会力量。政府是政治统治的工具,其政治统治必须落实在发展经济与社会管理两个层面上。因此,对于现代政府职能的认识,大多数学者都承认政府具有"经济职能"的特性。尤其是对于后发现代化国家而言,政府发展经济的职能是保持其政治统治合法性的重要依据。也正是基于此,邓小平才说"发展是硬道理",而他说的"发展"就是指社会经济的发展。政府在履行经济职能的同时,必然参与到社会总资源的分配中,其中就包括对自然资源的分配与干预。政府虽然不直接参与社会的经济活动,但它作为一个特殊的社会主体,其经济职能与经济行为表现在:第一,作为代理人为社会提供公共服务与公共产品;第二,掌握自然资源的所有权、经营权与管理权;第三,对国民经济进行宏观调控与引导。政府不论是提供公共产品,还是进行宏观调控,其行为都会对自然环境产生干预与影响,尤其是,政府的宏观调控对自然环境的影响具有极大的特殊性,即牵涉面广、影响深远又不易察觉。在现实中,政府组织由于其自身的特殊地位与独立利益需要,它对自然环境的干预是广泛的、深刻的也是严重的。

另一方面,政府是自然环境被干预的主要管理者。现实中,人对自然环境的干预也带来一系列环境问题,比较突出的是环境污染与生态破坏。这两者都是指由于人类社会经济活动对自然环境的干预作用超过了环境所能承载的范围所致。按照生态学的基本原理,环境中的每一自然因素的数量都有一个最低极限值与最高极限值。当一个自然因素的数量超出这一值域时,这一系统中的所有种群,甚至任何一个个体都无法生存。因此,人类对自然环境的干预必须限制在一定范围内。一般而言,对自然环境进行干预的社会主体有三种,即个人、企业与政府。其中,政府既是环境干预的被管理者,又是环境干预的管理者。自然环境不归属于任何个人所有,因此,诸如空气、水等环境要素应被视为"公共物品"。从社会的组织体系看,政府是唯一的公共性组织,它受社会与公众的委托,对"公共物品"负有保障与维护的责任,因此,政府是环境干预的主要管理主体。政府可以通过行政、法律、经济与技术等多种手段对人类的干预行为进行约束、控制与引导,以保证人类生存环境的质量与自然资源的数量。

总之,从行为的层面看,政府既是自然环境干预的重要力量,又是自然环境被干预的评判者,因此,政府对自然环境的态度将决定着自然环境的基本状况。而从价值的层面看,政府作为唯一的公共组织,应是自然环境这一"公共物品"可持续利用的维护者,它对自然环境的可持续发展负有道德责任,也就是说,政府是自然环境保护最大的责任人,这是政府与自然之间深刻的伦理关系。

2. 政府组织成为"伦理主体"的依据

在政府与自然之间建立起伦理关系,这样,在政府与自然的关系上,我们就把政府组织提升为"伦理主体"。这是对传统伦理学研究视域的一个非常重大的突破。

在经济伦理的研究中,一谈到企业伦理,人们就很自然地联想到企业家之伦理。"久而久之,企业伦理这一概念实质上就已经演变成了另一概念:企业家之伦理。当然我们不可否认谈到企业伦理必然要涉及到企业家,但是企业伦理与企业家伦理毕竟是两个概念,后者所涉及的是个人,前者则是团体。假如两个概念被混淆,那么本来应是由作为整体的企业承担的责任就会被推向个人或几个代表,或者归咎于企业所无法决定的经济活动的外围条件。"①

类似的情况,在行政伦理的研究中也是存在的。也就是说,人们一提到行政伦理,言下之意就是指政府官员的道德问题,而没有意识到:政府组织作为一个团体也是道德义务的载体,也是伦理的主体。这种状况与西方伦理学的历史传统有关。在以前,西方伦理学中存在着明显的"个体伦理学"与"社会伦理学"的划分。个体伦理学是微观意义上旨在涉及个体行为与生活的道德规范;而社会伦理学则是宏观意义上旨在涉及社会整体共同福祉的道德规范。但是,到了与传统的社会结构完全不同的现代工业化时代,来源于团体、组织的大型集体行为之现象与日俱增,并给今天的社会打下了深刻的印记。伦理学也立即面对着一个新的领域:在微观与宏观问题层面之间又出现了一个以前很少触及的中观层面,即团体行为的道德责任问题。美国圣母大学经济伦理学专家恩德教授指出,如果回避团体的道德责任,把问题无论是推给个体或者是社会,这在理论上和实践上均是一种"伦理上的强求"。② 对此,国内学者也提出要建立"团体伦理学"的想法。③

就团体而言,大致有三大类,一是组织性团体,像政府、学校与企业等;二是群类性团体,像知识分子、个体户、下岗工人等;三是区域性团体,像中国人、南方人、北京人等。而团体伦理学的研究重心应是组织性团体,其中尤其是企业与政府组织。因为这两个团体的共同特点是:组织严密,体系完整,成员间的相互关系密切、利益关联性大,制度制约性强,上下隶属关系明显。就其与自然环境的关系而言,政府的干预是最大的,企

① 甘绍平:《伦理智慧》,中国发展出版社2000年版,第61—62页。
② 甘绍平:《伦理智慧》,中国发展出版社2000年版,第64页。
③ 洪德裕:《团体伦理学发凡》,《浙江社会科学》1999年第1期。

业次之。因此,从理论上非常有必要把政府组织作为独立的"伦理主体"来对待。把政府组织当作伦理主体看待,其客观依据有以下三点:第一,政府组织具有意向性,即它具有自己的行为意志;第二,政府组织能够将其决策付诸行动;第三,政府组织的行动能够产生积极或消极的后果。因此,政府组织实际上构成了与个体具有极大相似性的行为主体,而且,它还是一个超越个体的行为能力者。

3. 自然界成为"伦理主体"的原由

政府与自然之间的伦理关系,同样要求我们把自然界也当作"伦理主体"来对待,这也是对传统伦理学研究视域的一个重大突破。

伦理学作为哲学的一个重要研究领域,则致力于解说道德现象,揭示道德的本质与规律,为人提供据以判断行为正确与否的道德原则。然而,两千多年来,伦理学的研究都无一例外地把注意力集中在人对人、人对社会行为的调节上。自上世纪70年代始,伴随着环境污染与生态恶化等一系列现实问题,伦理学在"善"的理论研究方面发生了一次重大的转向,即从研究人与人、人与社会之间的伦理关系转向研究人与自然的伦理关系,以及受这一关系影响的人与人之间的伦理关系。笔者认为,提出"人与自然伦理关系"这一命题,也就承认了自然的伦理地位,同时也就认可了自然的伦理主体资格,当然,要体会与理解自然的伦理主体地位,人类必须放弃道德主体霸权意识,站在自然物的立场上方能有所领悟。

把自然纳入伦理思考范围,最重要的是承认自然的权利,而理论的难点就在于,如何理解自然的权利。根据西方哲学与伦理学的研究动向,大多数思想家开始超越工业社会背景下所建构起来的"主客二分"的理论假设,擎起了"反人类中心主义"的思想大旗。海德格尔就是其中一位重要的人物,他后期的哲学认为,人不过是天—地—人—神四重结构中的一元,人应该由发号施令的统治者变成谦逊倾听天言的守护者。而在这些五花八门理论的后现代建构中,强调自然界具有主体性是一个核心内容。

从价值认识论的角度,主体只能是人,即人对自然价值的认识与评价。但是,从价值本体论的角度,不仅人是主体,其他生命也是主体。哈贝马斯就曾提出"主体通性"的概念,指出应当"把自然界当作另外一个主体来认识。"①在生态学中,既有以人为主体的生态(人类生态学)和以生物为主体的生态(包括个体生态学、种群生态学和群落生态学),又有以生物圈所有生物为主体的生态(全球生态学)。在这里,每一方都有实实在在的主体性,也应被另一方实实在在地对待。也就是说,不仅人类,其他生命形式也都有自己的自我、目标、需要与利益,它们都可以作为价值主体而存在。

4.政府与自然之间伦理关系的特点

在人与人的伦理关系中,形成伦理关系的双方都是具有独立意志与行为能力的主体,两者在权利与义务等方面是平等的,即关系的双方是以同等的身份构成了伦理关系,双方具有主客体的统一性,在道德规范面前也是平等的。然而,在政府与自然的伦理关系中,虽然我们也强调其"交互主体性",也强调"自然"作为另一主体参与伦理关系的建构,但是,"当自然作为伦理主体时,它只是一种人化的'主体',而缺乏人的主体职责。即自然没有对人、对人与自然关系的道德义务。如果说有的话,它也是通过人作为其道德代言人。"②再说,自然不具有意志与行为能力,它不是一个完全的伦理主体,因此,自然作为伦理主体是不能与人的主体性相提并论的。具体说,在政府与自然的伦理关系中,政府组织具有主动性、能动性,而自然则处于一种受动的地位。

伦理关系的调整需要借助于一定的道德规范,而道德规范的落实需要通过双方责任的界定与良好行为习惯的形成。"人与人之间伦理关系的维护与改造、协调与发展是一种双向性的运动过程,是主体间相互制约、相互促进的活动形式。人们之间的伦理关系如果没有双方主体的互

---

① 哈贝马斯:《作为意识形态的技术与科学》,学林出版社1999年版,第189页。
② 马永庆:《论人与自然之间存在的伦理关系》,《齐鲁学刊》2004年第2期。

动或各主体对自身行为的制约,这种人伦关系就会出现问题。"①然而,在政府与自然伦理关系中,对于自然而言,道德是无法将其加以规范的,因为自然既无制定道德规范的意志与能力,也无遵守道德规范的责任与义务。虽然,自然的活动与作用力有时会给政府组织的政策输出以及决策与管理活动施以重大的影响,但是,政府组织无法用善恶的道德标准来加以评判,更不能给自然套上道德的枷锁。因此,在政府与自然的伦理关系中,道德所要调节的对象只能是政府组织的行为,由此形成的责任与义务也是一种纯粹指向政府组织的单向度的规范形式。

因此,政府与自然的伦理关系决定了政府的"双重角色",即政府作为社会与公众的委托代理人,一方面它要成为满足公共利益的伦理主体,另一方面它还要成为维护自然界可持续发展的伦理责任人,再加上政府组织是唯一的公共组织,因此,政府组织是最大的自然环境伦理责任人。

第三节　政府是最大的环境伦理责任人

1. 关于政府环境伦理责任的"源原之辩"

"源"即历史资源,它是指历史上,尤指中国古代历史上形成的关于政府环境伦理责任的思想资料;"原"即现实原由,它是指基于当代环境与生态的现实问题,而引发的关于政府环境伦理责任的根据。当代环境问题的现实之"原"决定了:政府作为社会的代理人角色必须强化环境伦理责任,应把环境的可持续发展作为政府对于社会价值的自我求证;而历史之"源",不仅会影响中国政府环境伦理责任的民族形成与特点,而且还会为政府环境伦理责任体系的建构提供可选择的文化支持与思想资料;同时,历史之"源"又必须接受现实之"原"的检验与筛选。政府与自

---

① 马永庆:《论人与自然之间存在的伦理关系》,《齐鲁学刊》2004 年第 2 期。

然的伦理关系必然要遵循这一"源原之辩"的规律。

第一,"源"——古代关于政府环境伦理责任的文化资源。在我国古代,很多思想家与政治家普遍把对自然的保护看作是王道政治的基点。由于他们认识到:人类依赖自然界生活,与生物、山林、土地等自然资源息息相关,因而把王道政治的目标推广到生物与自然界。他们追求与重视生态道德的政治意义,普遍把保护生物与环境看作是君王的道德行为,并记述了丰富的政治生态伦理思想,这些思想资源对于今天政府的环境伦理建设仍具有重要的现实意义。(1)夏商周时期,保护生物与环境被看作是"三皇五帝之德"。夏朝提出的著名古训乃是:"春三月,山林不登斧斤,以成草木之长;川泽不入网罟,以成鱼鳖之长。"这是帝王都必须遵守的。《史记·殷本记》中就记载了,商汤用对动物的仁德促成霸业的关于"网开三面"的故事。商纣末期,周公讨伐暴虐无度的纣王,把"暴殄天物"作为他的一大罪状。东周著名的政治家管仲更是把"公平"的道德概念由人推广到天地万物,"天公平而无私"、"地公平而无私"、"人公平而无私"。① (2)春秋战国时期的生态伦理思想。道家的"无为而治"的治国理念中就内含着保护自然环境的思想。老庄都认为,不能把自然万物破碎为各种器具,都主张"复归而朴",这是有利于保护自然环境的"无为"政治。儒家宣扬"王道"政治,在其思想中,也同样把保护生物资源提高到王道、仁政的高度。荀子说:"圣王之制也,草木荣华滋硕之时,不夭其生,不绝其长也。""王者之法,等赋,政事,财万物,所以养万民也……山林泽梁,以时禁发而不税。"②(3)我国古代把保护环境提到政治的高度,不仅留下了大量的思想与文化资料,而且还从制度上建立了保护自然环境的政府机构——"虞衡"。"虞衡"是我国古代主管山林川泽的政府机构的名称,它设有专职官员,其目标与职责是保护各种生物与自然资源。据说,最早的"虞衡"产生于4000多年前的帝舜时期,一直延续到清

① 《管子·形势解》。
② 《荀子·王制》。

王朝。①

第二,"原"——当代政府强化环境伦理责任的现实原由。

一方面,从全球背景来看,由于环境问题的日益政治化,从而使环境问题进入了政府的视野。表面上看,生态环境问题与政治、政府是无关的,实际上,人类的任何环境危机都是人类在一定制度框架下的社会活动引起的,当今世界的环境问题都与政府的政治决策与管理行为紧密联系在一起。因此,"为了协调人类与自然生态系统的关系,人类社会必须进行深刻的变革,变革的起因在于生态,但变革本身在于社会和经济,而完成变革的过程则在于政治。"②自上世纪 70 年代初,在西方发达国家,兴起了一个以市民为主体,以保护环境为宗旨的"绿色政治运动",并产生了一个环境保护的新生政治力量——"绿党"。在生态运动的强大压力下,环境问题也进入到各国政府领导人的政治活动中,使政治带有浓重的生态保护色彩。比如:日本田中角荣提出了《日本列岛改造论》、美国的里根与英国的撒切尔夫人在国际舞台上争夺环保的"主导权"、德国的科尔坐环保车参加国际会议、美国的戈尔主张制定全球环境马歇尔计划等③。这表明,当代政府的环境伦理责任意识在不断地得到强化。

另一方面,我国作为一个发展中国家,政府的环境伦理责任经历了一个从无到有、从弱到强的过程。在建国初期的工业化阶段,中国的环境问题就比较严重,特别是在"大跃进"时期,中国政府对工业化的片面追求对自然环境与资源造成了巨大的危害。但是由于中国政府当时的环境伦理责任意识比较淡薄,没有采取有效的政策与法律的措施加以缓解。1972 年,联合国人类环境会议的召开与《联合国人类环境宣言》的发表,提出了"环境保护"的概念并明确了政府在环境保护上的责任。1973 年,

---

① 余谋昌:《政治·生态·伦理》,参见徐嵩龄主编:《环境伦理学进展:评论与阐释》,社会科学文献出版社 1999 年版,第 339—343 页。

② 陈敏豪:《生态文化与文明前景》,武汉出版社 1995 年版,第 15 页。

③ 肖显静:《生态政治——面对环境问题的国家抉择》,山西科学技术出版社 2003 年版,第 7 页。

中国国务院举行了第一次全国环境工作会议,开始将环境问题作为一个重大的政府管理问题提了出来,从此,我国的环境保护工作才真正有效地开展起来了。改革开放以来,随着我国现代化建设步伐的加快,我国的环境问题也日益严峻起来。这表现为:严峻的资源形势、严峻的环境形势,生态危机加重。对此,上世纪90年代,中国政府加大了环境保护的力度,并于1994年公布了《中国21世纪议程》,1996年,全国人大审议通过了2000年和2010年的环境保护目标。迄今为止,我国初步形成了环境法体系,以及相应的环境保护机构与全国的环保系统。这表明,我国政府的环境伦理责任意识也在不断强化。

2. 政府:环境伦理由理论走下神坛的主导力量

第一,环境伦理"理性品格"形成的重要标志——科学共同体与范式。自上世纪70年代开始,在环境伦理学的学科发展中,逐渐形成了这一学科的"科学共同体"与"范式",这主要表现在下述三个方面:(1)有关环境伦理学的论文和专著不断涌现,专业期刊、学会等学术机构相继问世。尤其是1990年,在布鲁塞尔成立了"国际环境伦理学协会",从而宣告了环境伦理学研究会这一社会组织形式的诞生。(2)随着环境伦理学研究对象、研究方法与研究内容的不断拓展,其理论研究呈现出多元化的局面,并形成了不同的流派。(3)环境伦理学及其道德原则在国际范围内得到推广、普及与认同。比如:1980年的《世界自然宪章》与《世界自然资源保护大纲》、1992年的联合国的《保护地球——可持续生存的战略》等。[①] 科学共同体与相关研究范式的形成,标志着环境伦理由经验认识上升为理论思考,从潜科学转变为显科学,标明了环境伦理学作为一门学科得以确立。如今,环境伦理正在向社会进行广泛渗透,它已经成为环境保护的重要精神力量与价值导向,并逐渐转化为人类的一种生存与生活

---

① 陈其荣:《现代哲学的转向:人与自然的伦理关系》,《华南理工大学学报(社会科学版)》2001年第4期。

方式。

第二,环境伦理"实践品格"形成的主导力量——政府组织。环境伦理的理论品格一直在强调:"需要一种新伦理,这种伦理必须驱动一个伟大运动,说服不情愿的领袖们和不情愿的政府,以及不情愿的人民,自己来实现必需的改变。"①因此,环境伦理学从它产生的那一天始,就更加突出与强调其实践性的品格,即环境伦理必须走下理论的神殿。

历史与现实的双重逻辑都表明:能够实现环境伦理实践性品格的社会主导力量只能是政府组织。(1)从人类价值实现的角度看,政府是社会实现目的的工具。根据契约论的观点,人们经过社会契约形成了政府,而人们建立政府的目的就是为了保障个人的安全与过和平的生活。在今天看来,自然环境就是人类公共安全非常重要的一个组成部分,因此,提供一个安全的、可持续的自然环境是政府责无旁贷的任务之一。(2)从社会权力强弱来看,政府是拥有最强的公共权力的组织。毫无疑问,权力是一种力量,它可以决定并改变有关参与者的物质关系、精神关系与意识关系。尽管在当今社会,政府权力的影响有缩小的趋势,但是它仍然会涉及到社会中相当宽广的领域,它对社会与自然界的影响是其他组织无可比拟的。(3)从现实的环境责任指向来看,政府是承担的主体。根据"公共委托"理论,自然环境作为社会的公共物品,是由国家代为管理的,而政府组织是这种公共物品的管理主体。因此,现实中的众多环境责任是直接指向政府的。比如:1972年联合国人类环境会议上提出的《联合国人类环境宣言》中就指出,保护和改善人类环境一方面是全世界各国人民的迫切希望,另一方面是政府的责任。(4)在环境保护机制中,政府与市场的共同作用,也是以政府为主导的。

3. 政府环境伦理责任实现的两个环节

第一,环境伦理的客观责任转变为政府的责任意识。政府在对社会

---

① 欧文·拉兹洛:《第三个1000年:挑战和前景》,社会科学文献出版社2001年版,第83—84页。

的多种责任形式中,就内含着环境伦理责任。一方面,就责任的特点来看,任何责任都具有客观的社会规定性内涵,因为责任是来自于社会对特定角色的客观要求。在政府与社会的伦理关系中,政府作为代理人角色就必然要承担保护环境的客观责任。另一方面,任何责任又都是一种社会意识,它具有主观性的特征,也就是说,任何客观的社会责任只有在获得人们的认同后,才能真正实现。面对责任,人们既可以承担也可以推卸,其关键是人的选择,即人对责任的认同或叫责任意识。因此,对于客观的环境伦理责任,必须在获得政府组织的认同后,即当它切实转变为政府组织主观的责任意识后,才能真正影响政府组织政策的制定与实施。而政府的环境伦理责任意识,可以通过它制定的环境规划、环境政策、环境法规与环境标准的情况以及它推行这些规划、政策、法规与标准的力度体现出来。一个环境伦理责任意识强的政府,不仅能制定比较完备的环境规划、环境政策、环境法规与环境标准,而且能有效地推行这些规划、政策、法规与标准。因此,政府承担环境伦理责任的状况与政府的环境伦理责任意识直接相关,而政府环境伦理责任意识的培养,除了要认同责任的客观规定性外,还必须加强政府在环境保护中的伦理修养与道德追求。

第二,建立以"政府为主,市场为辅"的环保机制。从保护自然资源与环境的角度出发,实现资源的优化配置是最重要的,而人类所形成的资源配置方式不外乎政府调控与市场调节。一方面,在现实中,市场调节对于自然资源配置上的"失灵"现象是显著的,因此,理论界已经认识到市场这只"看不见的手"对于自然资源与环境保护的局限性。对此,中国环境科学研究院徐嵩龄的研究非常深刻地揭示了:市场本身没有为环境保护提供强有力的制度保证。他通过分析与研究现代自然资源管理中三大基本问题:即人与自然的关系、人类代与代之间的资源共享、人类污染排放和环境问题,进一步指出,这三大基本问题的解决都超越了市场本身固有的功能。[①] 学者肖显静则具体研究了自然资源保护中"市场失灵"的三

---

① 徐嵩龄:《论市场与自然资源管理的关系》,《科技导报》1995 年第 2 期。

大表现:经济人的道德准则不利于环境保护、市场的内涵不利于现代自然资源管理、自然资源的多种价值不能在市场上得到实现。[①]

另一方面,历史地看,在工业经济时代,政府几乎从不考虑如何将经济增长与环境保护在法律与道德的基础上有效地统一起来,因此"政府失灵"也是司空见惯的。实践中,当政府的政策或具体运行所采取的手段不能有效地改善环境,从而达不到预期目标时;当政府行为虽然达到预期目标,但是环境管理成本高昂,造成大量社会资源浪费时;当政府行为达到预期目标,效率也较高,但却带来一些其他负效应时,就会出现政府失灵。环境保护中的"政府失灵"具体表现为:排污费收费偏低、产业结构不合理、粗放式的生产方式、自然资源定价过低、公有地悲剧不断重演等。

因此,在环境保护中,既有"市场失灵"也有"政府失灵",也就是说,政府与市场都有不具备单独承担环境保护工作的能力。发达国家在环境保护方面的成功经验告诉我们,唯一行之有效的途径是采用"政府为主、市场为辅"的环保机制。这种环保机制不是让政府与市场各行其是,而是取两者之长,补两者之短,使两者相辅相成。显然,在政府与市场共同作用的环保机制中,政府的宏观调控能够发挥政策引导、法律规范和道德推动的重要作用,它是主导力量;而市场能够产生将环境保护现实化、普及化与大众化的积极效应,是辅助力量。"政府是环境保护的主导力量,这主要是指政府可以通过制定有关的环保政策,建立起与市场经济相适应的环境保护宏观调控机制;与政府的主导地位相对照,通过微观层次上的经济杠杆和市场规律的作用,市场也能够在推动环境保护方面显示它的巨大威力。政府不直接投资环境保护事业,是环境保护的间接参与者,但它却能够对这种有意义的工作发挥引导作用;市场直接投资环境保护事业,是环境保护的直接参与者,但它的环保行为离不开政府的引导——这是'政府为主、市场为辅'这一环境治理机制的真正内涵。"[②]

---

① 肖显静:《生态政治——面对环境问题的国家抉择》,山西科学技术出版社 2003 年版,第 118—124 页。
② 向玉乔:《政府环境伦理责任论》,《伦理学研究》2003 年第 1 期。

第二章　政府与社会的伦理关系：
以和谐社会为视角

第一节　三维视野下政府与社会关系的理路

在学术界，政府与社会的关系可以说是一个永恒的话题。我国理论界对政府与社会关系的研究，是基于解构我国传统体制下"大政府、小社会"的模式，旨在建构新型的"小政府、大社会"的模式。综观我国学术界的研究内容，可以看出：理论研究是在三维视野下获得展现的。本部分拟对此进行综述，并在此基础上，提出政府与社会建构一种合理的伦理关系的思路，以深化政府与社会关系的研究。

1. 视野一——政府与社会关系的历史嬗变

国家与社会的关系是一个悠远的主题，而这一主题就具体体现为政府与社会的关系。政府与社会的关系是伴随着人类社会的历史进程而不断发生嬗变的。我国学术界就有学者着力探讨了这一嬗变的基本轨迹。

第一，前资本主义时期政府与社会的关系——权力控制型模式。①

---

① 罗自刚：《合作抑或冲突：变革时代的政府与社会关系的考察——对马克思主义治理学说的历史诠释》，《中共山西省委党校学报》2004年第3期。

在古代和中世纪社会,封闭的自然经济把社会分割成宏观上的国家与微观上的家庭两极,因此,社会成为家庭的简单堆积而如同"一袋马铃薯"。人类联系与历史统一的程度极其低下,社会弱小到难以行使起码的自主权,这就形成了作为国家权力具体表现形式的政府组织对社会的全面而直接的干涉以及到处入侵,从而表现出政府权力对社会的全面控制。这一权力控制型模式的特点是:政治控制无所不及,行政关系成为唯一起作用的社会关系,从而造成政府与社会之间的"强控制"与"弱自主"的关系。在这种关系模式下,社会自治程度极为低下,并导致社会活力的整体性窒息。

第二,自由资本主义时期政府与社会的关系——权力释放型模式。[①]在资本主义时期,政府对社会的关系开始了由权力控制到权力释放的历史性转变,社会获得了在传统模式下所无可比拟的诸多自由与权力,社会自治程度因之而深化,公民社会不断获得解放并发育壮大,由社会自治而取得的社会活力成为自由经济发展的根本驱动力。在近三个世纪的自由资本主义时期,西方政府总体上遵循着不干预与无为而治的法则,政府使自身的角色与活动限定在"守夜人"范围之内。这一时期,社会与公民权利的扩大,国家与政府权力的限制是一个基本趋势与目标;由此,国家与社会、政府与公民基本上形成了二元化的结构模式,并形成了国家与社会、政府与公民相互渗透、相互包容的态势,政府的职能遵循着"全能政府"向"有限政府"的深刻转变。

第三,新公共管理运动下政府与社会的关系——公共服务型模式。从全球范围来看,行政改革是一个永恒的主题。本质上,行政改革是政府在一定历史条件下源于公民社会的需要对自身与社会关系的调整。上世纪70年代,西方各国的行政改革,就是根据公民社会的需要来重新定位政府与社会的关系,进而重新定位政府的职能。这场政府改革

---

① 罗自刚:《合作抑或冲突:变革时代的政府与社会关系的考察——对马克思主义治理学说的历史诠释》,《中共山西省委党校学报》2004年第3期。

虽然各自具有不同的内容,但概括而言,改革的主题是紧紧围绕着否定韦伯式的传统公共行政、主张代表行政现代化的新公共管理运动而展开的。在新公共管理运动的引领下,西方各国的政府改革的价值选择与职能定位却异常的接近,即以公民社会为导向的、旨在强化"公共服务"的职能定位。行政改革通过引入市场模式迫使政府组织对公民社会的需要作出反应,从而确立了"顾客社会"与"公众主权"的一些新理念,整个改革在政府与社会的关系上就具体体现为权力中心主义向服务中心主义的深刻转化。

2. 视野二——政府与社会关系的理论阐释

历史地看,对于政府与社会的关系,西方的思想家提出了各种理论解释框架。因此,对这些理论进行系统梳理,也是我国学术界所做的一个基础性的工作。这一工作可以概括为三个方面。

第一,两种"市民社会与国家关系的学理架构"。邓正来教授认为,从市民社会与国家关系的角度出发,大体上形成了两种截然不同的理论架构:一是以洛克为代表的自由主义者的"市民社会先于或外于国家"的架构,二是黑格尔所倡导的"国家高于市民社会"的框架。显然,这两种学理架构都有不同侧面的强调,亦即洛克透过对国家权力疆域的限定而对市民社会的肯定,以及黑格尔透过对市民社会的低评价而对国家至上的基本肯定,构成了它们之间的区别,从而在历史中又表现彼此间的互动。"我们说这两种架构相对于对方都具有某种制衡性的因素,并在历史的现实中,彼此构成了相互制约的关系。……,中国市民社会与国家的关系架构绝非只有非洛即黑的选择,毋宁是二者间的平衡,亦即笔者力主型构的市民社会与国家间良性的结构性互动关系。"①

第二,非马克思主义的政府与社会关系的理论。学者胡良琼对此进

---

① 邓正来、J. C. 亚历山大:《国家与市民社会——一种社会理论的研究路径》,中央编译出版社 2002 年版,第77—100 页。

行了系统的梳理。这些理论主要有：(1)无政府主义理论。它认为，政府是产生社会祸害的根源，因此应该消灭国家与政府，从而建立起一个没有政府、个人绝对自由的自治社会。(2)国家主义理论。它认为，国家与政府是神圣万能的，因此，社会及公民必须服从政府，进而主张政府要全面控制与管理社会。(3)自由主义理论。它认为，政府应当承担对社会的管理职能，而社会是不能为政府所取代的，因此，政府的权力要受到制约。(4)新法团主义理论。它反对将国家与政府看作是一种消极无为的组织的观点，主张政府与社会的全面合作，并强调要加强社会中介组织的功能。① 笔者认为，前两种理论都具有极端化的倾向，其价值就在于：它们是作为人类认识政府与社会间关系的一个逻辑环节而存在的，而在历史与现实的双重坐标下，都难以付之于实施。而后两种理论，由于关注的是政府与社会之间两种力量的平衡、互动与合作，因而，在实践中就具有较大的价值与意义。

　　第三，马克思主义的政府与社会关系的理论。学者杜创国对此进行了全面的梳理。(1)恩格斯关于国家与社会的区别。国家是政治的领域，而社会是经济的领域；国家是普遍性的领域，而社会是特殊性领域。(2)马克思主义关于社会—政府—国家关系的基本观点：社会决定国家，国家反作用于社会；政府是国家本质的体现者，是社会与国家之间的中介人；社会与国家间关系的核心是权力关系；剥削阶级的国家与无产阶级的国家有本质区别。(3)列宁关于"半国家"的思想。在"半国家"中，国家职能逐渐简化、社会职能逐渐加强，最后达到自治。社会主义国家的本质就是为人民服务与为社会服务。(4)马克思主义政府与社会关系理论在中国的继承与发展，即邓小平关于领导就是服务、用经济手段管理经济、转变政府职能等阐述，对于认识我国的政府与社会间关系具有更为直接的指导意义。②

---

① 胡良琼：《政府与社会关系的几种理论述评》，《理论月刊》2004 年第 1 期。
② 杜创国：《国家与社会——政府职能转变的一个视角》，《行政与法》2004 年第 4 期。

3.视野三——政府与社会关系的学理论证

历史的考察与理论的梳理都须围绕着我国政府与社会关系这一现实基点。鉴此,我国学术界主要是从权力配置的角度,并结合政府的职能转变,着力探讨了政府的适度规模与政府的控制力等问题。

第一,社会变迁促使"全能政府"向"有限政府"转变。改革开放之前,我国政府与社会的关系模式是简单的,即"全能统制型行政"。这一行政模式的形成是我国特定历史—社会—文化条件的产物,具体表现为四个方面因素的影响,即封建专制主义的政治文化是其历史基因、根据地政府的行政实践是其生命胚胎、前苏联的斯大林政府模式是其榜样与示范、计划经济体制是其生长的制度基础。改革开放之后,我国的社会生活层面发生了全面而深刻的变化,这些变化表现为:利益结构多元化、经济生活市场化、政治生活民主化法制化、公民主体意识明晰化。① 社会生活的综合性变迁,正日益侵蚀与消解着我国传统政府模式赖以存在的政治—经济—文化的基础,在社会力量的静悄悄影响下,我国政府的模式正由原来的"全能统制型行政"向"有限服务型行政"转变。

第二,"大政府、小社会"向"小政府、大社会"转变。伴随着政府职能与模式的变革,政府与社会的关系进入了学者的视界,基于对"大政府、小社会"关系模式的解构,"小政府、大社会"的关系模式被提出并获得了学理上的论证。基于政府与社会的关系并不是此消彼长的零和竞赛,而是具有平等的权利与义务关系,两者在政治发展中都应作出应有的贡献,同时又平等、互惠与互动。"小政府"的特点是:功能科学、权力有限、机构规范;而"大社会"的基本特点就是社会自治功能的强化。因此,应按照"小政府"与"大社会"的要求变革与重塑政府与社会的关系,其核心内容是:通过国家权力向社会转移,让公共权力回归社会;逐步培育社会的自我管理、自我发展机制,以及社会制约国家权力的机制;并培育社会收

---

① 徐邦友:《社会变迁与政府行政模式的转型》,《浙江学刊》1999 年第 5 期。

回国家权力的条件与能力,最终,实现公共权力在政府与社会之间的合理配置。

第三,政府与社会关系的目标模式——"强政府、强社会"。我国学术界在对政府与社会关系的学理探讨中,把"强政府、强社会"作为目标模式,这是对"大政府、小社会"模式的替代性否定,也是对"小政府、大社会"模式的超越性构建。一方面,我国政府20多年来的行政改革与职能转变,就是一个还权于社会的过程,是一个旨在培育"强社会"的过程,实践证明,一个逐渐强大的市民社会正成为我国市场经济与民主政治的坚实基础。另一方面,我国后发现代化的国情与市场经济体制初创的社情,决定了一个"强政府"的干预是合理的社会诉求。"强政府"并不意味着政府强权主义的推崇,"强社会"也并不意味着政府不干预主义的主导;因此,"强政府、强社会"决不意味着两者之间的强制衡、强对抗,而是蕴含着合理化、合法化分权基础上的强支持、强互补,是政府与社会的"双强"与"共赢"。

总之,透过我国学术界三维视野下的理论思考,我们可以明晰政府与社会关系的逻辑理路:(1)从发展来看,政府对于社会的作用范式由管制迈向服务是一个不可逆转的趋势;(2)在理论的对比性研究中,马克思主义的国家、政府与社会互动式的"历史统一"理论,更具有实践性的品格;(3)从现实来看,我国政府与社会之间正由纵向的等级控制关系转变为横向的平等互动关系;(4)从目标来看,我国政府与社会关系的理想模式乃是"强政府、强社会"的"强强联合"。这些都是我国理论界所达成的基本共识,这些成果对于重塑我国政府与社会的关系,无疑具有重大的引导价值与意义。

然而,深入细致的分析就不难看出:我国理论界对政府与社会关系的研究,尽管展现出多维视角,但还仅仅局限于政府与社会之间外在的权力配置关系的层面上,其目的:一是为了限制政府的适度规模与控制社会的能力;二是为了扩大社会的自主权与自治能力。在我国早期的社会转型中,我们通过体制改革、制度设计与法规建设的路径,重新配置政府与社会的权力,以调整政府与社会的关系是合理的;然而,随着社会变迁的广度延伸、政府改革的深度拓展,并伴随着市民社会力量的壮大,我国原有的社会统摄于政府的高度同构状态逐渐消解,社会与政府从而呈现出二元化的结构态势,政府与社会之间的关系也随之复杂化。笔者认为,为了深化政府与社会之间关系的研究,学术界不能仅仅局限于外在的权力关系配置的层面上,而应该深化到内在的伦理关系建构的层面上。

无论是从产生还是从存在来看,政府都只是社会的工具,只有当政府把社会看作是目的时,政府才是善的,否则就是恶的。政府与社会之间不仅要确立一种合理的权力边界,更为重要的是:政府与社会之间还必须建构一种合理的伦理关系,在这种伦理关系中,政府要担当起更多的对于社会的责任,而政府的德性就具体体现在它担当社会责任的程度。因此,政府与社会之间外在的权力关系必然要深化为内在的伦理关系,只有在这种内在的伦理关系的思考与建构中,政府才能找到其准确的价值定位。因此,政府与社会之间外在的权力配置的思路,如果能再加之内在的伦理关系的建构,那么,一种合理的政府与社会的关系就能崭新生成,并能实现有效互动。

在政府与社会的伦理关系中,政府与社会作为伦理关系的两个主体,其地位与作用是有很大区别的。在一般的伦理关系中,双方在权利与义务等方面是平等的,即双方具有主客体的统一性,在道德规范面前也是平等的。然而,在政府与社会的伦理关系中,虽然我们也强调其"交互主体性",也强调"社会"作为另一主体参与伦理关系的建构,但是,政府与社会在伦理关系建构中的地位与作用是有本质区别的。对此,黑格尔比较深刻地揭示了其中的道理。黑格尔认为,第一,市民社会具有独立却不自足的规定。因为,市民社会是一个私欲间的无休止的冲突场所,这一特性决定了它不仅不能克服自身的缺陷,而且往往趋于使其偶然的和谐及多元性受到破坏。市民社会一部分的兴旺与发展,常常会侵害或阻碍其他部分的发展。因此,市民社会是独立的,但却是不自足的。第二,市民社会的不自足性只有靠政治秩序方能化解。市民社会的不自足性就需要有一个外在的、但却是最高的公共机构来解决其不自足性所带来的问题,比如,社会利益矛盾与冲突等。只有国家才能有效地救济市民社会的非正义缺陷,并将其所含的特殊利益融合进一个代表着普遍利益的政治共同体之中。① 因此,在黑格尔那里,国家乃是伦理理念的现实,它代表并反映着普遍利益。

政府与社会伦理关系的特点决定了政府具有更大的主动性与能动性,而社会则处于一种相对受动的地位。在这种伦理关系中,道德调节的对象主要指向政府一方,由此形成的责任与义务也是一种纯粹指向政府组织的、单向度的规范。因此,在政府与社会的伦理关系中,政府必然具有了"双重角色",即政府作为社会与公众的委托人,它一方面要成为满足公共利益的伦理主体,另一方面还要成为维护社会"和谐与多元性"的责任人。鉴此,结合我国政府与社会之间的现实关系,并结合党中央提出的"建构和谐社会"的发展战略,本部分对于"和谐社会"的治理理念,以及政府在建构和谐社会中的责任与德性问题作一探讨。

第二节　和谐社会:通古今之变的治国理念

1."和"——我国古代重要的治国范畴

"和"是我国古代最早出现并被广泛阐释的一个重要的文化概念,是中华文化中一个带有总体性价值追求的最高范畴之一。一方面,"和"立足于从哲学的高度来阐述人们对宇宙万事万物总体性结构、运转及其变化的认识,比如:《易传》中的"保合太和",儒家思想的"致中和",道家所言的"合异以为同",董仲舒的"天人之际,合而为一",以及张载的"天人

---

① 邓正来、J. C. 亚历山大:《国家与市民社会——一种社会理论的研究路径》,中央编译出版社 2002 年版,第 89—90 页。

合一",如此等等,它表达的是自然、人类及其精神的某种良好的秩序与状态,因而它是我国古代哲学、伦理学、美学、文学、史学等领域一个普遍性很高的范畴。另一方面,"和"又能摆脱哲学的超验性与思辨性来审视各种具体事物,从而表达出一种方法论的见解,这样,"和"的概念就被泛化了,比如:在我国古代的社会治理中,"和"就成为对一种理想社会状态的描述,同样,在我国古代的政治领域中,"和"就成为一个非常重要的治国理念。我国古代"和"的概念,尤其是先秦时期"和"的范畴,从一定意义上看,是对我国古代原始社会那种原初的、质朴的和谐社会状态的一种反映,这一认识常常会成为现代社会建构更高级的和谐社会可资利用的思想资源与观念发端。

在中华文化中,对"和"的理解可谓是纷繁复杂,作为治国理念,它的内涵也十分丰富,然而透过这些丰富而复杂的内涵,我们仍可以理出它的一些方法论原则,依笔者所见,"和"对于社会治理所体现的方法论意义有以下两点值得我们今天借鉴。

第一,平衡。在《国语·郑语》中,史伯有一段对"和"的经典解释,"夫和实生物,同则不继。以他平他谓之和,故能丰长而物归之;若以同裨同,尽乃弃矣。"这里的意思是:事物只有保持"以他平他"的差别性,才能繁衍无穷;如果抹杀差异,以同裨同,事物则会不继。这就是我国古代思想中事物"相济相成"的思想。《国语·国语下》中则从安民治国的角度谈到了"和",即"夫政象乐,乐从和,和从平。"这里强调了"和从平",显然是以"平"释"和"。当然,对这段话有不同的解读,依笔者所见,这里所要表达的基本意思有两点:第一,"和"是一种自然秩序,它的前提是事物的差别性;第二,有差别的事物要达到"和"之状态,必须要维持一种基本的平衡。从社会治理的角度来理解,以"平"释"和",所要表达的就是:"和"是目的,而"平"是手段。因为,人类社会是一个系统,而组成这一系统的因素是多种多样的,人类社会之"和",必须建立在各种社会力量的基本平衡上,尤其是利益平衡。由于社会的不自足性,因此,能够维持社会利益平衡的功能性机构就由政府组织来担当,鉴此,笔者认为,在政府的各种职能中，"平衡行政"应该是政府组织非常重要的、但却一直被忽视的一个功能性要求。

第二，息争。就治国功能而言，"和"的另外一个方法论意义是"息争"。《左传·昭公二十年》所载晏婴论"和"时说："是以政平而不干，民以息争。"因为，在社会治理中，如果各社会力量之间的平衡不能有效维持，尤其是在社会转型时期，像我国古代的春秋战国时代，旧的社会平衡被打破，新的社会平衡尚未建立，那么，这些不平衡的社会力量之间就会有利益矛盾与冲突，因此，社会之"和"就难以保证。基于这一认识，我国古代的思想家就提出"和以息争"的理念，而这与西方古代"斗争哲学"的观念是有很大区别的。西方的"斗争哲学"，可溯源于古希腊赫拉克利特的"永恒的活火"，"战争是万物之父"的论断。稍后，西方人进一步提出"世界为斗争所支配"的观念，而这一观念在前苏联也被推向极致。仔细研究，我国古代"和以息争"的理念主要强调的是两个方面的措施。一是建立一种良好的"皆安其位而不相夺也"的社会秩序，从今天的治理实践来看，即社会各阶层的利益能够得到保障，社会各阶层利益表达与实现的渠道畅通。二是如儒家所言的通过"礼之用"来达到"和为贵"，儒家倡导"和"，也不是为和而和、不讲原则；而是主张通过健全社会规范来达到"和"。因此，《论语·学而》中强调："知和而和，不以礼节之，亦不可行也。"

2.马克思主义关于"社会和谐"的见解

实现社会和谐，在社会主义思想的先驱者那里，就一直是一种美好的社会理想。19世纪空想社会主义的思想家傅立叶就撰写了《全世界和谐》（1803）一书。他预言，不合理不公正的现存制度，将被新的"和谐制度"或"和谐社会"所代替。在马克思主义理论中，"和谐"作为一种社会状态，是包括社会主义社会发展阶段在内的共产主义社会的一种本质性特征。马克思在《1844年经济学—哲学手稿》中就把共产主义社会定义为"人和自然界之间、人和人之间的矛盾的真正解决。"恩格斯在《政治经济学批判大纲》中也把共产主义称为"人类同自然的和解以及人类本身的和解。"这表明,实现社会和谐也是马克思主义理论所追求的一个总体性目标。在马克思主义理论中,论及社会和谐内涵的有两个方面的突出表现。

第一,经济、政治与文化三大社会结构的统一。马克思主义基本理论认为:人们在自己生活的社会生产中发生一定的、必然的、不以他们的意志为转移的关系,即同他们的物质生产力的一定发展阶段相适应的生产关系。这些生产关系的总和构成社会的经济结构,即有法律的和政治的上层建筑竖立其上,并有一定的社会意识形式与之相适应的现实基础。这一原理揭示的是人类社会的两对基本矛盾及其相适应的基本原理,即生产关系适应生产力,上层建筑适应经济基础。

第二,实现人的自由而全面的发展。马克思主义历来把共产主义社会的建立同人的全面发展联系起来。认为共产主义是以每个人的全面而自由的发展为基本原则的社会形式。只有在这个时候,人终于成为自己的社会结合的主人,从而成为自然界的主人,成为自己本身的主人——自由的人。"①这表明,人追求自由的活动不可避免地要涉及到三个领域,即自然、社会与人本身,因此,在社会主义阶段,人要实现自由而全面发展的理想目标,必须正视与处理好三种关系,即人与自然的关系、人与社会的关系、人与人本身的关系。

因此,马克思主义的"社会和谐"理论我们可以从四个方面进行解读:(1)从社会结构的层面理解,社会和谐就是指以一定社会生产力为基础的经济、政治与文化三大结构的相适应与和谐统一,也就是社会的物质文明、政治文明与精神文明的和谐统一。(2)"人之所在"的自然界作为人生存的必要条件与前提,已经通过人的实践活动内化为社会不可或缺的一部分,而成为"人的无机的身体",因此,人与自然的和谐关系理应内含于社会和谐中。(3)就人与社会之间的关系而言,归根到底,人是社会

---

① 《马克思恩格斯选集》第 3 卷,人民出版社 1995 年版,第 443 页。

及社会关系的主体。但是,社会关系一旦建立并被固定化、制度化以后,就会反过来影响与规范着的人存在,因此,人的发展与社会的发展总是相互统一的,人与社会之间和谐关系的建立是重要的。(4)社会和谐还包括人与人之间关系的和谐,它既包括个人与个人之间、群体与群体之间的关系,也包括个人与群体之间关系。这种关系的和谐本质上是利益关系的和谐。①

3. 建构和谐社会——历史与现实之辩的抉择

"和谐社会"的理念首先来源于中国共产党的十六大报告,十六届三中全会在科学发展观的基础上,提出要实现整个社会各方面的和谐,鉴此,十六届四中全会概括提升出"和谐社会"的概念。2005 年 2 月 19 日,胡锦涛总书记在中央党校举办的省部级主要领导干部专题研讨班上,提出"建构社会主义和谐社会"的命题,并进行了比较系统的阐述。"我们所要建设的社会主义和谐社会,应该是民主法治、公平正义、诚信友爱、充满活力、安定有序、人与自然和谐相处的社会。"至此,"建构和谐社会"作为党和政府的执政理念得以确立。

"建构和谐社会"是一个通古今之变、实现历史与现实相统一的命题。

第一,"建构和谐社会"是对马克思主义关于社会和谐这一理论的继承与发展。马克思主义的社会和谐论,概括起来有两个基本点,即经济、政治与文化的统一、人与自然、社会、人本身之间关系的和谐。在建构和谐社会的阐述中,胡锦涛总书记认为:"建构社会主义和谐社会同建设社会主义物质文明、政治文明、精神文明是有机统一的。"发达的社会生产力是和谐社会的"物质基础",民主政治是和谐社会的"政治保障",先进文化是和谐社会的"精神支撑";同时和谐社会又会成为"三大文明"建设

――――――――――
① 侯才:《"和谐社会"具有深厚的文化底蕴和丰富的内涵》,《科学社会主义》2004 年第 5 期。

"有利的社会条件"。另外,胡锦涛所阐述的和谐社会的"六大基本内涵"也正是基于调整人所面对的三大关系而展开的,即人与自然、人与社会、人与人本身的关系。

第二,"建构和谐社会"是对我们党和政府五十五年来执政实践与经验的提升。从建国至十一届三中全会,我们党的执政理念是倾向于"以革命与斗争的方式"来解决社会冲突与矛盾的。虽然,我们党也实践了"和平改造资本主义的道路",也能区分"两类不同性质的社会矛盾",但是我们党却形成了"以阶级斗争为纲"的主导治国方略。从方法论的层面分析,社会治理中"争"对"和"的策略具有压倒性的优势。实现我们党和政府治国方略重大转变的任务是由邓小平来完成的。邓小平一方面指出"和平与发展"是当今世界的主题,另一方面强调"稳定压倒一切"、"不搞政治运动",他不仅把建设一个稳定、繁荣、协调的社会作为目标来追求,更重要的是把"和谐"作为一种治国策略。因此,建构和谐社会是邓小平治国方略的历史延伸。

第三,"建构和谐社会"是对我国古代精粹的治国理念的深刻领会与当代应用。不论是从文化传承、社会习惯,还是从地理疆界、民族构成等方面来看,经历了两千多年时间跨度的中华民族都是一个空间地域广大、多民族聚居的大家庭。基于这些特点,我们民族在历史上不仅形成"天人合一"的光辉命题,而且在社会治理上也形成了以"和合"为主导的治国理念。历史渊源与文化惯性等这些事实,使我们今天在治国方略的选择上不能不领会与继承这些精粹的治国理念。依笔者所见,"和谐社会"这一理念的提出,就具有丰富的中华文化的特色,也真切体会到了中华文化——"和乃生"、"和则一"与"和以息争"等精神实质。充分继承中华优秀文化是一种文化认同、民族精神的肯定与整个社会心理的导引。

第四,"建构和谐社会"是基于对我国当前社会现实问题思考的一种执政战略。一方面,改革开放以来,我国社会发展的成就是显著的,但社会问题也随之增多与复杂化,比如:基尼系数过大,贪污腐败屡屡发生,社会治安形势严峻,社会保障缺口很大,城乡、地区、阶层之间差距扩大、社会发展不平衡、社会关系紧张,等等;另一方面,在与其他国家的对比中,我们越来体会到西方发达国家的社会文明与和谐程度。另外,我国的改革发展正处于一个战略机遇期,也是经济社会发展的关键期。鉴此,提出"建构和谐社会"的执政战略,既顺应了广大民众对社会稳定、和谐的心理需要,也是把握"战略机遇期",度过"关键期"的明智抉择,同时,也是贯彻十六大"科学发展观"的重要步骤。

第三节 政府的德性在于培育和谐的社会

1. 政府德性的自我求证——培育和谐社会

黑格尔通过对市民社会与国家的界定,推导出"国家高于市民社会"的学理架构。① 实质上,这一理论架构深刻认识到了市民社会与国家之间的真正区别。稍后,恩格斯也表达了国家与社会是两个不同领域的见解,即国家是政治领域、具有普遍性的领域,而社会是经济领域、具有特殊性的领域。鉴此,张康之教授在对这些文献的深度犁耕中,进一步揭示了政府与社会之间的又一区别属性,即政府是自为性领域,社会是自在性领域。②

一方面,在现有的条件下,社会中存在着各种不同的甚至是对立的利益集团,而每一个特殊的利益集团都是根据自己的利益要求来从事社会活动,由此,使社会常常处于一种任意的、自发的状态中。社会的自在性特点决定了,需要通过一系列的法律制度使社会活动能限定在一定的"秩序"内,而这种具有自觉性的社会限定与控制,是需要代表着普遍利益的公共政府来完成的一项政治功能。另一方面,政府只有在这种现实的政

① 邓正来、J. C. 亚历山大:《国家与市民社会——一种社会理论的研究路径》,中央编译出版社 2002 年版,第 97 页。
② 张康之:《公共行政中的哲学与伦理》,中国人民大学出版社 2004 年版,第 233—234 页。

治功能的输出中,才能证明自己的合法性与合理性,政府的价值与德性才能获得证明。、

政府为什么会存在、为什么要存在,以及人类社会为什么需要政府?这是一个古老而经久不衰的理论话题。实际上它涉及到政府存在的价值问题、政府存在的合理性问题。对此,亚里士多德认为,人类创造政府的宗旨是为了个人能够过上理性的正义的社会生活。这一思想后来为西方近现代的思想家所继承并发挥,比如:霍布斯认为,正义的政府应该是公私利益结合得最好的政府。动态与历史地看,政府对于社会的价值,是在政府与社会相互作用的矛盾运动中得以实现的,如果离开政府与社会这一价值关系的基础,政府价值的实现就失去了依托。而且,政府与社会的关系又是随着历史的变化而变化的,所以,政府要实现自己对于社会的价值就必须不断地调整政府对于社会的价值定位,其中,最常见的手段就是:政府通过社会治理战略的定位来满足社会对政府的价值需求。当今,源于社会的自在性与不自足性的特点,我国社会不和谐的问题是非常突出的。中国人民大学郑功成教授将之概括为"十大不和谐因素"。因此,化解这些不和谐因素、培育和谐社会就是当今我国社会对政府的价值企求之一,所以,满足社会的这一价值企求,既是政府重要的政治责任之一,也是政府合法性的证明,也是政府德性的自我求证。

2. 政府培育和谐社会的两大责任指向

和谐社会的内涵是丰富的,政府建构和谐社会的责任也是多方面的,限于篇幅,本部分只选取两个角度来论及政府培育和谐社会的责任指向。

第一,关于市场、社会、自然——"三大环境"治理的责任指向。

法国思想家埃德加·莫兰在《方法:天然之天性》一书中,就生物与其环境的关系,给我们表达了一种非常深刻的见解,他说:"漩涡属于河流,只是河流的一个瞬间,但它也具有自己的特点,相对漩涡而言河流是环境。变成环境的河流也是漩涡的一部分。一个输入开放的系统总是在某些方面属于环境,环境则对它进行渗透、穿越,对它进行共同的生产,所

以环境也是该系统的一部分。"①在此,埃德加·莫兰是想通过"漩涡—系统"与"河流—环境"之间关系的比喻来表达:不仅系统是环境的一部分,系统是属于环境的;更为重要的是,环境也是属于系统的,环境是系统的一个"经常性构成成分"与"共同组织者"。因此,"环境远不止是一个食物储存库,远不止是一个生物在其中吸取组织、信息与复杂性的负反馈之源,它是生命的向度之一,与个体、社会、再生产循环一样都是最基本的。"②同样,在《1844 年经济学—哲学手稿》中,马克思在谈论人与自然的关系时,也表达了类似的见解。马克思不仅强调"人是自然界的一部分",而且还说"自然界是人的无机的身体"。在这里,马克思也是看到了:作为人类存在环境的自然界也成了人的身体的一部分。

至此,我们不难理解社会作为一个独立系统与其存在环境之间的密切关系,而本文则是在强调:社会系统赖以存在的各种环境是它不可或缺的"经常性的构成部分"与"共同的组织者"。那么,我国社会系统存在的环境有哪些呢?笔者认为,从世界范围看,其他民族国家就是我们社会系统存在的国际环境,显然,这一国际环境的变化与走向会影响到我国社会系统的运行方向,比如,军费开支、国防预算等。这一环境影响本文从略。而单从国内来看,社会系统存在的环境应包括"三大环境"即市场环境、社会环境与自然环境,这三大环境应是建构和谐社会的基础性要件。从某种意义上说,当前,在影响我国社会和谐的诸种因素中,由三大环境所引发的社会不和谐现象是非常突出的,因此,治理好"三大环境"对于和谐社会的生成是非常必要的。

在三大环境中,首先,市场环境是经济环境,它是个体、子系统参与经济活动与利益分配的环境,当前,许多社会矛盾与冲突是由经济环境的变迁,即计划向市场过渡而突现出来的,也是由人们在不公平市场环境下逐利行为引发的,同时,不规范的市场秩序也是导致社会不公的原因。当

---

① 埃德加·莫兰:《方法:天然之天性》,北京大学出版社 2002 年版,第 209 页。
② 埃德加·莫兰:《方法:天然之天性》,北京大学出版社 2002 年版,第 210 页。

然,笔者的本意不是把社会不和谐归咎于市场,而是想表达:"不公正的市场环境"所产生的负面作用会破坏社会系统中的自组织性与和谐性,从而引发诸多社会不和谐现象。其次,社会环境是生活环境,它是个体、子系统生活在其中的现实环境,它常常与市场环境纠合在一起而呈现出许多不稳定的因素,当前,这些因素突出的表现有:官民关系紧张,这在基层尤为突出;社会黑恶势力的侵民与扰民行为,影响一方安定;由信仰缺失而导致的宗教势力渗透,等等。社会环境的"不干净"是老百姓能感受到的严峻现实,其中局部的对抗与冲突因素在长期的积聚下就会成为社会不和谐的诱因,鉴此,"净化"社会环境是和谐社会建构的当务之急。最后,自然环境是生存环境,它是决定个体与子系统生存状况,甚至是生存权的重要环境。2000 年,周光召先生曾撰文指出:环境问题是我国下世纪面临的第四大问题。自然环境问题是最典型的公共问题,因为它与所有人的生存空间、生活质量有着直接关系。当今,由自然环境所引发的社会问题越来越尖锐,因此,保护人的生存环境,以实现人与自然的和谐相处,也纳入到和谐社会建构的总体框架中。

第二,关于法制、政策、制度——"三大规范"建构的责任指向。

就社会系统的运行方式,学者李习彬撰文认为:"任何社会系统中均含有三种元运行方式,即集中控制行为、规范行为、子系统自主行为"由此,他进一步概括出社会系统运行的基本原则:即规范化原则、自主选择空间极大化原则、例外及整合原则。① 笔者认为,这一分析框架能合理地解释复杂的社会系统运行规律,并为政府在和谐社会的建构中寻求到比较合适的责任指向。

社会这一独立的大系统是由众多子系统或个体组成的,一方面,子系统、个体的行为具有自主选择性,尤其是我国社会在摆脱了政府全能式管理的模式后,个体与子系统的自主性行为获得了释放,个体或子系统的自

---

① 李习彬:《社会系统运行理论与改革开放中的政府行为》,《中国人民大学学报》1995 年第 1 期。

主性行为能力加强了,个体或子系统的行为空间与利益域限增大了。另一方面,任何个体与子系统的自主性行为常常带有盲目性,甚至会出现危害其他个体、子系统及社会系统整体的行为,这就是黑格尔所言的市民社会的"不自足性",因此,必须借助于"规范"加以约束与限制,尤其是在我国社会规范不太健全的转型时期,个体、子系统自主行为空间的重合、利益域限的交叉必然会产生矛盾与冲突,因此,强调社会系统运行的"规范化原则"是十分必要的。规范化原则强调的是:对社会系统的常规性任务和非常规性任务中的常规性内容,以规范形式做出明确具体的规定,……以使系统运行在规范的导引、约束和保障下,有关子系统、个体都能按规范确定的模式自动地稳定地运作。这样,社会系统的运行以规范行为为主,个体、子系统循规范自动地协同,形成一个有序的整体,并由规范维持其内部的和谐与稳定。而"例外与整合原则"是指政府组织的集中控制行为只对例外情况进行处置。

由以上分析可知,在社会系统的非常规运行中,政府的集中控制行为是主导的,而在社会系统的常规运行中,规范行为是主导的。然而,当我们进一步追问:规范行为是什么? 规范是如何建立的? 我们就可见政府的责任定位与指向。首先,规范行为是指依自然形成的惯性或人为做出的统一规定(规范)而发生的模式化行为。因此,"规范"一词就具有了最为广泛的含义,即在社会系统中大家普遍接受并受其约束的行为准则与规定,都称为规范,它包括:法规、政策、制度、规章、技术标准、社会习俗、伦理道德等内容。结合我国社会转型期的现状,社会行为的规范化程度特别依赖于"三大规范"即法律法规、公共政策、制度体系的建构与完善。其中,政府的责任就是推动与加强这三大规范的建设,提高社会系统中个体、子系统行为的规范化程度,以实现社会系统的有序、和谐与稳定。

从和谐社会建构的角度看,政府要强力推动"三大规范"的建设,首先,在社会系统中,政府提供最重要的秩序就是法律秩序,因为现代社会是一个由身份到契约的运动,契约关系是人与人之间的根本关系,人们的权利与利益是通过契约方式来调节的,因此,政府应该依托于公共权力为社会系统建立一整套保证契约实施的法律法规体系。这样,社会就能自己管制自己,以防止在竞争中发生伤害。其次,当今,政府利用公共政策"这只看得见的手"来管理社会公共事务获得了高度重视,公共政策输出成为政府对社会个体、子系统进行利益调节、平衡的一个常见的手段,因此,对于我国社会中的一些不和谐因素,比如:贫富差距、城乡差距、地区差距、劳资冲突、效率与公平的冲突等,可以发挥公共政策的作用予以缓解,直至完全消解。再次,政府还可以通过包括具体化的体制、机制、程序等一系列制度体系的建设,一方面引导社会系统的规范行为,另一方面让社会系统中的不和谐因素有释放的渠道与空间,比如;(1)建立制度化的社会沟通机制,让社会系统中的个体、子系统能形成良性的沟通与互动;(2)建立平和的社会矛盾释放机制,不让矛盾、对立与冲突产生积聚效用;(3)建立行政协商体制,改变政府对于社会的命令式管理,以减少政府与社会的对立倾向,等等。因此,政府应着力发挥"三大规范"的不同作用,以化解、缓和与消除社会中的不和谐因素,以培育和谐社会的生成。

第三章 政府与市场的伦理关系：
双重博弈与伙伴相依

第一节 问题的提起：一个尚未结束的论题

1. 缘起——"政府与市场关系"的指标下降

据中国经济改革研究基金会国民经济研究所，于 2002 年 12 月 6 日公布的对我国"市场化进程"五个方面变动的研究，近年来，我国市场化水平在其他方面都有所提高，唯独"政府与市场关系"的指标从 1999 年的 6.11 下降到 2000 年的 6.05。两年内，中部与西部下降尤其明显。[①]这一研究结果的公布，使"政府与市场关系"问题重新获得我国学术界的关注，因为，政府与市场的关系是衡量我国各地区市场化程度的最主要指标，也是我国改革与发展的核心问题。

2. 回顾——政府与市场关系是行政改革的基点

历史地看，十一届三中全会以来，我国改革目标的确立，虽然经历了一个艰难的历程，但始终都没有偏离政府与市场关系这一主题。改革的

---

① 参见《中国改革》2003 年第 2 期，第 20 页。

过程就是重新认识与调整政府与市场关系的过程,即从"政府为主配置资源,市场作补充"转变为"市场发挥基础性作用,政府来弥补"。据"财政部科研所课题组"的研究,这一过程可以划分为以下 5 个阶段:(1)(1979—1984 年)"计划经济为主,市场调节为辅"成为这一时期改革的指导思想。从历史的角度来看,这是传统计划经济思想的延续。(2)(1984.10—1987 年)强调商品经济发展的不可逾越性,突破了计划经济与商品经济对立性的认识,强化了市场的作用。(3)(1987.10—1988 年)认为计划与市场具有内在的统一性,彻底突破了在计划经济体制框架内改革的思路,已经把市场经济确立为改革的方向。(4)(1989—1992 年)再次强调计划经济的主导地位,这表明改革在这一时期实际上是停滞的。(5)(1992—现在)明确肯定市场的基础性作用,从理论上与政治上解决了长期争论的改革目标问题。因此,我国改革的基本历程与追求就是市场化取向,即政府不断地让出空间,使市场在资源配置中的基础性作用逐步增强。

比较地看,我国改革的市场化取向,也获得了世界公共行政改革市场化诉求在理论与实践两个层面的支持与策应。上世纪 70—80 年代,当中国的改革刚刚起步时,西方国家在自由主义思潮的影响下,开始收缩"福利国家",并为政府"减肥"。尽管,我国的改革与西方的改革是在不同的经济体制下进行的,即我国的改革是在成熟的计划经济体制下展开的,而西方的改革是在成熟的市场经济体制下推进的;但是,透过表面形式的多样性与差异性,我们可以把握到中外行政改革共同的基调与相似的脉络,即都在政府与市场这"两只手"上做文章,其共同的价值取向是在社会总资源的配置中,让市场这只"看不见的手"发挥更多的作用,削减政府这只"看得见的手"的作用范围与力度。因此,政府与市场的关系问题已成为世界各国行政改革的基点,也是学者们理论思考的支点。

3. 综述——我国理论界对"政府与市场关系"的研究

自 1992 年邓小平南方谈话始,我国改革的市场经济取向已经确立,但是,在建立社会主义市场经济体制的过程中,改革的每一步都涉及到政府与市场关系这一主题。为了回应我国改革的实践诉求,我国理论界对政府与市场关系的问题也进行了艰辛的理论探索,十多年来,学者们提出了众多的关于政府与市场关系的理论框架,理论研究也呈现出方法、角度与内容等方面的发展与创新。

第一,"两种研究方法"渐次深入。从研究方法上看,在 2000 年之前,学者们更多地是采取"抽象研究法"来讨论政府与市场的关系,这一研究方法的基本特色是运用西方比较成熟的理论来"一般地而非具体地"讨论政府与市场关系的模式、政府与市场的不同作用等,其理论的倾向性表达是:通过对"政府失灵"的诠释来论证市场引入的必要性。2000年之后,学者们在研究方法上,开始更多地转向了"案例研究法",比较具体地讨论政府与市场的关系问题,理论研究更加深化与有针对性。案例研究表现出两个基本特点:一是结合我国各个部门的改革实践,比如:城镇医疗保险制度、房地产制度、金融保险制度等行业或领域的改革,来研究政府与市场的作用边界。二是以东亚一些国家或地区,比如中国的香港和台湾以及日本、新加坡为研究个案,从历史发展与现实状况两个层面分析政府与市场关系的模式、特点及其对我国的借鉴意义。

第二,"三个研究视角"各具特色。从众多研究成果中,笔者归纳出学者们所采纳的三种研究视角,即经济学、公共管理学与法学的视角,理论研究展现的视角是开阔的。(1)在经济学视角中,有些学者从经济发展史、管制发展史、管制经济学、发展经济学的演变规律中,探求政府与市场的合埋边界与关系定位;有些学者则结合我国经济转轨的特点与经济发展的过程,探讨政府与市场的不同作用力度与范围。(2)在公共管理学的视角中,理论研究显得分散而庞杂,比如:从行政权力与行政权力结构、第三部门与商会、治理与善治理论、行政改革与政府职能转变、制度与组织变迁,以及有限政府与适度政府理念等角度展开,这些研究表现出的特点是:视角独特与深度挖掘。(3)法学的视角虽然不是主流,但这是一个不能被忽视的研究角度。有的学者从我国加入 WTO 的现实出发,基于

WTO 规则的角度,对涉及公法与私法关系的我国经济法内容的变更,以及由此影响到的政府与市场的关系进行了法律意义的思考。

第三,"四大解释框架"奠定基础。笔者认为,从过程看,我国理论界对政府与市场关系的研究可以划分为两个阶段,一是 2000 年之前的理论建构阶段,这一阶段提出了一些重要的解释框架;二是 2000 年之后的深化与具体研究,这一阶段研究的广度与深度都大大拓展了,但基本都是依据前面的理论框架,而没能提出具有一定解释力的框架。下面,笔者以时间的先后为序,简述对我国理论界产生较大影响的"四大解释框架"。(1)1996 年,陈振明应用公共选择理论分析政府与市场的关系,提出"市场失灵"与"政府失败"的问题,并提出"政府失败"的四种表现形式。自此,"政府失灵"就成为分析政府与市场关系的一个常见的语汇。① (2)1996 年,秦宪文提出,政府与市场是现代经济的两种制度安排,应发挥两者的互补作用,在"试错中"寻求两种制度安排的"均衡点",因此,政府与市场两种力量均衡的问题提出来了。② (3)1997 年,宋世明通过对政府权威与市场交换两者结构的分析,导出"有缺陷的政府"与"有缺陷的市场",因此,只有将两者进行有效配置,并认为市场是跟政府一样有效的实现社会稳定的控制方法。③ (4)1999 年,毛寿龙从市场经济的制度基础出发,对政府与市场进行了再思考,并提出:市场优先于政府,用足市场,慎求政府的原则。此后,制度分析成为一个常用的理论研究方法获得了重视。④

第四,"五点理论共识"基本形成。我国十多年来关于政府与市场关系的研究,一方面受到了国外比较前沿的理论框架的引导,另一方面也以国外不同国家所建立的各具特色的模式为实践基础,理论探索已达成一

① 陈振明:《市场失灵与政府失败——公共选择理论对政府与市场关系的思考》,《厦门大学学报(哲社版)》1996 年第 2 期。

② 秦宪文:《寻求政府与市场的均衡点》,《财经问题研究》1996 年第 1 期。

③ 宋世明:《从权威与交换的结构看政府与市场的功能选择》,《政治学研究》1997 年第 2 期。

④ 毛寿龙:《市场经济的制度基础:政府与市场再思考》,《行政论坛》1999 年第 5 期。

些基本共识,这些共识可以归结为:(1)从研究起点看,与西方的"市场失灵"相反,我国对政府与市场关系的研究是以"政府失灵"作为逻辑起点而展开的,通过对"政府失灵"的论证,来破除我国计划控制经济的坚冰,论证计划体制下引入市场机制的合理性。(2)政府与市场是人类社会经济生活中两种不同的制度安排,尤其强调市场在社会资源配置中的基础性地位,要充分发挥政府与市场"两只手"的"互补"作用。(3)政府与市场在社会资源的配置中是有特定边界的,两者应在特定边界内发挥作用;而且,政府与市场的特定边界是随着社会历史条件的变化而变化的,没有一成不变的界线;政府与市场作用的发挥应体现"凸性组合"与"机制均衡"。(4)通过对各国政府与市场关系模式的分析,认为政府与市场的组合模式具有多样性,这种多样性深深地扎根于不同国家的政治、经济与文化背景中,这些模式具有借鉴意义,但不能机械地模仿。(5)在我国,政府与市场关系还基本上是一个"强政府—弱市场"的模式,市场的功能还没有充分发挥,市场作用的空间还很大。

4. 反思——研究的进一步深化与本书的研究路径

以上这些成果,从方法、视角与假设的层面上构成本文进一步研究的基础。但是,就像政府与市场的关系是行政改革的基点一样,而行政改革是政府的一个永恒主题,因此,政府与市场关系的研究也是一个永恒的、尚未结束的理论话题。正是基于这一点,同时,也为了引导我国行政改革对政府与市场关系的调整,本部分拟把政府与市场关系的话题引向深入。

本部分研究的路径为:第一,以博弈论的框架,对政府与市场的复杂关系进行分析与演绎,试图明晰政府与市场关系的动态博弈过程,也企图明晰政府与市场之间的不同组合模式,使复杂的政府与市场之间的关系能简单、明了。第二,运用价值论的分析方法,探讨政府与市场之间的价值互涉,论证两者之间的伙伴关系特性,进一步支持政府与市场作为两种制度安排的"互补性";并为政府与市场之间共存的、合作的伙伴关系提供路径支持,即培育商会组织。这些讨论是稚嫩的,但也是新颖的,希望能激起学术同仁的关注。

第二节 双重博弈:政府与市场博弈关系的解读

1. 政府与市场之间博弈的一般理论分析

博弈论是专门研究决策主体的行为在相互作用时的决策选择,以及这种决策的均衡问题。动态地看,政府与市场之间关系的变更、边界的调整,就是一个长期的博弈过程,这一博弈过程可以从两个层面进行解读。一个层面是:政府与市场的博弈表现为两种制度安排之间的博弈,具体而言,就是两种制度安排人之间的博弈,①本文称之为"政府干预派"与"市场自由派"之间的博弈。政府干预派与市场自由派作为理性的经济人,为了追求自身政治利益、经济利益甚至是精神利益的最大化,在制度安排中,尤其是在社会转型时期的制度安排中进行博弈。这一博弈最终导致:政府与市场在社会经济活动中的作用与功能趋于均衡的一种机制格局。

另一层面是:政府与市场的博弈体现为"两只手"之间的博弈,即"政府力量"与"市场力量"之间的博弈。首先,政府作为一个最大的政治性权威组织,它合法地拥有众多社会资源,它能通过公共政策与制度设计等路径,对社会经济活动施加重要影响,这就是博弈一方的"政府力量",这一方是指以政府组织及其成员为主体的、能对社会经济活动施加影响的"看得见的手";其次,在社会经济活动中,市场中的交易双方——卖方与买方,通过交易活动能形成具有自运行系统的市场机制,市场机制具有优化资源配置、提高生产率与促进技术革新等自我管理与完善的能力,这就是参与博弈另一方的"市场力量",它是指以市场交易双方为主体的、也

---

① 刘为民、洪望云:《转轨期政府与市场的博弈及制度创新》,《湖北大学学报(哲学社会科学版)》1999 年第 2 期。

能对社会经济活动施加影响的"看不见的手"。政府与市场"两只手"的博弈,最终导致政府与市场之间不同的组合模式。

表 1　政府干预派与市场自由派之间的博弈矩阵

政府干预派	市场自由派	能力、资源与策略选择	
		强	弱
能力、资源与策略选择	强	A(不合作)	B(合作)
	弱	C(合作)	D(不合作)

　　无论在哪一种社会状态下,政府与市场之间的博弈,首先表现为政府与市场两种制度安排之间的博弈,即政府干预派与市场自由派之间的博弈。在这一博弈中,双方策略的选择乃取决于双方力量的强弱对比。"表一"对政府干预派与市场自由派在博弈中的能力、资源拥有的强弱情况以及在相应状态下的策略选择作了矩阵演绎。因此,政府干预派与市场自由派之间力量组合有四种方式。

　　第一,A 种情况下,由于强—强力量对比,D 种情况下,由于弱—弱力量对比,两者的合作不可能展开,因而是一种不合作博弈,在这两种情况下,制度安排的"第三方力量"——在政府干预与市场自由之间调和的制度安排人,将会在经济制度的安排中起主导作用。也就是说,在 A 种情况与 D 种情况下,制度安排将会选择政府与市场相结合的方式,那么,政府与市场如何结合将取决于"第三方"在制度安排时的策略选择,即是选择"计划主导下的市场",还是选择"市场主导下的计划","第三方力量"的策略选择将会支配整个社会的经济制度安排方式。

　　第二,在 B 种与 C 种情况下,两种制度安排人之间的博弈是合作的,如果这种博弈是一次性的,那么博弈的结果是明显的。如果政府干预派的力量强,那么就会形成政府全面干预的经济管理方式,反之,就会形成完全市场自由的制度安排方式。前者如前苏联与改革开放前我国的经济管理方式就是典型的政府全面干预的经济管理方式与制度安排,后者比较典型的就是 20 世纪 30 年代以前西方的自由市场经济制度。然而,政府与市场之间的博弈不是一次性的,而是一个动态的重复博弈,并且在这种博弈中,政府与市场两种力量之间的"隐形博弈"也在悄悄展开,而政府与市场两种力量参与博弈过程,毫无疑问会改变政府干预派与市场自由派在继续博弈中的策略选择。这一情况比较复杂,只能结合具体博弈过程进行分析。

2. 西方政府与市场之间完全博弈过程的动态分析

笔者认为,尽管政府与市场之间的博弈在世界各地的表现方式多种多样,各具特色;但唯独在西方,政府与市场的博弈是一个完全博弈过程,也就说,在博弈中,政府干预派与市场自由派、政府力量与市场力量这两个层次的博弈双方,都充分地进行了博弈策略的选择,使博弈过程能完全展开,博弈从而呈现出均衡——非均衡——均衡的动态过程。而在世界上其他国家与地区,政府与市场之间的博弈则属于不完全博弈,因为政府与市场博弈中的"四方",由于各种各样的原因,有的没能充分地展开策略选择而进行博弈。因此,具体地研究西方政府与市场之间的完全博弈过程,可以发现政府与市场之间博弈的一般规律与发展趋势,依此可以审视我国政府与市场之间博弈的基本趋势。西方政府与市场之间的完全博弈过程大致可以划分为三个阶段,下面进行分述:

第一阶段:20世纪30年代之前,西方的完全自由市场经济阶段。这一时期,政府与市场博弈的特点表现为:(1)从制度供给的层面看,政府干预派的"弱势"地位与市场自由派的"强势"地位之间的对比处于严重不均衡态势。因为,斯密的古典经济学认为,市场是调节经济活动的最佳方式,通过市场这只"看不见的手"能够实现资源配置的帕累托最优,因此,人们相信自由竞争的制度安排能产生最优的经济秩序与市场效率,排斥在经济制度的安排中给政府留下干预的空间。(2)从两种力量的对比来看,市场的自我管理能力能够解决市场本身的一系列问题。因为,在自由资本主义时期,市场的规模是狭小而分散的,市场的完全竞争状态能有效地配置各种社会资源,并引导微观经济主体朝向有利于社会的方向发展,这样,政府没有理由也没有必要对经济活动进行干预。因此,政府与市场之间的博弈达到了一种均衡,即资本主义政府采取一种放任主义的态度,其主要职责是扮演着个人或国家财产以及集体安全的"守夜人"角色,让市场处于一种完全自由竞争的状态。在这一均衡中,"市场与政府的关系,就是内部与外部、核心与服务的关系。"①

第二阶段:20 世纪 30—70 年代,政府干预与市场竞争并重的阶段。随着自由资本主义向垄断资本主义的过渡,特别是 1929—1933 年的大经济危机,市场机制本身的局限性得以暴露,市场失灵开始显现。因此,"市场失灵"的事实使政府与市场之间的博弈均衡被打破,政府与市场之间开始了新一轮的博弈。这一时期,政府与市场博弈的特点是:(1)借助于凯恩斯主义的干预理论,在社会经济管理的制度安排中,政府干预派的势力逐渐上升,用布坎南的话来说,"市场可能失败的论调广泛地被认为是为政治和政府干预作辩护的证据。"②相对而言,市场自由派的势力在下降,因此,这一时期,西方国家采取了一系列政府干预经济的制度安排。(2)政府与市场之间的博弈趋势表现为:政府的经济功能由弱到强、由小到大。就两种力量的博弈而言,政府干预经济的能力大大增加,而市场的能力则被限定在一定范围内。因此,在新一轮的政府与市场的博弈中,"政府逐步地从市场外部进入到市场内部、从辅助功能上升为主导功能。"③结果,政府与市场两种制度安排与两种力量之间似乎达成了一种均衡,从而实现了政府与市场在经济管理中的互补作用,此时,政府与市场之间的博弈均衡达到了"帕累托最优"。

第三阶段:20 世纪 70 年代至今,限制政府干换的新自由主义阶段。政府对于市场干预的效果是明显的,特别是二战后的二三十年里保证了资本主义经济的持续繁荣。因此,在政府与市场的博弈中,政府被赋予行政与经济的双重权力,政府对经济的干预几乎无孔不入地渗透到各个领

---

① 桁林:《政府与市场关系理论及其发展》,《求是学刊》2003 年第 2 期。
② 詹姆斯·M·布坎南:《自由、市场和国家》,北京经济学院出版社 1988 年版,第 13 页。
③ 桁林:《政府与市场关系理论及其发展》,《求是学刊》2003 年第 2 期。

域,政府甚至采取了私营企业国有化、国家垄断和计划经济等手段来干预经济,政府全能主义一时甚嚣尘上。20世纪70年代,在石油危机的冲击下,长期执行国家干预政策的西方国家陷入了"滞胀",政府配置资源、国家垄断资源,由此导致市场价格扭曲与经济效率低下,"政府失灵"的事实出现了。因此,政府全能主义的抬头打破了政府与市场之间原有的博弈均衡,而"政府失灵"的事实使政府与市场之间又开始了新的博弈。这一轮博弈中,在新古典主义自由放任理论的影响下,"竞争性的市场是人类迄今为止发展的有效的生产和分配货物与劳务的最佳方式"①的观念重新得以确立,同时,政府失灵使政府全能主义宣告破产,因此,政府干预的制度安排受到了严格的限制,与此同时,政府干预经济的力量在下降;反之,主张市场自由的制度安排与市场竞争的力量在攀升,政府与市场之间的博弈在寻求一种新的均衡,"政府的职能从微观层次上升到了宏观层次。凯恩斯理论(1936年)和美国'新政'实践(1933年)是其重要标志。"②因此,政府不再干预微观的经济活动,它发挥着宏观调控、缓解经济波动的作用;而在微观经济领域里则充分发挥市场的功能。

从西方社会政府与市场之间完全博弈过程来看,政府与市场之间是长期的、动态的、重复博弈的过程,暂时的博弈均衡会被社会历史条件的变化所打破,接着,两者在博弈中会寻求一种新的均衡,因此,"均衡—非均衡—均衡"乃是两者博弈的基本轨迹。

3. 世界上政府与市场之间博弈结果的组合模式

"从近现代行政管理发展的宏观历史来看,政府与市场的结合关系有:强市场—弱政府、强市场—强政府、弱市场—强政府、弱市场—弱政府这四种基本模式。"③如果用博弈矩阵进行演绎,这四种模式如下图所示。所

---

① 世界银行:《发展面临的选择》,中国财政经济出版社1991年版,第1页。
② 桁林:《政府与市场关系理论及其发展》,《求是学刊》2003年第2期。
③ 郭正林:《论政府与市场结合的四种模式》,《中山大学学报(社会科学版)》1995年第2期。

谓"强政府"、"弱政府"是指政府通过制度安排干预经济的一种能力,而"强市场"、"弱市场"是指市场本身有否一种能够化解本身问题的能力。

表2 政府力量与市场力量博弈结果的组合矩阵

市场力量 政府力量	强	弱
强	强政府—强市场	强政府—弱市场
弱	弱政府—强市场	弱政府—弱市场

这四种模式作为政府与市场之间博弈结果的一种均衡,在社会历史上都存在过。(1)"弱政府—强市场"模式,比较典型是自由资本主义时期完全竞争状态的自由市场与"守夜人"角色定位的"小政府"。(2)"强政府—强市场"模式,其代表形式是现代西方国家试图建构的、一种政府与市场之间博弈的均衡状态,它是指政府在宏观经济领域具有很强的调控能力及其相应的制度安排,而在微观经济领域里则依赖于完善而成熟的市场本身的自我管理能力与调节机制。如上文所言,在西方国家,由于政府与市场之间是一种完全博弈,政府与市场博弈中的"四方"都充分地参与博弈过程,因此,在多次"试错性"的重复博弈中,政府与市场能形成相对合理的互补作用,并铸造了政府与市场管理经济的能力。(3)"强政府—弱市场"模式以我国当今政府与市场的组合为代表,在我国社会转型时期,一方面,政府干预经济的制度安排与力量还非常强大,另一方面,市场机制的不健全导致市场的自我管理能力还很弱。(4)"弱政府—弱市场"模式,比较典型的形态应该是当今俄罗斯政府与市场的组合方式,一方面,政府完全退出计划控制的制度安排而奉行完全市场竞争的自由主义政策,另一方面,市场还没有建立起一种能够进行自我调节的能力与机制,因此,造成了经济领域的暂时混乱是不可避免的。

4. 我国政府与市场之间博弈的特点及模式选择

与西方政府与市场的"完全博弈"相比较,我国目前政府与市场之间的博弈还是一种非完全博弈,但是,这种非完全博弈正在向完全博弈转化,即博弈中的"四方"正处在充分的策略选择展开的过程中,而且,我国政府与市场的博弈是在激烈的社会转型的背景下展开的,因此,政府与市场的博弈具有自己的特点。(1)与西方触发政府与市场之间进行博弈的"市场失灵"相反,在我国,触发政府与市场之间博弈的因素乃是"政府失灵",也就是说,正是对"政府失灵"这一事实的认识与肯定,产生了市场自由派与市场力量的崛起,政府与市场之间的博弈才真正展开。(2)在政府与市场博弈的初期,政府干预派与政府干预经济的力量占据绝对优势,而市场自由派与市场力量则显得很单薄,后者在与前者的博弈中总是处于"下风",因为政府干预派可以从旧制度中获得有利的信息支持,相反,市场自由派从新制度中获得的信息支持则是有限的。因此,在博弈中,市场自由派所推行的市场化改革不得不采取迂回路线,即在旧体制旁边或周围发展起新体制或新的经济成分,结果形成了制度安排中的"渐近式的双轨制过渡",①从而导致政府与市场的"两张皮"状态。(3)经过一段博弈后,市场自由派经过一个学习的过程,可以将新制度推进到与旧制度势均力敌的状态,因此,自由市场的制度安排得到了更多的公众支持,而政府干预的制度安排则丧失了一部分公众支持,所以,政府与市场之间的博弈就处于"平局"状态。这时,政府与市场的博弈处于激烈对峙状态,博弈双方为追求自身利益的最大化而互不相让,结果就产生了政府与市场的双重失灵现象。

从趋势来看,我国政府与市场的博弈会由不合作博弈走向合作博弈,因为,政府与市场的博弈必须无限次地重复下去,尤其是当博弈的双方通过多次博弈后看到合作的远期收益要明显大于不合作所带来的短期收益时,双方就会通过设置触发策略来进行合作,双方的博弈也由原初的"非帕累托改进"状态转化为"帕累托改进"状态。这样,政府与市场的功能

---

① 刘为民、洪望云:《转轨期政府与市场的博弈及制度创新》,《湖北大学学报(哲学社会科学版)》1999 年第 2 期。

与作用就能实现"凸性组合",从而真正实现政府与市场"两只手"在经济管理活动中的互补性。从这个角度看,并结合政府与市场博弈结果的组合模式,未来在我国经济管理活动中起重要作用的应该是政府干预与市场机制这"两只手"的共同作用,而不可能是一方获胜的博弈结局,即一个"强政府—强市场"的组合模式,既是后发型国家政府与市场组合的理想模式,也是符合世界发展趋势的政府与市场之间博弈的组合模式。

第三节 伙伴相依:政府与市场伙伴关系的揭示

今天,政府与市场之间的关系越来越清楚地表明:政府与市场虽然是博弈对手,但是,没有政府的市场与没有市场的政府都是不可想象的。那种把自己的理论或政策主张推向极端,简单地肯定政府或市场,而把糟糕的现实归因于与之相对的另一方的介入,并认为政府与市场彼此是互斥的理论或政策主张,显然是不合时宜的。因此,基于现实中政府与市场关系的深刻变化,从理论上建构一种合理的关系模式,并寻求这种关系模式的内在根据与现实路径,就是本章这一部分的重点。

1. 合作伙伴——政府与市场协作关系的理论阐释

第一,美国经济学家斯蒂格利茨建构的"伙伴关系"模式。传统经济理论总是认为,政府与市场之间是相互替代的关系,政府凌驾于市场之上,就像家长与孩子的关系,各种学派争论的只是政府多管一些,还是少管一些的问题。对此,当代美国经济学家"新凯恩斯主义"的代表人物斯蒂格利茨却独辟蹊径,他从信息经济学的角度,以不完全信息与不完备市场为分析前提,重新审视了西方经济学中关于"市场失灵"与"政府失灵"的论述,提出政府与市场之间应建构一种新型伙伴关系的模式。[1] 斯蒂

---

① 斯蒂格利茨:《政府为什么干预经济》,中国物资出版社1998年版,第246页。

格利茨认为,政府与市场应是一种伙伴关系,它们相互补充,而不相互替代,这是一种"上好"的经济模式。

第二,世界银行发展报告中提出的"合作关系"模式。基于对政府与市场之间新型关系的领悟,世界银行在1991年与1997年的发展报告中,提出了政府与市场之间形成合作关系的必要性。1991年的发展报告指出:"发展的核心,也是本报告的主题是政府与市场的相互作用。这不是干预和放任主义的问题——虽然这种二分法广为流行,但并不正确。……这不是市场或国家的问题,他们各自都有巨大的和不可替代的作用。"一方面,"竞争性的市场是人类迄今为止发展的有效的生产和分配货物与劳务的最佳方式。……但是,市场不能在真空中运转——他们需要只有政府才能提供的法律与规章体系。就其他许多任务而言,市场有时不能完全解决问题。"[1]另一方面,"在确定和保护产权、提供有效的法律、司法和规章制度体系以及提高社会的服务效率和环境的保护等方面,国家构成了发展的核心。"[2]因此,世界银行在1997年的发展报告中再次强调:"市场与政府是相辅相成的;在为市场建立适宜的机构性基础中,国家是必不可少的。……绝大多数成功的发展范例,不论是近期的还是历史的,都是政府与市场形成合作关系。"[3]

第三,我国学者基于现实提出的"协调关系"模式。事实渐渐表明:政府与市场之间并不是一种"纯"的选择,而是一种适度的选择。早在1996年,学者秦宪文就说:"宏观管理战略的'要害',不是用理想的政府去替代不完善的市场,也不是要用理论的市场去替代不完善的政府,而是要在不完善的现实政府和不完善的现实市场之间,建立一种有效的选择与协调机制,使人们能够根据资源优化配置的经济合理性原则和交易成本最小化原则,在不断的试错中寻求政府与市场的'均衡点'。"[4]在这一

---

① 世界银行:《发展面临的挑战》,中国财政经济出版社1991年版,第1页。
② 世界银行:《发展面临的挑战》,中国财政经济出版社1991年版,第4页。
③ 世界银行:《变革世界中的政府》,中国财政经济出版社1997年版,第3页。
④ 秦宪文:《寻求政府与市场的均衡点》,《财经问题研究》1996年第1期。

思路引领下,并以我国政府与市场之间现实关系的研究为基础,我国学者提出了政府与市场"协调关系"的模式。其中,最有代表性的当属学者闫彦明的"有效协调论"。闫彦明以政府与市场的经济功能与制度缺陷的分析为平台,实证地研究了我国转型时期政府与市场关系演变的"四步曲",在分析存在问题的基础上,对中国政府与市场之间"有效协调"进行了制度探索。①

总之,无论是伙伴关系,还是合作关系,抑或是协调关系的模式,都共同地表达了:政府与市场之间地位平等、相互合作、相互补充而不是相互替代的新型关系。这一模式的提出,既是对历史发展中的政府与市场之间客观关系的一种理论描绘,也是对当前实践中政府与市场关系建构方向的一种理论引导。这一模式提出的意义就在于:它超越了在这一问题上长期以来形成的二元对立的思维模式,也摆脱了这一思维模式下所形成的相关选择困境。

2. 价值互涉——政府与市场伙伴关系的内在依据

第一,政府与市场价值指向的互补性。在人类社会的经济活动系统中,政府机制与市场机制所体现的不同价值指向,以及这不同价值指向的互补性是政府与市场形成伙伴关系的内在依据之一。

科学研究的对象,毫无疑问都是系统。一切物体皆是系统,人类的社会经济系统就是宇宙进化发展的结果。正是这一特殊系统的出现,才产生了一种全新的关系形态——价值关系。在社会经济活动系统中,人是这一系统的主体。在这一系统中,以主体形态存在的人实际上与两种客体形成了价值关系,第一是以物理形态存在的自然资源,它们对于人的价值,是因为它们是人的需要的物质保障,同时,它们也构成了社会经济活动的物质基础。第二是以非物理形态存在的、但具有客观性的组织与制度。组织与制度之所以与人构成价值关系,是因为:一方面它们的存在、

---

① 闫彦明:《转型期中国政府与市场有效协调的制度分析》,《求实》2002 年第 10 期。

性质及其属性与人的社会经济活动系统相适应;另一方面它们也是人类社会系统自组织性的表现。科学家钱学森在谈到系统问题时说:"所谓目的,就是在给定的环境中,系统只有在目的点或目的环上才能罢休,这也就是系统的自组织。"①这段话表明了:任何系统都是基于环境而发展出一系列趋向于系统目的的,能够实现自我更新、自我调节的自组织机制。

历史地看,人类的经济活动系统在自由竞争资本主义时期就发展出一整套完备的市场机制,这时,市场竞争与价值规律在经济活动系统起主导作用。当自由资本主义向垄断资本主义过渡时,经济活动系统的外在环境发生了巨大变化,这时,市场机制的局限性暴露无遗,经济活动系统在与外界环境的互动中形成了另一种自组织机制——政府干预机制。而且,市场机制与政府机制在经济活动系统中实现了不同取向的价值定位,即市场机制的价值取向是效率至上,正如布坎南所言,我们有一种很有说服力的,能证明理想市场体系将达到帕累托优态的理想市场理论,然而我们没有发现一种有关理想的无市场体系,能证明这一理想的无市场体系将达到帕累托优态的理论。② 而政府机制的价值取向是公平第一,正如国内学者所言,公平压力是政府作为具有强制力的普遍性组织的两个主要压力之一。③

第二,政府与市场在对方体系中的价值。法国的思想家埃德加·莫兰在阐述系统内"互补性中的对立性"时,说了一段非常精辟的话,"一切组织关系,包括一切系统,都含有而且还生产着既对抗又互补的力量。一切组织关系都离不开互补性原则,并将其现实化,它们也离不开对抗性原则,并或多或少地将其潜在化。""于是互补性原则在自己怀里养大了对立性原则。"④在经济活动系统中,政府与市场的关系就是这样,一方面两

---

① 钱学森:《论系统工程》,湖南科学技术出版社1982年版,第245页。
② 查尔斯·沃尔夫:《政府与市场》,中国社会科学出版社1994年版,第26页。
③ 邓欣、潘祥改:《论政府干预目标:效率与公平》,《武汉大学学报(哲学社会科学版)》1994年第2期。
④ 埃德加·莫兰:《方法:天然之天性》,北京大学出版社2002年版,第113页。

者具有极强的互补性,另一方面两者似乎又势不两立。在历史上,人们对于政府与市场在经济系统中作用的认识,常常囿于二元对立的思想框架,或者是"政府至上"或者是"市场至上",这是一种"非此即彼"的不相容式的思维方式,它给政府与市场的关系问题也带来了一系列的困境。

上世纪70年代以后,随着经济发展外界环境的深刻变化,经济活动系统在自组织性的进化中倾向政府机制与市场机制的融合与互补。对此,不仅理论界对政府与市场之间关系的新特点进行概括与提炼,而且,政府改革在制度安排上,试图通过合理分割政府与市场之间的有效边界,寻求两种制度安排的平衡,以实现政府与市场的"凸性组合",已成为中外行政改革的共性内容。政府与市场之间的互补性还深刻地表现为在对方的体系中发现了自己的存在价值。一方面,在以效率至上的市场机制中,政府的作用就是制度供给与制度维护。因此,无论经济自由主义怎样排斥政府干预,政府总有一块永不沦陷的阵地,即提供制度服务;另一方面,在以公平为价值指向的政府机制中,引入市场精神,可以有效地解决政府的官僚主义与效率低下等问题。对此,公共选择理论旗帜鲜明地指出,在公共机构中引入市场竞争机制,这是对市场价值的重新发现与利用。今天,政府与市场的互补性集中体现在两者向对方体系的渗透以及相互改造,因此,政府与市场之间的清晰边界也越来越模糊,这是两者间建立新型伙伴关系的又一内在依据。

3. 培育商会——政府与市场伙伴关系的实现路径

不论是从西方发达国家的历史来看,还是从我国的现实情况来看,政府与市场之间建立伙伴关系所依赖的现实路径,乃是第三部门的培育与发展,其中,"商会"是政府与市场之间实现无缝衔接最有效的"缝合工具"。因为,在市场经济中,商会常常成为介于宏观政府与微观企业之间的中观层面的组织,它承担着将两者联系起来的任务。商会代表会员企业的意愿,与政府和立法机构进行经常性的对话,通过政治表达,把各种利益要求转化为政府的决策选择,从而为企业创造良好的发展环境。同时,商会发挥仲裁与调处社会公共事务的作用,形成有助于公共程序稳定运行的影响能力,从而实现政治参与。

在国外,商会有三种主要类型,一是以英美法系为依据建立起来的"英美模式",它强调自身的非政府性质,不承担政府部门职能。二是以大陆法系为依据建立起来的"法德模式",其特点是具有政府辅助机构的性质,在一定程度上具有代替政府经济管理的职能。三是介于以上两者之间的"日韩模式",其特点是强调非营利性质。尽管,国外商会建立的依据与其特点有别,但其共同的作用与功能都表现为:既是政府与企业之间的"缓冲带",也是政府与市场之间的"连接带"。比如:日本与德国的商会组织都负有向政府反映企业发展需要的任务,并且参与到宏观经济政策的制定中,反过来再向成员企业表达政府意图,帮其把握未来的政策方向。英国与美国等商会则体现为无所不在的游说集团,诉求企业组织利益。而且,商会作为第三部门中的主要力量,它与第一部门的政府组织、第二部门的企业组织,以"三足鼎立"之势构成了一个完整的社会力量格局与一个健康的社会体系。从其角色定位来看,它兼顾非政府组织与非营利组织的中间特性,"企业管理与营销大师彼得·德鲁克先生,在晚年就认识到非营利组织的活力与专业化趋势,并大力赞扬它在当今社会的重要价值。"①

自上世纪90年代以来,在我国认同了市场经济的体制,并确立了"小政府、大社会"的改革目标后,商会的发展在90年代中期出现了一个高潮。目前,我国的商会有三种类型:即官办商会、民办商会与半官半民商会。从经济转轨过程来看,我国商会的角色兼具了"亚政府"与"准市场"的双重功能,首先,商会弥补了社会转型中政府与市场两种制度供给不足的缺陷。因为,我国长期以来实行的是计划经济的体制安排,政府常常是制度安排的供给主体。"同时,由于政府的制度安排供给受到统治者的偏

---

① 詹姆斯·P·盖拉特:《21世纪非营利组织管理》,中国人民大学出版社2003年版,第2页。

好、意识形态刚性、官僚政治以及集团利益冲突等影响,存在制度安排供给不足。商会作为一种制度安排,在一定程度上弥补了政府制度的不足。"①同时,商会提供的诸如行业标准、行业规范等制度,为工商企业之间的合作创造了制度条件;而且,商会在维护社会信用体系方面,也补充了市场制度的不足。其次,商会也为政府与市场良好伙伴关系的形成起到了桥梁的连接作用。一方面,在我国政府职能的转变过程中,政府就把部分社会管理与监督的职能,以及政府不宜出面或管理不过来的那些工作职责赋予了商会,使商会成为政府宏观管理的参谋、中介与助手,从而有效地缓解了政府与企业之间的利益紧张关系。另一方面,商会在专业化市场的培育中又起到了"无形市场"的作用,企业界也正是借助于商会这一平台,与政府部门保持对话,并建立密切联系。在我国南方一些经济比较发达的省市中,已经成功探索了一条"市场＋政府＋商会"的发展模式。政府对商会的建立报以积极支持的态度,并通过商会与企业界建立良好的伙伴与合作关系。

---

①　王名、刘培峰:《民间组织通论》,时事出版社2004年版,第358页。

第四章 政府与企业的伦理关系：
利益博弈与道德博弈

清华大学孙立平教授以《中国进入利益博弈时代》为题撰文指出，当一个社会进入利益博弈时代的时候，就提出了一系列的问题：如何使利益博弈合法化、如何为利益博弈提供合法的舞台、利益博弈的组织机制是什么、利益博弈机制与规则如何制定、政府如何面对利益博弈，等等。[①] 笔者认为，学术界不仅要关注整个社会的利益博弈，更重要的是要关注社会两大部门，即政府与企业的利益博弈状况、特点及其发展。因为，在整个社会利益博弈之网上，政府与企业的利益博弈是"网之大纲"，因此，研究政府与企业的博弈是重要的。

第一节 政府与企业博弈的结构

吉登斯认为："在社会研究中，结构指的是使社会系统中的时空'束集'在一起的那些结构化特征。正是这种特性，使得千差万别的时空跨度中存在着相当类似的社会实践，并赋予它们以'系统性'的形式。"[②]因此，结构就是指各种关系已经在时空向度上稳定了下来。在博弈中，博弈双

---

① 孙立平：《中国进入利益博弈时代》，《经济研究参考》2005 年第 68 期。
② 安东尼·吉登斯：《社会的构成》，李猛、李康译，王铭铭校，三联书店 1984 年版，第 79 页。

方并不是在一个霍布斯所谓的"自然状态"下展开的，而是基于一个特定的关系结构。在这一结构中，博弈中的每一方都是被牢牢地"嵌入"其中而呈现出相对地位，这一相对地位会在继续博弈中被反复地呈现，双方会习惯地按该结构继续行动。在我国政府与企业的博弈中，双方也不是在"自然状态"下展开的，先前必然存在着一定的结构关系以及相对地位，这就是政府与企业博弈的结构。本章拟从三个方面与三个视角来解剖这一博弈的结构特征。

1. "第一部门"与"第二部门"的博弈：历史视角

从组织功能的角度看，在当今社会的结构形式中，政府属于为民服务的"第一部门"，它构成了行政资本；企业属于创造利润的"第二部门"，它构成了市场资本；而非营利组织则属于改变人类的第三部门，它构成了社会资本。① 今天，人们普遍认为，一个健康、完整的社会被看成是由政府、企业与非营利组织构成的"三足鼎立"。其中，政府与企业，由于它们对社会中的其他组织，以及未被组织起来的人所提供的物质、能量与信息的重要性程度，而荣获了"第一部门"与"第二部门"的美称。尽管，"第一部门"与"第二部门"的提出并非出于此意，而是源于"第三部门"概念的提出；但是，笔者认为，赋予"第一"与"第二"的序称，客观上表明：政府与企业两大组织对于社会系统维护的重要性与意义所在。

然而，政府与企业分属"第一部门"与"第二部门"的简单区别，在我国传统社会的结构形式中却未能实现。改革开放之前，我国社会结构的基本形式，事实是以"政治人"的假设作为构造社会组织的动力基础。按此假设，在社会组织的整合中，形成了单一政治功能的动力机制，整个社会组织呈现出单一"政治化"的功能，结果，企业组织高度同构于政府组织，企业失却了自己功能定位与结构安排的主动权。改革开放以后，中国

---

① 詹姆斯·P·盖拉特：《21世纪非营利组织管理》，中国人民大学出版社2003年版，译者前言。

社会发展的基本趋势之一就是:社会结构由"领域合一"走向"领域分离"。这一过程符合社会系统对其组织的功能要求,也就是说,社会系统"政治整合"的功能主要由政府承担,而社会系统"经济生产"的功能则主要由企业来担当。领域分离与企业组织功能的回归,既符合马克思主义三层社会基本结构——经济、政治与文化的理论架构,也符合西方理论界"三个部门"的理论建构。

政府与企业两大组织的区别是明显的,同时,两者的利益博弈也是明显的。伴随着政府与企业作为社会结构支撑中的第一部门与第二部门的功能定位,两者的利益博弈日益明朗化。更重要的是:正是政府与企业的利益博弈拉动中国进入到"利益博弈时代"。因为,一方面,由中国政府主导的社会改革使原有的在单一行政框架下的利益分配机制,转化为现有的在多元社会框架下的利益分配机制,在新的利益分配框架下,各社会力量就有可能成为利益博弈的主体;另一方面,企业是与政府进行利益博弈的最早的社会单元。实际上,我国政府与企业的博弈还是一个"不纯粹的"两大部门之间的博弈,也就是说,还不是一个"完全政治功能"与"完全经济功能"的两大部门之间的博弈。这就是我国政府与企业博弈的结构特征之一,即在政府与企业的博弈中,政府依托于政治功能干预企业经济活动的博弈策略很常见;而企业在经济活动中自主性不充分,对政治资源具有"心理与习惯上的依赖性"。

2."权力"与"资本"的博弈:现实视角

政府与企业形成博弈态势的另一结构特征是:这一博弈是权力与资本这两种社会力量的博弈。

第一,政府组织的运行,依靠的是一整套精密的等级组织结构和权力体系运行的,政府关于社会公共政策的制定与实施完全依赖于权力的运作;因此,政府是国家权力的组织过程。在整个社会权力体系结构中,政府无疑是这个权力体系的轴心。政府权力在社会博弈中的影响表现为:一方面,权力本身就是一种影响力,它可以决定并改变着社会活动中的物质关系、精神关系乃至于意识关系。由于我国传统社会主义奉行的是国家至上理念、全能政府模式和强制行政方式,使得中国传统政府表现出"权力行政"的特点,即政府权力对社会领域的全面渗透以及对社会关系的全面替代。尽管,改革开放以来,政府权力在很多领域尤其是经济领域有所收缩,但是,政府权力在整个社会权力系统中仍是最为敏感的权力形态,它涉及到相当广度和深度的社会生活领域。另一方面,政府权力是一种公权力。随着社会结构的领域分离与社会公共管理的需要,我国政府也走出了单一"政治化"的功能追求,政府"公共性"的组织功能逐渐明确。因此,无论是政治精英、学界名流,还是普通大众;也无论是政治文献、学术作品,还是大众传媒,在政府"公共性"功能定位的认识上都普遍达成了一致。这一功能定位就决定了:政府权力的利益指向只能是公共利益。

第二,自从马克思在其巨著《资本论》里提出,资本不是物,而是体现了资本主义生产关系这一观点后,传统社会主义国家在对"资本"的理解中,普遍的现象有两点:一是把资本当作一个特殊概念,认为"资本"是资本主义特有的范畴,它体现的是资本主义生产关系的全部本质;二是把资本当作一个贬义概念,因为马克思说过:"资本来到世间,从头到脚,每个毛孔都滴着血和肮脏的东西。"[①]学者邵腾说:"社会主义国家的每一次改革愿望和发展资本的尝试,所遇到的最强烈的否定观念就是来自这种被片面化了的马克思的资本否定理论。"[②]所以,"资本"作为一个与社会主义格格不入的概念,长期被销蚀掉了。

改革开放以来,企业作为第二部门的崛起带来了"资本"理念的回归。这一理念的回归反映在三个层面上: 是在学术的层面上,认识到资本既是特殊概念,也是一般概念;对资本概念与资本理论的理解是完整而全面的。二是在政治的层面上,在我们党代表大会的政治报告中都频繁使用了"资本"一词。三是在大众语汇的层面上,资本已不再是贬义词,

---

① 《马克思恩格斯选集》第2卷,人民出版社1972年版,第265页。
② 邵腾:《马克思的资本理论和中国的社会主义建设》,《毛泽东邓小平理论研究》2003年第3期。

而是一个中性偏褒义的词汇。今天我们对资本的理解已接近现代的资本概念,从其内涵看,它是指"能够创造新价值的价值",而从其外延看,它包括劳动力、资金、实物、厂房、设备及各种资源等一切价值实体和价值符号。因此,企业的行为就是执行和实现资本的要求,它是资本的组织化。

本质上,政府与企业的博弈,就是权力与资本这两大社会力量的博弈,由于这两大社会力量具有极其广泛的社会动员能力,并拥有丰富的社会资源内涵与手段,所以,两者的博弈构成社会利益博弈之网的"大纲"。在可预见的将来,两者的博弈将是我国社会利益博弈的主要内容。

3.-"公共人"与"经济人"的博弈:理论视角

政府与企业的博弈,从理想与理论的层面看,它还是"公共人"与"经济人"的博弈,这是两者博弈的第三个结构特征。

在组织及其人的研究中,一个最基本的问题是"人是什么?"由此生发出各种各样的理论,比如:生物人、社会人、政治人、道德人、经济人等等。历史地看,对于"人"的理解范式,我们民族有着三次深刻的历史教训。第一次,在先秦"人性善"与"人性恶"的历史选择中,东方文化传承下"人性本善"的文化偏好,从而建构起"道德人"的理解范式。"道德人"的人性假设,使东方社会发展出一整套过分关注人的道德自觉的"德治"传统,而在社会治理的具体措施上却忽视了制度建设的路径,结果,社会治理陷入"人治"的窠臼。第二次,建国后的近三十年中,"政治人"作为理解人的一种主导范式被扩展到社会的一切领域,它通过"单位制度"并借助于意识形态的力量被发挥到了淋漓尽致的程度,结果,企业不只是一个经营单位,更重要的还是一个政治组织,是一个基本的行政单位,企业具有比照部、省、市、县的行政级别。第三次,改革开放以来,我们在摒弃"政治人"的理解范式时,从一个极端跳到了另一个极端,即把仅限于市场领域才具有适应性的"经济人"范式,无条件地扩展到包括政治在内的其他一切领域中。在政治领域遵循"经济人"的范式,结果,为政治与行政领域内的腐败等不端行为,从个体角度预留下很大的"心理空间",而从整体角度则生发出宽容的"文化氛围"。这三次深刻的历史教训都表明:在人的理解范式上,我们都形而上学地把一种抽象的人性论加以普遍化的思维倾向,相反,在不同部门与组织中,确立各具区别的理解范式的思路却没能有效地形成。

在西方"经济人"理论的影响下,我国学术界关于人性问题的论争始终没有停止。仔细分析,在这一争论中,一个基本的前提就是:把"经济人"当作是对人的本质属性的揭示。笔者认为,这一"前提"设定是值得怀疑的。因为,当我们回到马克思"人的本质并不是单个人所固有的抽象物,在其现实性上,它是一切社会关系的总和"[1]这一理论原点时,道理就变得非常简单。马克思以"社会关系总和"的"具体人性论"颠覆了历史上形形色色的"抽象人性论"。因为,人是经济人、道德人、社会人、文化人等,这类列举是永远没有穷尽的,一旦在人的某种属性上结束这一列举,那么肯定将人的某些属性排斥在外,从而无法对人的完整性作全面表述。正确的研究方法是把人放在具体的社会关系中来认识,这是马克思主义关于人的本质的基本理论。

那么,那些关于"人的理论"到底是什么呢?笔者认为,它们只不过是一种理论研究的范式与方法论而已,就像在许多文献中谈到这些理论时,常常要伴之以"××人假设"一样,它只不过是一种"理论假设"罢了。对此,国内也有学者认为:"社会科学对事实自有一套基本的假设,这套假设就构成了这门学科的研究范式。研究范式是研究人员在某一专业或学科中具有的共同的世界观、认识论和方法的汇总。这一共同的范式规定了他们共同的理论基础、研究范围和采用的方法,为他们提供了共同的解决问题的框架,规定着某项研究发展的方向与途径。"[2]因此,在政府与企业组织的人性研究中,我们既不要把抽象的"政治人"扩大到经济领域,也不要把抽象的"经济人"扩大到政治与公共行政领域。结合政府与

---

① 《马克思恩格斯选集》第1卷,人民出版社1972年版,第18页。
② 黄燕等:《经济人假设:发展线索及科学性分析》,《江汉论坛》2005年第12期。

企业的不同功能定位,笔者认为,在企业组织中应用"经济人"范式,而在政府组织中应用"公共人"范式是合适的。在这一论证中,笔者认为最具代表性的当属中国人民大学的两位教授。一是张康之教授从反面否证了"经济人"假设在公共行政领域的适应性问题;① 另一是刘瑞教授等人则从正面提出了"政府人是公共人而非经济人"的命题。②

第二节　政府与企业的利益博弈

马克思主义基本原理认为,人们奋斗所争取的一切,都同他们的利益有关。因此,当今中国社会进入到利益博弈时代也是正常的。"利益时代的到来,是市场经济机制和社会结构分化两个因素双重作用的结果。……当市场取代再分配成为资源配置的基本机制的时候,利益的分配已经主要不是取决于国家的意志,而是市场和社会中的利益博弈。"③在利益博弈时代,我国政府与企业的利益博弈是多元的。

1. 我国政府与企业利益博弈的特点——"双轨博弈"

历史与比较地看,政府与企业的博弈存在于三种不同的经济制度中:一是完全计划经济的制度环境;二是自由市场经济的制度环境;三是计划经济与市场经济"掺和"的制度环境。在完全计划经济的制度环境下,像我国改革开放前与前苏联的经济制度环境,政府与企业博弈的特点是明显的。由于政企不分,企业隶属于政府,企业没有自主权,企业与政府间不存在平等的博弈关系。在博弈策略的选择上,企业只有选择"服从而不

①　参见张康之:《公共行政:"经济人"假设的适应性问题》,《中山大学学报(社会科学版)》2004年第2期。
②　参见刘瑞,吴振兴:《政府人是公共人而非经济人》,《中国人民大学学报》2001年第2期。
③　孙立平:《中国进入利益博弈时代》,《经济研究参考》2005年第68期。

对抗"的对策,来实现自己利益的最大化,由此形成的博弈结果乃是政府与企业的"父子关系"。在自由市场经济的制度环境下,像美国、西欧的市场经济制度,政府与企业之间的关系不是简单的"权威与服从"的关系,公共权力与资本之间的利益追求可能一致,也可能冲突。这一博弈行为的特点是:(1)政府与企业作为理性的行动者,其博弈地位基本是平等的,两者博弈策略的选择能充分展开,一个常见的现象是:企业在政府规范的框架内会采取种种获利对策与政府或明或暗地"叫板"。(2)就博弈常态来看,两者在博弈中都在寻求利益的均衡点,博弈的基本趋势是由讨价还价走向合作。(3)就博弈结果看,政府与企业形成了一种类似于"裁判员与运动员"的关系,政府依法管理,企业依法经营。

当前,我国政府与企业的博弈环境,既非完全的计划经济环境,也非自由的市场经济环境,而是独特的"制度双轨"环境。"在'双轨制'的转轨阶段,政府一方面通过调节市场方式如税收政策来引导企业,另一方面政府与职能部门又利用行政手段来直接干预企业的活动,因而企业在双轨上与政府进行博弈。"①因此,在博弈策略的选择上,企业对政府的影响产生了两条轨道,"根据企业采取的手段以及产生的影响,是否有利于全社会的福利提高,是否损害其他企业的利益,是否合法的标准,可以将企业可能采取的所有渠道分为两大类,一类是企业影响政府的'阳光轨道',另一类是企业影响政府的'黑色轨道'。"②所以,企业与政府的博弈有两种方式。

第一,"阳光博弈"。一方面,政府的博弈策略主要是通过公共政策的制定来引导企业行为。作为博弈双方,政府与企业代表着政策的制定者与政策的被实施者。在双方的博弈中,政府为达到其整个社会利益最大化的目标,制定出相应的影响企业发展的宏观与微观经济政策,如财政、货币与产业政策等等。从发达国家的成功经验来看,政府这一博弈策

---

① 彭正银,宋蕾:《企业与政府的双轨博弈分析》,《中国软科学》2003 年第 12 期。

② 魏杰,谭伟:《企业影响政府的轨道选择》,《经济理论与经济管理》2004 年第 12 期。

略的核心是围绕市场这一主线展开的,即以提高市场质量为目的。作为自主经营者,企业在这一过程中也会通过各种途径来观察政府行为,以获取相关信息进而采取相应的对策。另一方面,企业的博弈策略则是通过社会效益的提高来敦促政府,比如,企业通过提供产品满足社会需求、提供就业岗位、增加税收等社会效益的追求,来促使政府的政策支持与资金扶助。企业这一博弈策略的核心是企业对社会责任承担的程度与能力。

第二,"暗箱博弈"。目前,"很多企业选择了'黑色轨道'。它们利用现在体制中存在的大量行政权力,通过寻租的方式,形成地下的'官商联盟'影响政府的决策,为自身的发展服务。"①"暗箱博弈"的现象,可以从两个层面来分析。从政府的层面看:(1)由于传统惯性的作用,政府在支配社会资源方面还有巨大的能量,政府对企业的直接干预仍有很大空间。(2)在经济转轨时期,尤其是初期,制度变迁则主要依赖于以政府供给为主导的方式来实现,这样,政府在经济制度设计、公共政策制定等利益分配机制中仍然占据优势地位。(3)新旧体制之间所形成的制度空隙使政府及其部门具有很大的自由裁量权。因此,在政府与企业的博弈关系中,政府依然处于强势的博弈主体地位。从企业的层面看,源于普遍的"搭便车"心理,企业则甘愿从有限的生产资源中抽出部分资源,通过游说、谈判、收买与行贿的方式向政府寻租,以追求利益最大化。

2. 我国政府与企业利益博弈的格局——"多头博弈"

激烈的社会转型,本质上就是利益分配机制的改革与调整,它意味着原有利益格局的拆解,新的利益格局的建立,各社会力量都试图在这种社会利益的分配中占据有利位置。在一个利益分化与利益博弈时代,任何一个具体的经济社会事务都可以成为一种利益,从中滋生出一群分享这种利益的人,并围绕这种利益进行博弈。当今,在中国社会政治经济生活中,中央政府每一项政策的出台都会引起众多的反应与评论,在涉及老百

---

① 魏杰,谭伟:《企业影响政府的轨道选择》,《经济理论与经济管理》2004 年第 12 期。

姓生活比较密切的房地产领域、医药行业、教育部门等政策的出台更是"一石激起千层浪"。各利益集团、利益相关者基于各自立场发出不同的声音,在现有的政治框架下,急切地寻找利益代言人,寻求表达自己利益的诉求方式。形象地说,这乃是利益棋局中的"多头博弈"。仔细研究,在这一宏观的博弈框架下,我们可以清晰地分析出参与博弈行为的各利益主体、各主体之间的博弈关系,以及一些特殊的利益相关者。

第一,在政府这一博弈方中,源于利益的分化逐渐派生出三个独立的利益集团,即中央政府、地方政府、"亚政府"或"超企业"。(1)中央政府作为博弈主体。一方面,中央政府作为社会利益博弈宏观制度与规则的制定者,它担当着整个社会利益博弈的"高级裁判员";另一方面,基于政治利益的需要,它与地方政府之间进行着权力与利益的双重博弈。(2)地方政府作为独立的利益集团参与博弈,在理论界已达成普遍共识。地方政府在这场"多头博弈"中充当"双向代理"的特殊功能,即作为中央政府代理与地方微观经济主体代理的双重功能。① 正是由于这种特殊的"中介代理"角色,地方政府在博弈中,一方面作为一级行政代理人,可以利用政治权威、公共权力等地位优势与企业进行博弈;另一方面作为地方企业的代理人,它与企业能形成"利益联盟",并利用其掌握的信息优势与中央政府进行博弈,以争取自己的利益最大化。(3)"亚政府"或"超企业"成为一个特殊的博弈主体。它是"既具有企业职能又具有政府职能,而政府职能占上风的一类所谓'企业'组织。"它包括:原政府经济管理的职能部门改头换面成立的"翻牌公司"或"行业性总公司"、与政府联系密切的"中介公司"、政府官员直接兼任董事长或总经理的公司。② 这一利益主体在博弈中,能够名正言顺地将行政权力带入企业,使企业具有浓厚的"地方割据"与"地区封锁"色彩,甚至以政府权力搞非法竞争。

第二,在企业这一博弈方中,源于利益的分散也产生出不同的利益集

---

① 孙宁华:《经济转型时期中央政府与地方政府的经济博弈》,《管理世界》2001 年第 3 期。
② 高明华:《权利博弈与政府对企业的行为》,《天津社会科学》1998 年第 1 期。

团,它表现为:不同类型的企业、不同规模的企业与不同性质的企业等。这一博弈表现在两个层次上:(1)企业之间的博弈。在市场大潮中的每一个企业,都要通过与消费者、企业员工经过多重博弈后再与其他企业进行博弈,这一博弈具体表现为企业间垄断与竞争的矛盾。这一博弈关系不是本文涉及的。(2)企业与政府之间的博弈。这一层次上的博弈表现出来的特点是:企业通过"利益联盟"的方式来扩展其博弈策略空间。关于"利益联盟",将在下文详述。

3. 我国企业与政府利益博弈的手段——"利益联盟"

根据美国经济学家弗瑞曼的理解,"利益相关者"是指,那些能够影响企业目标实现,或者能够被企业实现目标的过程所影响的任何个人和群体。在现代西方企业管理理论中,利益相关者已被视为企业的构成要素,纳入广义的企业管理范畴。因此,西方理论对利益相关者的研究已很深入,除了关注到社会性利益相关者外,一些非社会性利益相关者像自然环境、人类后代与非人物种等都进入到管理的视界内。当然,囿于历史与现实的局限性,我国企业管理还不能像西方那样具有广阔的视界与深邃的眼光,但有一个现象值得我们关注,即企业在利益博弈的过程中,越来越注意到与其利益相关者,尤其是"重要的利益相关者"建立良好的联盟关系,以增加企业的利益博弈能力与利益博弈空间。在我国政府与企业的博弈中,博弈手段正由原来的"单打独斗"向"联盟较量"转变。

第一,企业相互之间组成"技术联盟",力争在企业圈内获取博弈竞争优势。博弈论证明了在不合作的情况下,个人效用最大化的行动可能对于个人与合作者都是最差的结果,因此,合作就成为竞争条件下理性选择的必然结果。在当今激烈竞争的环境下,越来越多的企业认识到过度竞争需要支付高昂的竞争费用,而且,还会导致两败俱伤的结果。于是,经过"两败俱伤"的博弈惨局后,企业开始寻找更好的竞争模式,与竞争对手结成"技术联盟"成为一种降低风险和成本、提高企业竞争能力的有效手段。在企业结成"技术联盟"的博弈状态下,政府的职责更多地表现为引导者、服务者与仲裁者的角色。

第二,地方政府与企业结成"利益共同体",以提升与中央政府的博弈能力。上文已提到,地方政府在这场"多头博弈"中承担着独特的中介角色,同时,它也扮演着"主动谋取潜在制度净收益的'第一行动集团'。"①地方政府在与中央政府博弈时,有两个主要的策略选择:一是在制度变迁中地方政府必然会利用自己的信息优势,使制度变迁的路径朝着符合自己利益最大化的方向发展;二是在制度创新中,企业和地方政府之间存在着相互依赖关系。这是因为:其一,地方政府对中央政府的讨价还价能力取决于当地的经济实力,而这种实力是由当地企业的竞争能力带来的;其二,企业是以通过地方政府向上级传达其制度创新的需求来充当间接谈判者,这样,"地方政府与企业存在着合作博弈,即企业在地方政府帮助下,通过突破进入壁垒获取制度收益,进而地方政府分享这一收益。"②

第三,企业之间结成行业性协会等"组织同盟",以扩展与政府的博弈能力。在企业与政府的博弈中,企业逐渐意识到单个企业与政府博弈地位的不对等性,进而以结成"组织同盟"的方式与政府博弈,因此,在政府与企业的博弈关系中,又形成了一个"中间部门"参与博弈,这一中间部门属于"第三部门"的范畴。当然,目前在我国政府与企业中间所形成的"第三部门"的种类非常繁多,从其归属看,有官办、民办与半官半民三种性质;而从其组成方式看,有自上而下型、自发型与兼具两者特点的中间型。而本文所言的企业"组织同盟"主要是指,同类企业源于利益博弈动机而自发地结成的非官办性质的行业性协会,其目的是整合同类企业的力量,增强与政府的谈判能力。今天,这一类企业组织同盟的出现,其积极意义已远非简单的力量整合,一方面,它在政府与企业间架起了一座桥梁,承担着政府与企业沟通、协调与谈判的功能,使政府与企业合作博

①　陈德铭:《变革时期的政府与企业的关系:制度分析》,《江苏社会科学》2000 年第 4 期。
②　陈德铭:《变革时期的政府与企业的关系:制度分析》,《江苏社会科学》2000 年第 4 期。

弈的机会大大增加;另一方面,它增加了企业与政府的谈判以及利益博弈能力,为企业在博弈中的利益最大化提供了组织保障。

第四,企业与知名学者或研究机构结成"产学联盟",以达到影响公共政策的制定与执行。在分析我国房地产的博弈行为时,孙立平教授认为有几个主体不能忽视,其中"某些有利益群体背景或自己置身于利益之中的专家学者"与"有利益背景的研究机构。"①随着我国社会利益博弈格局的复杂化、博弈程度的激烈化,利益博弈手段也越来越多样化,其中,各博弈主体逐渐认识到:利用"公共理性"参与博弈所表现出来的博弈手段的隐匿性与高明性。因此,在博弈中,企业常常与资深专家、学者或学术研究机构结成"利益联盟",以"科学知识"或"专家建言"的方式发布有利于自己博弈策略的研究结果与信息。这一手段可以达到两个效果:一方面,借助于"专家建言"能达到影响公共政策的制定与实施。因为,源于政治权威与学术权威的博弈关系,学术精英在社会公共政策制定中的作用是难以估量的;另一方面,凭借"科学知识"形成相应的公共信息来引导公众心理。这一博弈手段在我国有些产业中是非常典型的。

第三节　政府与企业的"道德博弈"

所谓"道德博弈",一是指道德地博弈,这是说利益博弈手段的道德性;二是指获取合道德的利益,这是说利益博弈目的的道德性。有"道德博弈"就有"不道德博弈"。

从应然的角度看,政府与企业利益博弈的总原则应是社会整体利益的最大化,否则,后果不堪设想。因此,如何从理论上引导政府与企业的博弈策略,以使政府与企业的合作博弈与"双赢"对于社会整体利益来说是"全赢",乃是一个重要的理论课题。正是鉴于此,笔者将政府与企业

---

① 孙立平:《中国进入利益博弈时代》,《经济研究参考》2005 年第 68 期。

的博弈,从理想的形态上定位为"公共人"与"经济人"的"道德博弈",其目的是用理想来"解构并建构"现实。在当今中国社会的利益博弈中,理想对于现实的解构是必需的,理想对于现实的建构也是必要的。正如萨托利在《民主新论》中告诫的那样:"理想注定只能是理想,只有不把理想视为现实时,理想才改进着现实;只有理想同我们保持一定的距离时,它才会温暖我们的心。创造理想不是为了原原本本地把理想变为事实,而是为了向事实提出挑战。如果不明白这一点,理想终究会被牺牲的。"①

1. 政府与企业"道德博弈"的人性基础

第一,从博弈的互惠性,看利益博弈"道德化"的人性基础。为了解决古典达尔文理论面临的利他主义难题,哈佛大学生物学家罗伯特·特里弗斯提出了"互惠利他理论"。1981 年,密歇根大学政策科学家罗伯特·阿克塞尔罗德与威廉·汉密尔顿合作进一步发展了这一理论。互惠利他理论的基本思想是:如果施恩者在今后与受惠者相遇时得到回报,合作便会在利益部分冲突的理性个体之间产生。这一理论存在着三个重要的人学前提,即博弈者是处于社会交往中的理性个体、博弈是非零和的、博弈是叠演的。②"互惠利他理论"实际上是把经济学上纯粹的"博弈论工具"与"人的社会交往关系"的社会学分析方法有机结合起来,旨在研究处在一定社会交往关系中的人,在利益博弈时策略选择的倾向性问题。这一理论认为,人并不是孤立的生存体,它总是处在社会交往中,因此,博弈对策之间的行为是相互制约的,也就是说,如果希望对方合作,最好的办法就是回报合作,这样就可以巩固继续合作的基础,使双方在这一基础上互惠互利。

第二,从"经济人德性",看利益博弈"道德化"的人性基础。美国社会学家福山在谈到"经济人"的理论范式时说:"人类行为的确有百分之

① 参见徐大同:《当代西方政治思潮:70 年代以来》,天津人民出版社 2001 年版,第 87 页。
② 郭菁:《互惠利他博弈的人学价值》,《自然辩证法研究》2005 年第 11 期。

八十的情况符合这种模式,问题是隐匿的另外的百分之二十,新古典经济学只能提出难以服人的解释。"①他认为,这个20％的动机需要有道德、习俗等文化因素来解释。在现实的利益博弈中,我们对经济人"经济理性"的理解太过于狭猛与片面,也就是说,我们总是习惯于把"经济理性"片面理解为"经济计算理性"。② 即把经济人理解成:只以追求自我物质利益最大化为取向,只承认人们受私欲驱动改善物质生存条件的经济冲动,而否定感情关系、伦理道德等文化的因素在经济交往中的作用。而通常的情况是:在社会利益的博弈中,人们单纯以"经济计算理性"来行事,常常难以通过合作博弈而达到"利益双赢";因此,"经济理性"不仅体现在人们对目的与手段之间关系的调节上,更重要的体现在对目的的正确理解和把握上,还体现在对其行为后果的预见和权衡上。

总之,利益博弈的道德化具有人性基础。可以说,道德是人类社会除了政府与市场之外的第三种社会关系的调节力量,无论社会现实如何残酷,我们都不能忽视道德在人类社会中的地位与作用。正如斯密在《道德情操论》中谈到人的同情心时这样说:"这种情感同人性中所有其他的原始感情一样,决不只是品行高尚的人才具备,……最大的恶棍,极其严重地违犯社会法律的人,也不会全然丧失同情心。"③在当今中国,政府与企业的"道德博弈"也是可能的。

2.政府与企业"道德博弈"的可能性

"道德认知发展阶段"学说的奠基者科尔博格经过20多年的研究,发现个体道德认知的发展大致经历了"前约定"、"约定"与"后约定"三个阶段,在这三个阶段中,个体在进行伦理决策时,会考虑到不同的利益主体。在前约定水平上,个体主要考虑的是自身利益;在约定水平上,个体会考虑自身所在团体、组织的利益乃至于社会的利益;而在后约定水平上,个

---

① 弗朗西斯·福山:《信任:社会道德与繁荣的创造》,远方出版社1998年版,第20页。
② 王兴尚:《论"经济人"的经济伦理德性》,《经济论坛》2004年第9期。
③ 亚当·斯密:《道德情操论》,商务印书馆1998年版,第5页。

体会遵守普适的道德规范和原则,关注全社会的利益,甚至是整个人类、动物界、生态系统乃至未来的人类利益等。科尔博格的这一研究范式,逐渐被推广到"个体"、"组织"与"社会"为对象的三个层面上,学者们纷纷认为,组织与社会的发展也同样存在着道德认知的这三个发展阶段。[①]

笔者认为,(1)科尔博格的理论与社会现实是基本契合的,它合理地解释了:在利益增长过程中尤其是利益最大化后,人在价值指向上会发生一些质的变化,即利益追求在空间与时间上的拓展。所谓"利益空间的拓展"是指,利益追求会由个体利益扩展到社会整体利益,甚至是整个人类利益;所谓"利益时间的拓展"是指,利益追求会由眼前利益扩展到未来利益,甚至是未来的人类利益。(2)这一理论在利益与道德之间建构了一种"必然的联系",并保持这两个重要社会元素之间有一种"必要的张力",既说明了自身的狭隘利益不是人类追求的最终目标,也表明了道德在人类利益博弈中的调节功能。(3)这一理论也符合后现代的理论建构原则。在后现代社会的背景下,人类社会治理的革命性变革需要以一种新颖的方式被理解,因此,"道德治理"与"道德复兴"的话语重新焕发出强大的生命力。[②] 概言之,科尔博格的学说具有一定的解释力,当我们以这一理论来审视我国社会个体与组织道德认知的发展过程时,事实就变得非常清晰。笔者将这一过程划分为三个阶段。

第一,建国——1978 年为"政治约定水平"。科尔博格的道德认知阶段理论,毫无疑问,阐述的是具有高度自主性的人与组织在利益博弈中道德认知的发展趋势,它必然是一个自觉而自然的过程。但是,我国建国至1978 年改革开放前的这一阶段,显然不符合这一特征。因为,在那种高度政治化的逻辑下,任何个体与组织都不具有充分的利益自主性,它们只是"嵌入"在政治组织下的各个单元,其自身独立的利益追求难以完全而充分地展开。相反,这一时期,个体与组织在政治高压下却不自觉地将整

①　参见吴红梅:《西方组织伦理氛围研究探析》,《外国经济与管理》2005 年第 9 期。
②　参见刘祖云:《剖析社会治理研究中的一个分析框架》,《教学与研究》2005 年第 4 期。

个社会的抽象利益作为目标,个体与组织表现出来的类似于"后约定水平"的道德认知现象,却是一种"虚幻的假象",因此,笔者将这一时期界定为"政治约定水平"。

第二,1978 年——2000 年为"前约定水平"。改革开放至新千年的这一时期,从利益追求的特征上看,个体与组织主要考虑的是自身的利益。这可以从政治、经济与文化等方面加以说明。从政治的层面看,我国推行"让一部分人先富起来"的政策引导措施,鼓励人们追求自身的合法利益;从经济的层面看,改革开放的大政方针与市场经济体制的引入,释放了社会经济活力,为部分人致富提供了广阔的利益空间;从文化的层面看,由于受西方个人主义等思潮的影响,传统文化中"重义轻利"的观念受到广泛的冲击,个人的切身利益受到空前关注。这一时期,个体及其组织的独立利益获得了不同程度的实现与满足;也正是这一社会前提,为个体与组织的道德认知向"约定水平"过渡提供了坚实的利益基础。

第三,2000 年至今及很长一段时期内为"约定水平"。在这一约定水平下,个体会考虑其所在团体与组织的利益,而组织则会考虑社会的整体利益与长远利益。笔者作出这样的概括,既符合现实又不违背逻辑。因为,借助于人类在"新千年"到来之际的反思,社会整体利益,甚至是人类的整体利益受到了前所未有的关注,人们越来越深刻地认识到"大河没水小河干"的朴素真理。加之,我国社会发展在政治层面上对"共同富裕"的政策引导、市场经济中"公平问题"的凸显、文化层面对"社会公正"的正视,以及伦理层面上人性"道德自觉"的发掘,等等,这些因素都是促使我国社会组织道德认知过渡到"约定水平"的诸多影响因子。在"约定水平"上,政府与企业作为社会两大部门,尤其是作为"公共权力"与"资本"的代言人,在参与社会利益博弈时更多地关注社会整体利益是可能的、也是必需的。

3. 政府与企业"道德博弈"的理论建构

我国政府与企业的利益博弈在进入"约定水平"时必然会呈现出一

些新的特点。笔者认为,理论研究必须对此作出积极反应,即通过建构一种合理的利益博弈观,来引导我国政府与企业的利益博弈,以使政府与企业在利益与道德之间保持一种必要的张力。合理的利益博弈观应包括以下三个方面。

第一,利益博弈在"利他"与"利己"的手段上达成互惠。传统观念认为,在利益问题上"利他"与"利己"是一个矛盾,两者的博弈是零和的。然而,"在所谓文明的'冲突'中,其实常有相当大的合作空间,那些看起来是零和的抗争,可以在一些存在的善意中,被转化为'互利的非零和游戏'。"①斯密从普遍交换的角度揭示了"利他"与"利己"的内在统一性,他说"人类几乎随时随地都需要同胞的协助,想要仅仅依赖他人的恩惠,那是一定不行的。……请给我以我所要的东西吧,同时,你也可以得到你所要的东西,这句话是交易的通义。"②而互惠利他理论则进一步改变着人们的看法。这一理论认为,"互惠利他"的本质是以回报为基础的"利他互惠",利他并不是纯粹的单方的无私奉献,而是一种基于回报的互惠关系。因此,"作为社会人的个人动机是由利他动机和利己动机两部分组成的,两者之间的相互作用决定着人的道德行为。互惠利他博弈模型对个体从利己走向利他的分析过程真正体现了参与者的主体地位,实现了个人价值和社会价值相统一的德育价值观。"③

第二,利益博弈在"公利"与"私利"的指向上寻找落点。如果说在"前约定水平"上,政府与企业利益博弈的落点是个人或组织私利的话;那么进入"约定水平",两者利益博弈就应该在私利与公利的合力中以"公共利益"为立足点。因为,政府作为"公共权力"的委托代理人,寻求公共利益最大化是它责无旁贷的义务;而企业作为"资本"的组织化与"经济人"的代表者,对于公共利益的提升是其他组织无法比拟的社会力

---

① 理查德·道金斯:《自私的基因》,吉林人民出版社 1998 年版,第 276 页。
② 亚当·斯密:《国民财富的性质和原因的研究》(上卷),商务印书馆 1972 年版,第 13—14 页。
③ 郭菁:《互惠利他博弈的人学价值》,《自然辩证法研究》2005 年第 11 期。

量。如果这两股社会力量在利益博弈时,把公共利益搁置在一边的话,那将是社会的极大悲哀。这一悲哀在"前约定水平"上是屡见不鲜的,其具体表现形式就是:政府与企业在利益的"合作博弈"中却带来了公共利益的损失。正如学者陆震就公共利益被侵吞撰文所言:"所有这类案例,构成了一幅当代中国社会生活中公共利益弱势化的图景。……从而形成了分食、抢食公共利益的局部恶性循环。"对于抽象的公共利益的实现,陆震提出了两个有价值的思路:一是公共财富与公共福利的配置问题;二是社会公共福利比。前者本文不论及,而"社会公共福利比"是指,个人从社会公共福利分享到的福利份额在个人福利总量中所占的比重。① "社会公共福利比"的提出,使一直争论不休的、抽象的公共利益范畴有了可资量度的具体指标。也就是说,社会公共福利比越大,公共利益实现的程度就越高。结合本文主题,笔者认为,在社会公共福利比的提高中,企业作为博弈的一方,是以增加税收的方式提供"资本"支持;而政府则是以制度与公共政策的方式加以引导与规范。

第三,利益博弈在"道德"与"利益"的目标上保持张力。笔者认为,以传统伦理为核心的道德冲动力与以现实利益为取向的经济冲动力之间的"文化矛盾",是当今中国社会面临的基本矛盾之一。当今中国社会利益博弈中的种种"不道德现象"恰恰存在于这一"文化矛盾"中,即利益冲动力正在耗尽道德冲动力,传统"重义轻利"的伦理道德逐渐失去了作为利益行为的普遍准则,而新的"义利观"却没能有效地建构,从而影响到社会利益博弈的合理性与合道德性。由于政府与企业的博弈在社会利益格局中的重要性程度,因此,政府与企业的博弈如何在利益与道德之间保持必要的张力,以实现政府与企业的"道德博弈",对于整个社会的利益博弈具有极为重要的意义。就利益与道德的关系而言,必须承认利益对于道德建设的基础性地位,但这只是问题的一面,问题的另一面是:道德

---

① 陆震:《公共利益萎缩:中国现代化进程中的重大理论缺失与目标偏差》,《探索与争鸣》2004 年第 9 期。

作为一种"善"对于现实具有建构功能,正如列宁所言:"善是对外部现实性的要求,这就是说,善被理解为人的实践 = 要求和外部现实。"①在人类社会"善"的实践中,政府与企业作为无与伦比的两大部门,不仅在利益博弈中要维护这种"善",而且还要做践行这一"善"的重要社会力量,并通过两者所拥有的社会影响力与资源,在与其他组织与个人的道德互动中来做这一"善"的引导者。

---

① 列宁:《哲学笔记》,人民出版社 1956 年版,第 229 页。

第五章 政府与非政府组织的伦理关系：博弈、冲突及其治理

法国史学家托克维尔在1830年访问美国时,曾注意到美国社会中发展出来的独特的志愿者制度和志愿精神,他对美国人不满于所有事务都由企业或政府垄断的观念,深感惊讶。在迈入21世纪的今天,美国的这个优良传统不仅依然存在,而且日益发扬光大。管理学大师彼得·德鲁克在晚年就认识到非营利部门的活力与专业化趋势,并大力赞扬它在当今社会中的重要价值。① 非政府组织在全球范围的迅速发展,吸引了越来越多学者的注意力,它逐渐成为一个新的研究领域。本章将重点探讨以下四个问题:一是从政治空间转换的角度来解读非政府组织的兴起;二是从中间组织特色的角度来解读非政府组织的功能;三是探讨政府与非政府组织的博弈关系以及冲突关系;四是研究政府与非政府组织的关系治理机制以及治理理念。

第一节 政治空间转换:非政府组织之勃兴

1. 西方国家政治空间转换的历史脉络

"政治空间转换"的命题,来源于景跃进先生的书名《政治空间的转

①　詹姆斯·P·盖拉特:《21世纪非营利组织管理》,中国人民大学出版社2003年版,第1—2页。

换——制度变迁与技术操作》。"政治空间"是一种隐喻概念，它试图通过"空间"的话语形式来表达对政治现象的理解。在这里，"空间"除具有地理学的意义外，更主要的，它还具有超越地理学之上的社会意蕴。作为一个学术概念，它在政治现象与空间形式之间寻求解释，已成为学术研究的一个生长点，也成为解释政治现象的一个独特视角。西方后现代的思想家们正在竭力寻求政治与空间之间的联系。比如：爱德华·W.苏贾认为："空间在其本身也许是原始赐予的，但空间的组织和意义却是社会变化、社会转型和社会经验的产物。"据苏贾转述的勒菲弗也认为，空间并不是排除于意识形态和政治学之外的一个科学客体；它始终具有政治性和战略性。①

用空间的语言来表达政治转换的过程，思想家福柯阐释得很精彩。福柯认为，中世纪的空间是一个层级性空间，所有的地点和空间都围绕着天国展开。有一个天国地点，一个超天国地点，此外，还有一个与天国地点相对的现世地点。空间就按照这个层级的对立模式被部署，这就是中世纪的定位空间。空间的关系被神圣化了。打破中世纪定位空间的是近代的伽利略。从17世纪起，空间部署不再是天国中心式的，不再以天国为中心作为交错的层级模式。相反，空间作为一种没有焦点的无限性被建构起来，而地点是无限广泛延伸的空间中的不稳定的一环，空间的神圣意义得以瓦解。这是一个无限空间。而今天，空间再次摆脱了伽利略的无限性概念，它被基地化了。这就是19世纪以后的空间形式，它的核心在于，基地只有在同别的基地发生关系的过程中才能被恰当地定位；一个基地只有参照另一个基地才能获得自身的意义。②

在这里，福柯用空间语汇表达了对政治的理解，并形象地道出了西方近代以来"政治空间转换"的重要脉络与新的动向。今天，西方的政治空间在经过"层级化"与"无限性"的两次转换之后，进入到"基地化"时代。

---

① 爱德华·W·苏贾：《后现代地理学——重申批判社会理论中的空间》，王文斌译，商务印书馆2004年版，第121—122页。
② 汪民安：《空间生产的政治经济学》，《国外理论动态》2006年第1期。

基地化空间的特点是："基地(site)被两点或两元素间的近似关系所界定；从形式上，我们可将这种关系区分成序列的、树状的与格子的关系。"①因此，笔者认为，现代社会组织正是依据这样的空间布局对社会的总体政治进行着"序列的、树状的与格子的"联结与分割，从而使整个社会的政治空间呈现出"网络状"的结构与关系，而各种社会组织，尤其是非政府组织就成为人们介入政治空间的"基地"。

在19世纪以后西方政治空间的转换中，伴随着工业化与现代化的历史进程，企业组织以其"市场资本"挤压着政府组织的空间格局，迫使"行政资本"不得不让渡部分政治空间。而近年来，非政府组织以其"社会资本"的权威同"市场资本"和"行政资本"形成了抗衡力量，并一同构筑了政治空间的"三足鼎立"之势。② 诚如莱斯特·萨拉蒙所言："我们正置身于一场全球性的'结社革命'之中，历史将证明，这场革命对20世纪后期世界的重要性。其结果是，出现了一种全球性的第三部门，即数量众多的自我管理的私人组织，它们不是致力于分配利润给股东或董事，而是在正式的国家机关之外追求公共目标。"③

自20世纪80年代开始，非政府组织在世界各国和国际社会中无论其数量、规模，还是影响力都以惊人的速度蓬勃兴起，在跨国性的人权保护、环境保护、劳工问题、发展问题、疾病防治、扶贫济困，妇女人口教育甚至是军控、体育领域，都十分活跃并卓有成效。根据《国际组织年鉴》统计，全球非政府组织的数量从1956的985个增加到1985年的14000个，进而到2003年的21000个。因此，萨拉蒙和安海尔称全球范围内非政府组织的兴起为"全球社团革命"，"近年来有目共睹，在全球范围内，对生存于政府与市场之外的形形色色的社会机构，人们的兴趣明显高涨。……其所以受到如此重视，在很大程度上是由于这些组织无论在数量还

---

① 包亚明：《后现代性与地理学的政治》，上海教育出版社2001年版，第19页。
② 詹姆斯·P·盖拉特：《21世纪非营利组织管理》，中国人民大学出版社2003年版，译者前言。
③ 何增科主编：《公民社会与第三部门》，社会科学文献出版社2000年版，第243页。

是在规模上均有了长足的发展。的确,不同程度的全球社团革命正方兴未艾,而群众性的、有组织的、非政府的志愿行动正在世界的每个角落兴起。"①

2. 当代中国政治空间转换的现代进程

在中国,空间与政治之间那种"天然的联系"也的确是存在的。比如:中国历史上的"大一统",既是一个政治概念也是一个空间概念。"分久必合、合久必分"可以说是政治与空间的相互诠释,它既是对中华民族政治活动的空间诠释,也是对中华民族空间活动的政治诠释。本质地看,人类历史的发展就是空间与政治的双重转换过程,其中,政治转换要以空间转换作为依托,而空间转换既可以支持政治转换的成果,也可以拆解政治转换的意愿。

在此,笔者借用"政治空间转换"这一思路,来分析我国当代政治空间的走势,通过比照发现:建国以来,我国政治空间转换的"短暂历史进程"与西方近代政治空间转换的"漫长历史延革"具有非常惊人的相似性。可以说,从1978年至今天,中国在短短四十年的历史时段中仿佛就复制了西方世界200多年的历史脉络,即政治空间经历了"层级化的对立空间"到"没有焦点的无限空间"再到"基地化的网络空间"的转换过程,尽管基地化网络空间的形成还刚刚开始。(1)从建国至1978年的十一届三中全会,中国政治空间的特点是:国家与政府以一种神圣而又神秘的方式充斥着国民精神与实践的双重空间,国民个体空间与国家整体空间以一种表面统一而实际对立的方式被部署着。这是一个政治一统的定位空间。(2)邓小平通过十一届三中全会,开始了对这一政治空间的拆解与颠覆,一直到1990年代,在中国社会的急骤转型中,政治呈现出一种没有焦点的"无限空间"的特点。这时,我国的政治空间带有很大程度的过

---

① 马秋莎:《全球化、国际非政府组织与中国民间组织的发展》,《开放时代》2006年第2期。

渡性,因而呈现出无限性的特点。这一时期在我国政治空间转换中的历史作用,非常类似于伽利略对中世纪空间的破坏,以及为新的政治空间的形成所做的铺垫工作。(3)1990 年代至今的这一段时间,中国的政治空间开始了第二次转换,即基地化空间布局的形成拉开了帷幕。伴随着这一帷幕的拉开,一个令人瞩目的现象就是非政府组织的兴起呈风起云涌之势。与西方相同的是:非政府组织也成为国人介入政治空间必要的"基地"。

在国内,有一些统计数据,很能说明非政府组织的这一发展趋势。上世纪,从 50 年代至改革开放前的 70 年代,各种社团和群众组织的数量非常少,50 年代全国性社团只有 44 个,60 年代也不到 100 个,地方性社团大约在 6000 个左右。到了 1989 年,全国性社团剧增至 1600 个,地方性社团达到 20 多万个。而到 1997 年,全国县级以上的社团组织即达到 18万之多,其中省级社团组织 21404 个,全国性社团组织 1848 个。自 90 年代初,另一类民间组织——民办非企业单位迅速发展。据当时估计,1999年,全国各种形式的民间非企业单位总数可达到 70 多万个。① 至 2002年底,全国共登记社会团体 13.3 万个,其中,全国及跨省活动的社会团体1712 个,省级及省内跨市活动的社会团体 20069 个,地级及县以上活动的社会团体 52383 个;外国商会 15 万个;民办非企业单位 11.1 万个。②至 2004 年底,我国各类非政府组织多达 28.9 万个,其中社会团体 15.3万个,基金会近 900 个;此外,我国还有大量未经正式登记的民间组织。

一方面,中国政治空间转换的一个实质内容就是国家权力向社会的转移与回归,即国家权力从经济、社会以及政治等各个领域的"有序退出",而兼具社会性、民间性与中介性的非政府组织承接了由政府组织剥离与转移出来的部分公共事务管理的职能,并迅速填补了国家权力有序退出的空间。另一方面,中国非政府组织的发展也是在政府"主动出让"

---

① 崔云开:《近年来我国非政府组织研究述评》,《东南学术》2003 年第 3 期。

② 2002 年《民政事业发展统计公报》,http://www.mca.gov.cn.

与"着意安排"下发展起来的,因此,在它发展之初,具有官方背景的非政府组织的影响力是主导的。这样,中国非政府组织活动的特点之一是,它"仍然深深地嵌入在国家之中",实际上是"国家支持的社会控制和自主的基层活动之间的结合。"①尽管如此,世纪之交,一种"非政府组织意识"或如赵黎青所称的"非营利部门意识"正在中国社会初步形成。② 先前分散的、隔离的个人与各个组织的活动,开始有了横向的相互交流和协作,各个非政府组织使命中的共同性质,它们所采取的共同运作机制,它们的共同处境以及所面临的共同问题,使得对各自组织的"单个意识"逐步发展为对非政府组织的"一般意识",乃至对非政府组织的"整体意识"。非政府组织的这种整体意识虽然还很幼稚,但基本上是健康的。它的形成与发展成为推动中国非政府组织的强劲动力。

第二节　非政府组织的特性及其功能解读

对于"非政府组织"一词,有人说,它缺乏精确性和内涵。因为,我们只能说它不是什么组织,而不能说它是什么组织。在西方国家,比较一致的名称是"非政府组织"或"非营利组织"等带有"非"字的概念。在认识它的特性时,我们比照政府与企业两大社会组织,就把它定位于"非政府组织"或"非营利组织"。同时,相对于政府作为"第一部门"与企业作为"第二部门",它也就当然地定位为"第三部门"。③ 对于这一新型的组织形态,其组织特性的"中间性"是明显的。

针对国家与社会二元分化的观点,博格说:"现代社会的两个主要的意识形态——个人主义与国家主义——都不能在个人与国家之间创造富

---

① 凯瑟琳·莫顿:《中国非政府组织的兴起及其对国内改革的意义》,《马克思主义与现实》2006 年第 2 期。

② 赵黎青:《论中国非营利部门意识的形成及其意义》,《学会月刊》2004 年第 11 期。

③ 徐永祥:《和谐社会建构中的民间社会组织及其社会政策》,《学海》2006 年第 6 期。

有意义的联系。其中任何一个都可能导致失范与异化,一个是因为社会丧失了位置,另一个则因为社会变得专横并全面侵入人们的生活。"因此,学者们开始关注中间组织的重要性,提出了"国家—中间结构—个人"的三元互动模式。① 非政府组织的本质特征就是一种合作竞争型的、非政府与非营利的、并定位于第三部门的中间组织。"中间组织"的理论来源于企业组织形态的研究。② 笔者认为,非政府组织作为中间组织的特色,体现在以下三个方面。

第一,从制度供给的角度看,非政府组织是介于政府与市场之间的一种制度安排。在现代社会的治理体系中,政府与市场是人类探索出来的两种成熟的治理方式。就政府而言,它对应的是政治领域,其功能与职责是提供公共物品用以满足大多数公众的需要。这样就产生了两方面的结果。一是,一些成本高、效率低的生产活动就被排除在外,于是作为微观经济主体的企业就担当了这一角色,而成为经济领域里的营利性组织。二是,只对多数人负责的政府便不可能满足各种特殊社会群体在公益方面的个性化需求与偏好。这两方面都表明了"政府失败"的事实。就市场而言,它对应的是:企业组织在经济领域里按照利润规则在经营与运转。源于企业不愿提供公共物品、产生垄断与贫富差距等现象,也会产生"市场失败"的事实。为了弥补政府与市场的"双重失败",社会就要创造一种新型的制度安排来进行补救,即非政府组织的诞生。它的特点就是介于政府与企业之间的第三种资源配置机制、第三种制度形式、第三种组织形态,因此它赢得了"第三部门"的称谓。

但是,这里必须说明的是:西方发达国家所面临的"双重失败"与我国所面临的"双重失败"不是一回事。因为,西方发达国家的非政府组织的兴起是对"现代性缺陷"的一种弥补与改良,它是基于"民主制福利国

① 张建川:《非盈利组织产生的理论背景及其活动空间》,http//www.itcnw.com/Article,2004-03-14.

② 罗珉、王雎:《中间组织理论:基于不确定性与缓冲视角》,《中国工业经济》2005年第10期。

家失灵"与"规范竞争市场失灵"的结果;而我国的"双重失败"则是指"集权的全能政府失灵"与"市场经济体系的不完善"。①

第二,从组织社会角色的角度看,非政府组织与政府、企业具有价值互补关系。任何组织在社会中的存在,都承担着一定的社会角色、并体现着一定的社会价值。政府与企业是这样,非政府组织亦如此。从国际视野看,当今非政府组织的发展已经在优势互补的基础上,事实上形成了一条跨部门、跨行业、跨领域、跨地区甚至是跨国界的价值链,而且,当非政府组织在技术支持下与政府、企业、公民个人、合作单位甚至是竞争对手建立起某种联系时,这一价值链就有可能转变成"价值网络",从而担当起"价值增殖"的角色,而非政府组织的价值增殖角色,是在与政府、企业的价值互补中来实现的。因为,现代社会文明的发展是与价值观多样化相伴生的,而价值的多样化体现在很多方面,比如利益指向的复杂性、利益选择的多样化、利益途径的个性化等等。而在价值多样化程度越高的地方,单凭政府与企业两种整合力量远远不能胜任。在政府与企业力量不能达到的地方,代表、吸收与应对多样化的价值观的新主体就会出现。非政府组织以其"自治性"与政府组织的"管制性"形成互补,并以其"志愿性"与企业组织的"营利性"形成兼容。

第三,从组织行为的角度看,非政府组织是一种社会的"自组织"行为。法国思想家埃德加·莫兰认为:"组织把分散的多样性改造成一个完整的形式(格式塔)。它在相关性整体内部的间断处建立连贯,实际上进行了一次形式的转换:它通过改造成分孕育一个整体。"②非政府组织正是这样一种新型的组织形态,它是围绕着某一"社会价值链"(这一价值链可能是具有公益性的某一产品、某一服务或某一社会责任),把分散的、多样性的个体或部分自行或自我组织起来,从而孕育了一个整体。在自组织完成以后,它的运行是在定义组织成员角色与各自任务的基础上,

---

① 王学栋、赵斐:《非政府组织:一个新的研究领域》,《中国石油大学学报(社科版)》2006年第 2 期。

② 埃德加·莫兰:《方法:天然之天性》,北京大学出版社 2002 年版,第 127 页。

通过密集的多边联系、互利与交互式合作来完成共同追求的目标。它通过诸如设计、分配、财务管理，以及人力资源管理一类的内部系统，与诸如供应商、合作伙伴、竞争对手、政策制定者、服务对象一类的外部系统连接在一起，从而形成一条包括许多节点的对等的社会网络，每个节点之间都以平等身份保持着动态的联系。因此，"多边联系"与"充分合作"是它的重要特点，这正是它与传统的正式的科层组织的最大区别之所在。对于这一组织形态，莱斯特·萨拉蒙在概括它的五大特征时，也指出了其"自组织"的两个表现，一是"自治性"，即基本上是独立处理各自的事务；二是"志愿性"，即成员不是法律要求而组成的，并且机构接受一定程度的时间与资金的自愿捐献。[1]

非政府组织的特色铸就了非政府组织的独特功能。以"中间组织"特色存在的非政府组织，最起码具有两大社会功能：一是应对不确定性的缓冲功能，这一功能打破了一体化组织的边界，是非政府组织存在的必要条件；二是利用不确定性的创新功能，这一功能决定着非政府组织的发展与壮大，是非政府组织存在的充分条件。

1. 缓冲角色：非政府组织的功能之一

社会学家默顿告诉我们，研究者应该对于生活中不期而遇、异乎寻常而又事关全局的社会事实给予充分关注，因为这些异常现象往往有可能成为新的理论研究的起点。[2] 笔者认为，非政府组织的兴起就是这样一个异乎寻常而又事关全局的"社会事实"，因此，有关它的社会功能的探讨成为学者们关注的重要主题之一。但是，在这一探讨中，有一点可能是学者们忽视的，即非政府组织是应对社会发展的不确定性与多元主义而产生的具有"缓冲功能"的社会自组织行为。

第一，非政府组织的兴起表明，它以"准政府"与"准市场"的双重特

---

① 莱斯特·萨拉蒙等：《全球公民社会——非营利部门视野》，贾西津等译，社会科学文献出版社 2002 年版，第 3—4 页。
② 参见田凯：《组织外形化：非协调约束下的组织运作》，《社会学研究》2004 年第 4 期。

质,从而成为应对社会不确定性与复杂性的"缓冲区"。现代历史进程越来越表明,社会发展的不确定性与不可预期性带来了社会的复杂性,而复杂性又加剧了社会的不确定性。在传统的组织设计中,应对社会的复杂性与不确定性的方法是在组织中建立相应的"缓冲部门"来承担"缓冲功能"。政府组织中的缓冲部门是应对社会公共问题的,而企业组织中的缓冲部门是应对私营问题的。从世界范围来看,非政府组织作为一种组织形式,早在19世纪就以社会边缘角色而存在,但是,在20世纪80年代以后就迅速演化为全球事务中一股蔚为壮观的力量。当然,这一勃兴有着广阔的现实背景、深层的社会原因与思想渊源,但是,笔者认为,其中一个重要的原因就是20世纪下半叶以来社会历史发展的复杂性与不确定性。从量上看,如果社会发展的复杂性与不确定性超出了政府与企业设立缓冲部门的能力的话,那么,社会就会在制度供给的层面上创设一种新的制度安排来承接这一功能。这样,具有"准政府"或"准市场"特性的、形形色色的中间组织就应运而生,它以无边界、无等级、高度灵活的特点正逐渐替代传统的正式组织,来处理新环境中社会的复杂性诉求与不确定性因素,从而成为社会应对复杂性与不确定性的"缓冲区"。对此,韦斯布罗德也是这么认为的。他说,非营利部门是专门提供集体类型公共物品的部门,它是政府与市场在提供公共物品方面存在局限性时出现的。个人在收入、财富、宗教、种族背景、教育水平等方面都有着一定程度的不同,这直接导致了他们对于公共物品需求的差异性。而政府提供的公共服务主要满足的是"中位选民"的需求,而留下了大量的不满意的选民群体,这意味着非政府组织作为政府以外的集体物品的提供者有存在的功能需求。①

第二,非政府组织的发展也表明,它以"非政府"与"非营利"的双重特质,从而成为社会多元主义价值观、多元主义团体之间的"缓冲带"。作为非政府组织,它可以避免政府组织"官僚主义"的不良印象与权力行

---

① 田凯:《组织外形化:非协调约束下的组织运作》,《社会学研究》2004年第4期。

使"僵硬化"的一系列弊端。而作为非营利组织,它又可以避免企业组织"经济人理性"的利润偏好与利益追求最大化的不良印象。"在普遍的意义上,非政府组织具有'比政府节省,比企业无私'的优点,这10个字足以为它赢得声誉,并在实践中形成小政府的必要前提。"①因此,在当今社会价值观多元主义、社会党派与团体多样化的形势下,非政府组织普遍获得了社会好感。正如英国学者露易斯所言:"非政府组织对各个政治派别都有吸引力,对自由主义者而言,非政府组织有助于平衡国家和企业之间的利益,并且防止权力的滥用。对偏向自由主义的中间派别而言,非政府组织是私人部门的一部分,不仅为增强市场作用提供了手段,而且通过私有'非营利'行动加强了私有化的理由。对左派而言,非政府组织承诺了一种'新政治',可以不采取以前夺取政权、实现权力集中的激进战略,而采取另外一种新方式来实现改变社会的目标。"②因此,非政府组织呈现出许多双重特征与缓冲功能,它"在公共与私有、专业与业余、市场与非市场、激进主义与多元主义、现代与传统,也许最后还有美好与邪恶等矛盾的两面中交替变化。"③从而,它可以成为各种价值观、意识形态、政治派别与政治团体之间的"缓冲带"。

今天看来,在中国的现实境遇下,非政府组织的缓冲功能在以下三个方面体现得比较突出。

第一,在经济领域中,市场中介类非政府组织通过承接原来政府对于经济进行微观管理的那一部分职能,以管理主体的角色对市场主体的运行提供鉴证、评估与监督等服务,从而在政府与市场之间起着连接作用,对于政府与市场两大组织之间的磨擦与矛盾起到缓冲作用。一方面,如果政府对于市场管得过多,市场就会失去活力、运转滞缓;另一方面,如果政府对于市场过于放任,市场就会缺乏约束与规则,出现危机。这两种情况在我国不同历史时期都出现过。政府与市场之间的鸿沟就需要中介组

---

① 杨宇立:《非政府组织:政治文明的微观基础》,《探索与争鸣》2006年第4期。
② D·露易斯:《非政府组织的缘起与概念》,《中外社会科学》2005年第1期。
③ D·露易斯:《非政府组织的缘起与概念》,《中外社会科学》2005年第1期。

织来进行双边协商。政府不直接去约束市场,而是通过中介组织了解市场走向,进行宏观上的政策把握;而企业也可以通过中介组织更好地与政府沟通,了解政府的政策导向,更好地服务于市场。

第二,在政治与社会领域中,非政府组织在维护公民权益、提供公共服务与社会保障等方面,发挥着沟通、协调、咨询与调剂等功用,在政府与公民社会之间起到了缓冲作用。一方面,非营利性事业单位通过承接原来政府的部分社会管理与社会服务职能,继续对社区公民进行管理与提供服务;另一方面,各种慈善类型的民间非政府组织所开展的各种捐助活动,起到了一种社会再分配机制,在一定层次与范围内实现了社会资源的有效整合与利用,客观上缩小了社会两极分化的趋势,并在一定程度上弥补了我国社会保障制度的缺陷,缓解了社会矛盾。这样,非政府组织在政府力量不及的地方起到了"社会粘合剂"的作用。

第三,在国际政治领域中,国内非政府组织成为我国政府与国际非政府组织之间建立联系、进行对话的"连接带"或"缓冲区"。当今,在国际政治领域中,非政府组织的存在向以主权国家为基本单位的国际秩序提出了挑战,并业已成为国际关系中的重要主体之一。据 2003 年联合国《国际组织年鉴》的统计,国际上的非政府组织约有 4 万 5 千个,它们主要来源于西方发达国家,活跃在跨国人权保护、环保、劳工和难民问题、疾病防治、扶贫赈灾、妇女儿童保护、人口与教育和军控等领域。在国际政治趋于全球化的背景下,中国政府要走向国际政治舞台,已不能无视与国际非政府组织之间的合作了。但是,源于意识形态的差别性,中国政府与西方背景的国际非政府组织之间在对话与交流方面还存在着许多屏障。这时,国内非政府组织起到了缓冲作用。一方面,中国政府通过成立基金会或者社团,在涉及经济与发展援助、教育改革及文化多样性、环境治理及公共政策、国际合作、法律与权利、公民社会成长、生育健康等方面加强与国际非政府组织之间的交流与合作,以吸引国际援助。据亚洲基金会估计,每年近五百个国际非政府组织与基金会给予中国项目,援助总额约为一亿美元。① 另一方面,中国政府以"断奶"的方式将民间社团推向社会,迫使这些社团在获取国际非政府组织资金支持的基础上,学习国际非政府组织在发展中国家积累的经验,以及摸索出来的项目和工作方式。仅以一些有名的自治组织为例,2000 年,"地球村"85%、"自然之友"52%的收入来自像福特这样的国际组织。武汉大学公民权利保护中心、北京大学妇女法律援助中心、北京红枫妇女热线、云南生育健康研究会等都是各自领域的开拓者,而它们的 70—100% 的经费依赖于福特的支持。② 更为重要的是:国内非政府组织与国际非政府组织的横向合作给中国带来了非政府组织实践的新观念、新方法与新项目。

2. 创新角色:非政府组织的功能之二

传统的理论认为,不确定性一般被认为只会给社会与组织带来负面影响,因为不确定性来源于预期的不完全性和人类解决复杂问题能力的有限性。但是奈特的利润理论却认为,不确定性也是经济租金(利润)的真正来源。因此,对不确定性的处理,既需要在组织结构的设计方面缓冲不确定性所带来的冲击,又需要利用不确定性获得超额利润的组织结构创新。③ 实践证明了:在当今社会的不确定性因素与动态因素中,政府与企业的科层制组织往往无所适从;但是,非政府组织以其高度灵活的网络型组织与高度自组织特性的能力模块,从而成为社会利用不确定性与应对复杂性的创新平台。对此,莱斯特·萨拉蒙予以了肯定,他说:"如果说代议制政府是 18 世纪的伟大社会发明,而官僚政治是 19 世纪的伟大发明,那么,可以说,那个有组织的私人自愿性活动也即大量的公民社会

---

① 马秋莎:《全球化、国际非政府组织与中国民间组织的发展》,《开放时代》2006 年第 2 期。

② 马秋莎:《全球化、国际非政府组织与中国民间组织的发展》,《开放时代》2006 年第 2 期。

③ 罗珉、王雎:《中间组织理论:基于不确定性与缓冲视角》,《中国工业经济》2005 年第 10 期。

组织代表了 20 世纪最伟大社会创新。"①非政府组织作为社会的组织创新与制度创新的观点,也获得了国内学者的普遍支持。

非政府组织在中国现实境遇中的组织与制度创新,主要表现在以下三个方面。

第一,非政府组织的边界模糊与跨界合作的创新。在传统纵向一体化的社会组织结构中,组织的边界是很清晰的,比如政府的公共性与企业的营利性等;同时,在政府与企业中也存在着跨越组织内部的职能边界,以应付不确定性与复杂性的合作。然而,非政府组织在我国的兴起,一方面模糊了组织的清晰边界,比如,在我国,除了具有一些边界清晰的官办或民办的非政府组织外,还有大量的非官非民、半官半民、亦官亦民的边界极其模糊的非政府组织。正是缘于其模糊的组织边界,这些非政府组织与官方、民方,甚至是国际非政府组织之间有着千丝万缕的联系,这些多样性的联系为组织的跨界合作提供了可能,从而使不同性质、使命与类型的社会组织,在一个"价值项目"上的合作成为可能。以环境保护为例,世界自然基金会在其年度报告中指出,中国所有部门间(政府、企业、第三部门)的合作是环境保护和发展的动力;并在其网站上列出了它在华与政府和非政府的合作伙伴达 65 家,另有 17 家中外公司加入了它的在华企业联盟。这些支持的环境保护项目包括:环保教育、淡水项目、气候与能源、物种保护与林业项目等。一般而言,社会环境要素越不确定,组织跨界合作与治理的可能性就越大,同时也显得越重要。从理论上看,非政府组织的边界跨越,实际上打破了传统社会纵向一体化的治理格局,增加了横向的治理路径。这一治理思路,对于中国社会重视正式组织的纵向治理套路而言,不能不说是一项组织创新。

第二,非政府组织带来了组织间的"伙伴理念"。当今,在组织间关系问题上,"伙伴"一词已获得了学者们的高度关注。这一富有"亲和力"

---

① 转引自何方、贺永方:《非政府公共组织:中国公共管理制度创新的新兴主体》,《管理现代化》2006 年第 1 期。

的概念伴随着非政府组织在国内的兴起,正在逐渐改变着我国社会组织间的实质性关系。组织间伙伴关系的新理念,它强调在应对社会的不确定性与复杂性时,组织间以信任为基础,以能力互补为平台,以项目投放与实施为契机,在组织的"利益双赢"中创造社会价值。这一新理念对于中国的组织创新具有重要意义。(1)伙伴关系的理念,从思维的深处正在转变我国社会中那种传统的组织间关系的观念。一方面,源于"斗争哲学"的濡染,我国各社会组织间尤其是同类社会组织间常常抱有一种戒备与警惕的心理;另一方面,改革开放以来,普遍的社会"竞争意识"培养了组织间的"争斗心态"。因此,社会各组织间鸿沟比较深,并普遍缺乏一种合作的意向。这种"竞争对手型"组织间关系,往往应付不了当今社会环境复杂性的冲击。非政府组织的兴起带来了一种新的组织间"伙伴关系"的理念,在实践中起到了对原有观念的纠偏,并在观念上引导着一种新型的组织间关系的建构。(2)伙伴关系的理念也在改变着我国社会治理的总体结构由"单中心"向"多中心"的模式发展,即从传统的以政府为中心的社会治理结构,向"政府—非政府组织—企业"三方构成的多中心治理结构转变,从而改变了在社会治理体系中,我国政府由于缺乏"助手"或"伙伴"而生发出的"孤独感"。

第三,非政府组织对"公益文化"的培育与创造。非政府组织在中国的兴起,学者们大多数都看到了它对于政府与企业两大社会组织所形成的压力状态,但是,很少有人看到它对中国的民间社会抑或是公民个人所形成的压力结构。也就是说,它所表达出来的公益性与志愿性实际上既对正式组织,也对公民个人形成了压力。笔者认为,对公民个人的这一压力结构有助于培育、或说是创造一种社会公益文化,而这一公益文化正是我们的传统社会所缺乏的。非政府组织通过动员与组织志愿者、义工参与各种社会公益活动,促使人们关怀社会、奉献爱心,从而培育了公民的公益意识,推动了社会公共道德的建设。所以说,非政府组织培育的公益文化也是社会文化的一个重要的创新。

第三节　政府与非政府组织的博弈关系

一方面,世界性非政府组织的兴起与发展,是在社会结构分化的基础上社会力量博弈的一个结果;另一方面,作为社会力量博弈的结果,非政府组织又被卷入社会博弈的漩涡中,成为社会博弈一个重要的主体。戴维斯与诺斯认为,制度安排既有"个人的安排",也有来自于团体的"自愿合作安排",还有"政府性安排"。可见,制度安排与创新的主体是多元的。在中国,历史地看,无论是在漫长的封建社会,还是在短暂的计划经济的社会体制下,社会制度安排的主体只有一个即政府。但是今天,在社会治理多元化的话语背景下,伴随着非政府组织的崛起,这一社会治理的主体格局将被打破。当今,虽然社会治理的话语权仍然掌控在政府手里,但是,政府以外的其他社会力量已经在逐渐介入到中国社会的治理及其制度创新中。其中,非政府组织就是其中一支重要的社会力量。非政府组织成为中国社会治理的新兴主体,在实践层面是一个众所周知的事实,在理论的层面是一个不需要求证的命题。鉴此,政府与非政府组织作为社会治理的两大主体,其博弈关系的存在是客观的,而且两者博弈呈现出的特点也是明显的。

1. 政府与非政府组织的"先赋博弈结构"

对于"结构",安东尼·吉登斯认为:"结构化理论的'结构',指的是社会再生产过程里反复涉及到的规则与资源;我们说社会系统的制度化特性具有结构性特征,就是指各种关系已经在时空向度上稳定下来。"①因此,结构就是指在人们的社会活动中先赋具有的或在互动活动中以及

---

① 安东尼·吉登斯:《社会的构成》,李猛、李康译,王铭铭校,三联书店 1998 年版,第 52 页。

其他社会行为中沉积下来的,具有一定规范性的人与人之间的关联模式。王水雄认为:"结构与行为规则或制度有着密切的关系,特定的结构往往包含着特定的制度或行为规则。"①也就是说,一定的社会结构将会左右社会的基本制度或者是基本的博弈规则。以此观之,政府与非政府组织之间的博弈不是在一个纯粹的自然状态下展开的,先前必然存在着一定的结构化特征。在先赋博弈结构的背景下,博弈主体在博弈策略的选择上会习惯地按照原有的结构行动,这样,就势必形成一种基本的博弈规则。

在对我国与西方国家的比较性研究中,我们发现,政府与非政府组织之间的先赋博弈结构是完全不同的。在西方国家,一方面,法律对政府权力进行着有效的约束,另一方面,法律同时赋予非政府组织以较大的自主权。因此在西方国家,非政府组织非常活跃,它们与政府形成了独特的"第三方政府"模式,政府与非政府组织为了实现组织特点上的互补,建立起了广泛的合作关系。而这一基本博弈规则形成的首要原因是历史性的。因为,在美国以及许多其他的西方国家,"社会存在于国家之前"或"社区形成于政府之前"的观念是根深蒂固的。当需要共同处理面临的各种问题时,民众发现建立志愿组织来谋求共同利益是一个行之有效的办法。即使在政府产生之后,西方世界也对政府采取了一种警惕与不信任的态度,而认为志愿组织的广泛存在是实现民主的重要制度保障,国家力量的过度介入会重新形成专制制度或官僚化,进而损害个人自由。西方社会以宪法的形式赋予非政府组织以较大的行动权利,并限制国家力量向市民社会渗透,从而形成了一个不受国家力量控制的广阔的社会领域。② 西方国家这一基本博弈规则的奠定,极大地限制了政府的权力,从而改变了政府与非政府组织在双方博弈中的相对地位,或者说,政府与非

---

① 王水雄:《结构博弈——互联网导致社会扁平化的剖析》,华夏出版社会 2003 年版,第 7 页。
② 田凯:《政府与非营利组织的信任关系研究——一个社会学理性选择理论视角的分析》,《学术研究》2005 年第 1 期。

政府组织的"先赋博弈结构"表现为两者博弈地位的基本对等性。在这种情况下,政府不再处于对非政府组织的绝对支配地位。

　　而在中国,却是另外一种情形。中国是一个由权力中心决定制度安排的基本架构、并遵循着自上而下制度变迁的国家,在政府与非政府组织的互动关系中,两者处于明显的权力不对等地位。"在社会所有制度安排中,政府是最重要的一个。作为一个合法使用强制力的垄断者,虽然国家不能决定一个制度如何工作,但它却有权力决定什么样的制度将存在。"①强制性权力与制定规则的特殊地位,使得政府在政治力量对比和权力资源配置上均处于绝对的优势地位。因此,在中国,政府与非政府组织存在的"先赋博弈结构"是政府主导型的。而这一基本博弈规则的形成也是历史性的。中国的历史传统是中央集权式的权力架构,在此权力架构下,因为没有足够的政治空间,非政府组织在中国的发育很不充分。1949 年建国以后,国家更是通过一系列政策把重要的经济与社会资源集中在自己手里,确立了政府在社会生活中的绝对支配地位。甚至可以说,到了 50 年代中后期,一个相对独立的、带有一定程度自治性社会领域已经不复存在。②

　　这种特殊的"先赋博弈结构"就形成了政府主导型的社会基本博弈规则,在这一博弈规则中,政府与非政府组织的关系是主—辅型的,而不是基本平等型的。也就是说,政府与非政府组织之间博弈规则的制定、博弈策略的选择是在政府主导下展开的。因此,研究政府与非政府组织的博弈关系,我们必须特别注意两点:第一,政府对待非政府组织的博弈方略与相应的策略展现,第二,非政府组织如何"被动选择"应对之策略。首先,就政府的博弈方略而言,可以概括为:对于非政府组织"既鼓励发展又强化行政管理与政治限制"的谨慎态度。这一方略在政策层面就表现为:国家对非政府组织实行较为严格的管理政策。从 1989 年特殊历史

---

　　①　林毅夫:《诱致性变迁与强制性变迁》,参见科斯等:《财产权利与制度变迁》,上海三联书店 1989 年版,第 377 页。

　　②　张曙光:《张曙光经济学书评集》,四川人民出版社 1999 年版,第 242 页。

背景下颁布实施的第一个《社会团体登记管理条例》以来的情况来看,这种限制政策体现在四个方面:(1)确定较为严格的准入条件;(2)采取较为严格的行政管理措施;(3)持续性审检与清理整顿;(4)突出对社团的规制而缺乏权益保护。①

其次,需要说明的是,在政府这一博弈规则的映照下,非政府组织只能被动地选择两个应对之策。一是"以合法性去合理性",这是指,有些非政府组织获得了政府的认可、具有较为严格的组织性与明确的法律地位,但是其"非政府性"明显不足。这类非政府组织要么是自上而下的、由原来的政府部门改制而成,要么具有很强的官方背景,它们更多的具有"准政府组织"的特点。二是"以合理性去合法性",这是指,有些非政府组织不具有被现行法规认可的法律地位,但是在相当的程度上具备非政府的核心特征,即非政府性、非营利性,其中大多属于民间自发组建、因各种原因不能在民政部门登记注册而未获法人资格的组织,它们又被称为"草根民间组织"。②

2. 政府对非政府组织的"多元博弈策略"

事实上,非政府组织作为一种正在发展着的组织,其复杂性是有目共睹的。按照联合国国际标准产业分类体系(ISIC),可以将非政府组织分为3大类和15小类:第一,教育类:包括小学教育、中学教育、大学教育、成人教育等;第二,医疗和社会工作类:包括医疗保健、兽医、社会工作等;第三,其他社区社会和个人服务类:包括环境卫生、商会、行业协会、工会、娱乐组织、图书馆、博物馆及文化机构、运动与休闲等。③ 由于非政府组织的种类繁多,其活动领域、活动范围、活动方式、活动对象以及受益范围

---

① 徐湘林:《政治特性、效率误区与发展空间——非政府组织的现实主义理性审视》,《公共管理学报》2005年第3期。

② 王名、刘培峰等:《民间组织通论》,时事出版社2004年版,第15页。

③ 参见陈熙春、顾建健、马立:《略论中国非政府组织的发展和管理》,《上海行政学院学报》2006年第6期。

千差万别。对此，中国政府在"强化行政管理与政治控制"的总原则下，也有针对性地采取了一些不同的政策安排，从而表现出比较灵活的博弈策略。笔者认为，中国政府应对非政府组织的博弈策略可以概括为两个套路，即一是基于"冲突关系"的策略选择，这将在本文的第二部分中重点阐述；二是基于"伙伴关系"的策略选择，下文中阐述的就是这一博弈策略。

莱斯特·萨拉蒙将世界性第三部门发展的动力归结为来自三个方面的压力。对此，北京大学的徐湘林教授也持此观点。他认为，在现阶段，中国非政府组织的产生与发展也存在着萨拉蒙所言的三种压力。根据这三种压力来源可以分出不同类型的非政府组织，即来自基层民众需求的压力而产生的各种地方和社区型的联谊、互助性的组织；来自政府职能转变需求的压力而产生的志愿性慈善组织和各种协会，以及来自国外各种机构和基金会援助项目而产生的公益性自愿者社团组织。① 可以将其概括为："自上而下型"、"自下而上型"与"外部介入型"三类。根据实践经验，在这三类非政府组织中，都有一些与政府形成了良好的合作与伙伴关系。有这样一种良好的关系背景，政府对待这类非政府组织的博弈策略总体上就表现为：在加强管理的基础上进行多方位的支持与合作。仔细分析，这类非政府组织比较典型的有三种。

第一，自上而下的具有浓厚官方背景的非政府组织。这类非政府组织或者是官方直接组建的，或者是由原来的政府部门改制而成的，或者是出于资源获取需要而"挂靠"在政府部门之下的。它们与政府的关系密切，可以部分地分享政府享有的政治、权力以及财政资源。由于这类非政府组织与政府的关系主要体现为依赖—控制关系，使其非政府性即民间性、独立性与自治性特点明显不足，从而逐渐演变为"准政府组织"。这类非政府组织的产生，从客观上看，是源于经济体制改革、政府职能转变

---

① 徐湘林：《政治特性、效率误区与发展空间——非政府组织的现实主义理性审视》，《公共管理学报》2005 年第 3 期。

与社会公益活动发展的需要,从主观上看,也是源于中国政治与政府力量在社会领域有序退出时,政府把部分权力要分给值得信任的组织的心理需要。对于这类非政府组织,政府的博弈策略选择有两个路径值得关注:一是选拔或推荐与政府关系密切的、已退休的党政官员担任负责人;二是学者田凯关注到的慈善组织的运作方式,即"组织外形化",通俗地说就是"一个部门,两块牌子",具体地说就是,中国的许多慈善组织都宣称自己是"民间非政府组织",但实质上,它们都依托于政府的民政部门,负责人与工作人员也直接来自于政府,其组织也以与政府极其相似的逻辑在运作,从而出现了较为明显的组织形式与实际运作逻辑的背离。①

第二,自下而上的具有广泛民间基础的非政府组织。在民主观念的影响下,普通民众希望将某些事务的决定权掌握在自己手中,以维护自己的正当权益而自发形成了各种形式的非政府组织,比如:维权组织、行业团体和社区自组织等。这类组织在实践发展中之所以与政府能保持着伙伴关系的模式,最根本的原因是它们与政府组织的互补性特征。从主观上看,政府在一定程度上希望各种民间力量进入到社会的公共服务领域来,以减轻政府公共服务能力的不足。这一点尤其表现在农村与城市中最底层的社会公共服务领域中。客观上,底层社会要求分权的呐喊越来越强烈,政府权力不得不采取一些开放的姿态在基层让渡一定的政治空间。因此,草根性民间组织的成立是应时而需。另一方面,从草根民间组织的实际发展来看,它们不像自上而下的非政府组织要分享政府的部分公共权力与资源,而是通过提供新的社会资源、产生新的社会活力的方式与政府形成功能互补的社会结构,来承担相应的社会功能。政府对于这类民间组织从心态上看是比较宽容的,因为它们既给政府"分责",又不与政府"分利"。政府与这类非政府组织保持伙伴关系模式,从政策与制度层面予以支持与合作是利国利民的大好事。

---

① 田凯:《组织的外形化:非协调约束下的组织运作——一个研究中国慈善组织与政府关系的理论框架》,《社会学研究》2004年第4期。

第三,外部介入的从事公益等活动的国际非政府组织。在中国的国际非政府组织有三个特点:一是专注于赈灾扶贫和教育卫生等公益事业;二是工作地点多为较贫困的边远地区;三是与政府多为合作伙伴关系。①这一合作伙伴关系的建立是中国政府与国际非政府组织双向意愿及其妥协的结果。一方面,中国政府在社会底层让渡一定的政治空间,引入国际非政府组织的运作模式,既适应了世界"公民社会"的政治话语体系,又可以获取一定的社会公益事业发展基金,同时还引进了发达国家社会治理的一些新理念。另一方面,国际非政府组织要想进入中国社会领域,没有中国政府的支持是不可能的,所以,这类组织在中国的发展选择的是"以合作求公益"的运作模式,在充分考虑中国政治与文化习惯的基础上来表达自己的价值关切。

第四节　政府与非政府组织的冲突关系

不论是经济组织还是政治组织,或者是其他组织都是一个"集体行动者",但不同组织的行动目的和角色扮演都不一样,因此,组织间往往容易产生冲突。在研究政府与非政府组织的关系时,笔者认为,两个组织间的冲突行为及其关系是客观存在的,对此理论界不要熟视无睹。应用冲突管理理论对两者之间的冲突关系进行研究与分析,通过协调两者的冲突关系以求得双赢的结果,这是中国社会所期望的。

1. 政府与非政府组织冲突关系的认识

从客观上看,冲突作为一种社会现象无处不在,它一直是政治学、社会学、心理学与经济学等学科的研究对象。传统的行为科学,都视冲突为一种病态的社会现象,需要加以根治。传统的管理理论对待冲突现象是

---

① 黎尔平:《多维视角下的国际非政府组织》,《公共管理学报》2006 年第 3 期。

建立在这样的假设基础上,即冲突源于社会成员的非理性行为,其效果是负面的。现代管理理论则倾向于认为,冲突是一种再自然不过的社会现象,它具有积极意义,而且具有不可替代的社会功能。对于冲突与组织冲突的问题,西方的组织行为学给予了更多的关注。有人认为,冲突是在任何一个社会环境或过程中两个以上的统一体被至少一种形式的敌对心理关系或敌对互动所连结的现象。还有人认为,冲突是一个过程,在这个过程中一方感知自己的利益受到另一方的反对或者消极影响。① 因此,笔者认为,组织冲突是指:组织作为统一的行为主体,在感知自己的利益受到他方威胁时,采取具有对立心理状态的行为时所引发的两个组织间的互动过程。本文对政府与非政府组织冲突关系的认识分两个方面展开。

第一,冲突问题的性质与利害关系。现代冲突理论把组织冲突分为两类,即"建设性冲突"与"破坏性冲突",而冲突管理则在于它具有三个功能:防范大规模破坏性冲突发生;使已发生的冲突的潜在威胁最小化;充分利用现有冲突可能带来的益处。因此,在研究政府与非政府组织的冲突关系时,我们要明辨这两种不同性质的冲突关系,以及采取相应的对策措施进行冲突管理。一方面,由于政府在社会领域的部分退出与非政府组织在社会领域的迅速崛起,而在短时间内政府与非政府组织在价值目标等关键问题上产生的冲突,就属于"破坏性冲突",笔者将它视为"价值目标型冲突",将在下文中重点分析。对于这类组织冲突,理论界与决策部门应该审慎待之,因为它对于中国社会发展的影响将是全局性的,是需要重点加以防范的组织冲突。另一方面,当今中国,政府与非政府组织的冲突更多表现出来的还是"建设性冲突"。因为,正如上文的分析,当今中国政府与非政府组织的结构性关系还是"政府主导型"的,因此,两种组织间的冲突是政府可以控制的。在这一前提下,笔者认为,维持政府与非政府组织的"建设性冲突",对于两个组织的创新及其组织间的互动

---

① 参见王琦等:《组织冲突研究回顾与展望》,《预测》2004 年第 3 期。

与交流都是有意义的。冲突理论中的"互动论观点"就认为,在组织内或在组织间,维持最低水平的冲突可以保持单个组织或整个社会的活力、自我批判与创新能力,这是不难理解的。

第二,冲突双方对压力与风险的偏好。组织间冲突的发生及其解决往往受制于两个组织对压力的承受能力与对风险的偏好选择。压力与风险偏好的基础是组织的实力,组织实力是经济能力、权力大小、影响力、凝聚力与业务能力等诸多方面的综合体现。在政府与非政府组织的冲突中,政府组织对于压力与风险的偏好是明确的,它对于非政府组织的"政治特性"是敏感的。可以想见,非政府组织的政治"异端"倾向越明显,政府与之的张力就越大。因此,"非政府组织存在的必要性,不是根据社会需要与社会评价,而是首先取决于统治者的好恶,看是否符合其设定的政治标准。"①另一方面,对于非政府组织来说,其风险与压力的偏好是比较复杂的,我们可以分析出两种形式:(1)纯粹出于社会公益动机的非政府组织,会在政府安排的政策框架下进行活动,与政府的冲突也只在局部范围内产生,因为他们承担风险与压力的能力比较小;(2)具有西方大国背景、以社会公益作为幌子、打着"人权"与"民主"旗帜的政治类非政府组织,往往具有明确的政治偏好,而且承担风险与压力的能力也非常强,他们与政府对抗与冲突的能力是比较强的。据日本《正论》杂志披露,一些著名的政治类非政府组织已经成为美欧国家间谍组织的绝妙伪装,其网络非常发达,它们的活动经费大都有特殊力量的支持。②

2. 政府与非政府组织冲突关系的表现

学者段华洽等人在研究非政府组织的合法性问题时,进行二维分析,

---

① 段华洽、王荣科:《中国非政府组织的合法性问题》,《安徽工业大学学报(社会科学版)》2006 年第 3 期。
② 社会工作党委基层处课题组:《包容沟通:对 NGO 的治理方式》,《党建通讯》2006 年第 8 期。

提出了四种性质的非政府组织,即(1)正当性、合理性与合法律性都具备;(2)具备正当性、合理性但还不具备合法律性;(3)具备合法律性但正当性、合理性不足;(4)正当性、合理性与合法律性都不具备。并进一步提出了非政府组织合法性的四层内涵,即社会合法性、政治合法性、行政合法性与法律合法性。① 根据他们的这一分析,笔者认为,政府与这四种性质的非政府组织都存在着不同形式的冲突关系,按照冲突的程度大小,分别表现为"价值目标型冲突"、"权力资源型冲突"与"认知差异型冲突"。

第一,价值目标型冲突。在四层合法性问题上,即社会合法性、政治合法性、行政合法性与法律合法性,非政府组织只要有一种合法性不具备,那么,它与政府的关系就是"破坏性冲突"。基于这一冲突关系,政府对这类非政府组织的态度是明确的,即把它们的发展看成是对社会与政治发展具有威胁性的力量而采取打击与排斥的措施。仔细分析,这类非政府组织有三种形式。

(1)不具有社会合法性、也不具有法律合法性的非政府组织。这类非政府组织是指那些不可能被现行法规认可的、不具有法定地位的,同时在社会中又不具有合理性诉求的非政府组织。在这类组织中,比较典型的有:法轮功邪教组织、具有黑社会性质的社会帮派组织。这类组织要么对社会发展构成威胁,要么对政治发展构成威胁,要么两者兼而有之,政府对于这类组织的依法打击与取缔态度是明确的。

(2)具有明显政治"异端"倾向、不具有政治合法性的非政府组织。一般而言,非政府组织不具有政治特性,其活动也不带有单纯的政治色彩;但是,这不等于说非政府组织没有政治特性。对于这一问题,徐湘林教授已经说得很清楚了,他认为"在不同的国家的政治体制中,非政府组织或多或少的以不同的方式发挥着其不同的政治影响力。非政府组织的

---

① 段华洽、王荣科:《中国非政府组织的合法性问题》,《安徽工业大学学报(社会科学版)》2006 年第 3 期。

发展,不仅仅是在很大程度上成为政府组织的一种补充,而且也同时成为一种有组织的政治力量。"①事实上,在民主法制较为成熟的西方国家,非政府组织本身就以一种独立的政治力量,参与公共政策的制定、基层政治动员甚至是党派竞选。在民主法制体系较为滞后的国家,非政府组织常常扮演着反对党的角色。而在东欧与前苏联的政治发展中,非政府组织则被卷入到政治反对派的行列。这些事实使我国政府对具有政治"异端"倾向的非政府组织保持着高度的警戒心理,特别是经过上世纪80年代的政治风波,政府对于非政府组织的政治敏感性有所增强。

(3)四种合法性都不具备的影响国家主权与国家利益的国际非政府组织。从维护主权与国家利益的角度,中国政府对于这类具有国际背景的非政府组织抱以警惕是在情理之中的。

第二,权力资源型冲突。一方面,目前我国的非政府组织的存在对政府还具有高依附性,另一方面,具有合法性或者合理性的非政府组织与政府之间还存在着一定的冲突关系。这一冲突关系主要表现在两个方面:

(1)在公共事务管理权上的冲突。公共事务管理不仅是非政府组织与政府的责任,同时也是一种实质性权力。非政府组织对公共事务管理的参与也就意味着分享、争夺公共事务管理的权力。一般而言,非政府组织参与公共事务管理无疑会使政府的整体权力受到一定程度的削弱;而在具体的某个社会事务的管理上,双方重叠的管理职能使它们在公共事务管理权上的冲突表现更加明显。

(2)在资源,尤其是财政资源上的冲突。财政资源的冲突又可分出两种情况:一种是那些主要依靠政府财政支持的非政府组织,它们与某些政府机构或部门会形成直接的财政资源的竞争。另一种是那些财政资源不依靠政府的非政府组织,它们与政府形成了一种间接的资源竞争关系。这是因为,双方的财政资源最终都来自社会公众:政府的财政来源于公众

---

① 徐湘林:《政治特性、效率误区与发展空间——非政府组织的现实主义理性审视》,《公共管理学报》2005年第3期。

的纳税,非政府组织的财政资源来自于公众的捐献。因此,当政府提供的公共服务缺乏效率并引起公众的不满时,公众就会减少对该项服务纳税的意愿并向政府施加减税的压力,从而把资源转向更有效率的非政府组织。

第三,认知差异型冲突。政府与非政府组织是两类不同性质、使命与目标的组织,而且两者的组织结构、运作方式与制度架构区别很大,因此,在某些事务的认知上难免会出现差异。这一般有三种情况:一是两个组织在公共事务管理理念上的差异;二是某个组织仅仅基于自己的利益与需要而没有考虑到对方的利益与关注;三是组织文化环境的差异。认知差异型冲突可以概括出三种形式。

(1)政府与具有合法律性、但正当性、合理性不足的非政府组织的认知冲突。在中国的非政府组织中,有一类组织具有官方背景并且仍然在执行着政府的某项职能,比如行业协会等。它们的特点是:政府认可、符合法律规定,但非政府性不足。这一冲突在实践中就具体表现为非政府组织的角色冲突,这实质上是政府对于非政府组织角色认知的模糊不清导致的。冲突管理理论认为,角色模糊与冲突发生呈正相关关系,角色越模糊越容易产生组织冲突。

(2)政府与具有正当性、合理性而合法律性不足的非政府组织的认知冲突。在中国大量的草根民间组织中,有许多未经登记注册的组织,如社区公益性组织、农村基层的互助性、公益性组织,以及其他游离于现行法律政策框架之外、但以种种方式获得了社会合理性与正当性认可或默许的非政府组织,它们在社会合法性、法律合法性与行政合法性等方面还与政府存在着很大的认知上的差异。实际上,这类组织是以行政不合法、法律不合法的身份从事着社会合法性认可的职责,因此,在某些问题上与政府发生冲突也就在所难免了。

(3)政府与国际非政府组织由于文化环境的差异而产生的认知差异。西方的非政府组织与其文化具有内在的联系,这种联系表现为:强烈的个人主义特质产生出特有的对集权的反对;社会发展先于政府的历史使人们愿意接受集体提供公共需要的模式，而不愿意求助于政府权力；对宗教自由的关注和防止政府干涉宗教信仰的悠久历史；大量移民的流入带来了他们自己的文化准则和社区机制，以及出于表达自由的强烈愿望等等。① 所以，国际非政府组织在中国境内开展公益活动时，可能在法律、制度等显规则的层面上能够比较好的与政府展开合作，反而在文化观念等潜规则方面与政府的冲突却难以避免。

第五节 政府与非政府组织的关系治理

政府与非政府组织，不论是博弈关系还是冲突关系，都是客观存在的。从"共同治理"与"合作治理"的新理念出发，这些关系都需要管理或者说是治理。而组织间关系及其治理是现代企业管理理论比较关注的一个课题。有人就认为："组织间关系本身就是一项不可模仿的资源，一种创造资源的手段，一个获得资源与信息的途径。"②在我国，组织间关系治理尤其是政府与非政府组织关系治理，还是一个有待进一步研究的课题。本部分试着讨论这一关系治理的两个思路：一是提出"三重规则"的治理机制；二是提出这一关系治理的一些新理念。

1. 三重规则：政府与非政府组织关系的治理机制

对于政府与非政府组织关系的治理，一个前提是：必须了解这一关系的原型。罗珉、何长见两人在研究企业组织间关系时，认为："一个标准的组织间合作网络是由焦点企业或'旗舰企业'与单个模块化企业构成的一个系统。"③笔者认为，政府与非政府组织关系也具有这一基本原型：

① 何平立：《美国非政府组织的社会政治作用——兼评美国非政府组织对中美关系的影响》，《探索与争鸣》2006 年第 12 期。
② 罗珉、何长见：《组织间关系：界面规则与治理机制》，《中国工业经济》2006 年第 5 期。
③ 罗珉、何长见：《组织间关系：界面规则与治理机制》，《中国工业经济》2006 年第 5 期。

一个标准的政府与非政府组织关系网络,也是由一个核心组织与众多单个模块化组织构成的一个系统。其中,居于核心地位的组织就是政府,因为它是唯一一个有能力根据他的价值目标而对整个关系网络中信息与资源的流动进行控制与干预的组织,而关系网络中的其他成员则是一个个具有自组织特性,在追求自己价值目标同时受到核心组织"价值流"干扰甚至是控制的非政府组织。众多非政府组织通过要素互嵌的方式,以其高度的灵活性来认知与应对社会的复杂性与不确定性,并与核心位置的政府组织共同实现社会管理的价值创新。

在这一组织间关系网络中,始终有两种力量在起作用:一种力是吸引力,另一种力是逃避力。单个非政府组织是否愿意加入或退出组织间合作网络,取决于这一组织间合作网络自身吸引力的大小。在当今中国,大量的草根民间组织以"去合法性"的方式来维持自己的"合理性存在",以至于这类组织游离于这一关系网络之外而单独行动。这一现象表明:非政府组织还没有感受到这一组织关系网络的吸引力。因此,中国的政府与非政府组织的合作关系网络还需要进行多重建构,尤其是在其吸引力上还有许多事情可做。从理论上看,这就是由于非政府组织的迅速兴起,而从实践层面提出来的政府与非政府组织关系治理的新课题。

一方面,在组织间关系的实践中,能够产生出一些处理组织间关系的不同层面的规则,另一方面,组织间关系的治理也需要发挥多重制度规则的作用。在政府与非政府组织关系的治理中,多重规则的形成与其作用的发挥是必要的。(1)正式规则。这是指由政府及其部门制定的具有一定法律效力的,处理两者之间关系的法律、法规以及一整套的原则与方法。比如:《基金会管理办法》(1988)、《社会团体登记管理条例》(1998)、《民办非企业单位登记管理条例》(1998)等法律法规。(2)事实规则。这是指政府与非政府组织在经过多重利益博弈、冲突甚至是激烈对立与斗争之后,形成的双方都认可的一些处理两者之间关系的策略与套路。在当今中国,源于立法的滞后性与法条的宽泛性,处理政府与非政府组织关系纯粹依靠法律、法规常常是难以为继,因此,在两者关系的处理中,逐渐形成的一些事实规则正在发挥着规范与引导作用。笔者认为,这些事实规则的形成很可能会为正式规则的建立奠定法条基础,从而有可能上升为正式规则。(3)论坛规则。这是指源于合作的意愿以及博弈或冲突关系的调整,政府与非政府组织在各种会议、论坛等场合签订的对双方具有一定约束力的契约性文件、契约性合同等。可以说,这三种规则在不同层面、不同范围以及不同级别上处理着政府与非政府组织的关系。对此,还需要进一步研究。下面,笔者将讨论两者关系治理的一些新理念。

2. 主体间关系:政府与非政府组织间关系的模式建构

在当今的社会历史境遇下,政府与非政府的关系已带有许多时代的特色,因此,对之思考,需要提出一些新的理论模型与解释框架。笔者认为,应用"主体间性"的理论来建构两者之间的"主体间关系",是时代赋予理论工作者的创新使命。

人本质上是一种关系存在物,这是马克思主义的基本观点。所以,"作为人难以摆脱的存在境遇,关系无疑具有本体论的意义,当代的一些哲学家已着重从形而上的层面,对存在的关系之维作了多方面的考察。"[1]在对关系进行本体论的考察中,布伯在《我与你》一书中提出了区分我—你与我—它两种不同关系的建构视角。布伯认为,我—它是对象性或主体与对象的关系模式,在这种关系中,对象处于特定的时间与空间中,"它"仅仅为我所用而并不与我沟通。相反,我—你关系则具有相互性、直接性、开放性,"我"通过与你的关系而成为"我"。[2]

以布伯为代表的主体间性的理论思路对于我们反思组织间关系具有极其重要的启发意义:(1)当今社会,组织已成为人存在的一种基本境遇,可以说,离开组织而单独存在的人是不可想象的。组织间关系是扩大

---

① 杨国荣:《伦理与存在:道德哲学研究》,上海人民出版社2002年版,第25页。
② 杨国荣:《伦理与存在:道德哲学研究》,上海人民出版社2002年版,第25页。

了的人的本质关系的体现,因此,组织间关系成为人的本质展现的一个基本内涵。既然人与人之间的关系建构在哲学的层面上越来越强调其主体间性,即建立一种我—你的关系模型,那么,组织间关系又何尝不可呢?(2)根据哲学对关系建构的基本思路,主体间关系旨在强调社会主体在其社会存在的展开过程中,不要试图把与其具有关系联结的其他主体看作是对象。换句话说,当"我"把对方看作对象时,对方对于"我"的意义就是工具性的;同样,"我"对于对方也只具有工具性价值。这就陷入了"我—它"的关系模式,而非主体间的"我—你"的关系模型。(3)当今中国,政府与非政府组织的关系模型不同于西方发达国家的本质区别乃在于:中国的非政府组织没有取得社会治理的主体地位,它仍然是附着在政府组织主导的社会治理框架下,仅具有工具性意义的"对象性存在",而非"主体性存在"。

概言之,如果我们从更高的理论层面上,把政府与非政府组织间关系定位于"主体间关系",依据"主体间性"的思维路径来看待两者之关系,我们就会发现两者关系中一些新的特质:(1)交互联系性,即政府与非政府组织既是社会生活中的交往主体,也是社会生活中的治理主体,两者之间的关系模式应是:主体—主体或主体—中介—主体的交往模式。(2)独立平等性,主体间性的核心是主体间对话和话语的独立性与平等性。政府与非政府组织作为社会交往与治理的主体,两者关系的建构只有在相互承认其组织模式、目标设计,以及相应的权利与义务的基础上,即在不放弃"自我"的前提下,才能进行平等交流与对话。(3)可沟通理解性,政府与非政府组织作为主体存在,通过共同分享组织经验与信息,使得相互间的理解与沟通成为可能。如果这样来看,非政府组织不是可有可无的,它与政府组织之间表现出来的就是一种相互依赖的关系。

3.相互依赖:政府与非政府组织关系的一个分析框架

通过主体间关系的模型建构,笔者引出政府与非政府组织相互依赖的问题。但是,学术界对这一相互依赖关系的解读,过于表面化与形式化。因为,更多的解释仅仅限于两个组织社会治理目标的一致性、治理手段的互补性等表象的方面。实际上,政府与非政府组织的相互依赖,是一个比较复杂的问题,学术界的分析只看到了其中的一些方面,还有其他方面的因素会影响政府与非政府组织的相互依赖关系。

西方学者罗伯特·基欧汉与约瑟夫·奈在研究国际关系时,对于权力与相互依赖作出了三点新的解读。(1)相互依赖并不局限于互利的情境。互利的相互依赖假定,只适应于现代主义世界观盛行的情形。(2)不要将相互依赖完全局限于均衡的彼此依赖,最有可能影响行为体应对过程的是依赖的非对称性。(3)对权力相互依赖的"敏感性"与"脆弱性"关注。① 这一分析视角为我们研究政府与非政府组织的相互依赖提供了新的研究思路,通过这一思路可以破解在这一问题上的许多似是而非的观念,并解读出影响两者相互依赖的一些新的因素与动向。

第一,政府与非政府组织的相互依赖是一种混合动机博弈,冲突与和谐均有充分表现。过去美苏之间所形成的战略相互依赖,以及动物在食物链中所形成的相互依赖,这些现象与事实使我们很难相信相互依赖是以互利为特征的②。因此,导致政府与非政府组织相互依赖的因素也是多元的、混合的,其中,非政府组织借助公民社会的力量而形成的对政府组织的压力,以至于不断影响甚至是削弱政府组织的合法性权威;而政府组织借助公共权力控制甚或是挤压非政府组织的发展空间,两者在发展中所产生的各种冲突也是构成相互依赖的因素之一。

第二,政府与非政府组织的相互依赖具有典型的非对称性。依赖性较小的政府组织常常将相互依赖看作是一种权力的来源,在某些它认为重要的问题上与非政府组织讨价还价并借之影响其他问题。这常常是政府与非政府组织博弈的基本策略之一。由之产生的就是第三个问题。

---

① 罗伯特·基欧汉与约瑟夫·奈:《权力与相互依赖》(第3版),北京大学出版社2002年版,第10-12页。

② 罗伯特·基欧汉与约瑟夫·奈:《权力与相互依赖》(第3版),北京大学出版社2002年版,译者前言第18页。

第三,政府与非政府组织相互依赖的"敏感性"与"脆弱性"。在中国特定的政治体制下,相互依赖的敏感性与脆弱性尤其突出。就敏感性而言,中国政府与非政府组织的相互依赖要建立在非政府组织的政治特性与政治倾向上。如果,非政府组织的政治色彩越强,它与政府之间的张力就越大,政府对它的政治合法性就越重视,两者之间相互依赖关系建立的难度就越大。相互依赖的敏感性表明,政府与非政府组织关系的政策框架保持不变,同时也反映出形成新政策的困难性程度。另外,在政府与非政府组织的关系模式下,非政府组织的脆弱性来源于其政治意愿、组织能力与资源能力。

4. 信任投入:政府与非政府组织的政治互信关系

政府与非政府组织源于混合动机而产生相互依赖,不管这一相互依赖对于双方是互利的还是不利的,而从整个社会治理的角度看,这一相互依赖是积极的。源于相互依赖的关系,并从"合作治理"的理念出发,政府与非政府组织的政治互信建构是必要的。正如巴伯所言:"虽然信任只是社会控制中的一个工具,但它是一切社会系统中无所不在和重要的一种,在社会控制中权力若要充分或甚至最大程度地有效,就必须有信任在其中。"①其中,两者间的信任投入,尤其是政府对于非政府组织的信任投入是至关重要的。因为,在现实中,政府对于非政府组织的信任程度,往往决定了政府在政策层面上赋予非政府组织行动权利的大小,在制度层面上决定了非政府组织从社会中获取资源的数量。"信任与其说是合作的一个前提,还不如说它是合作的一个结果。"②政府与非政府组织的政治互信关系,表现出比较复杂的情况。

从理论上看,信任与两个因素密切相关,一是风险,二是控制。

第一,当政府对非政府组织施加信任时,就隐含着:非政府组织的行

① 巴伯:《信任,信任的逻辑与局限》,福建人民出版社 1989 年版,第 31 页。
② 迪戈·甘姆贝塔:《我们能信任信任吗?》,参见郑也夫编:《信任:合作关系的建立与破坏》,中国城市出版社 2003 年版,第 264—265 页。

为,对政府是有益的或者至少是不损害政府利益的,从而使政府愿意与其
进行某种形式的合作。但是,政府与非政府组织一旦建立这种信任关系
后,政府就处在一个劣势的位置,也就是说,如果"受信者"的行为按"施
信者"的意愿发生,信任就达到了预期效果;如果相反,即信任失效,施信
者将承担损失。因此,在这一信任关系中,一个核心问题是:施信者对于
受信者的认知情况。也就是说,如果政府对于非政府组织的行为及其价
值诉求是完全认知的,政府信任投入的可能性就增加,否则,就会减少信
任投入。而从这一分析中,我们得出来的启示是:非政府组织要想获得政
府的信任投入,就必须扩大自己行为以及价值诉求的透明度。

　　第二,当政府在不能完全认知非政府组织的行为范围以及价值诉求
时,政府就会采取强制性的控制措施来解决两者合作的问题。因为,信任
的建立以及信任的程度都需要进行控制,否则会出现误信或过度信任行
为的发生。但是,我们必须清楚的是:强制不能成为信任的替代物,虽然
它降低了政府担忧的程度,但并没有增加两者间的信任。"相反强制是在
对方不情愿的情况下实施的——受到强制者可能事先没有承诺不采取某
种行为,也不认可施加强制者的行为的合法性——强制降低了我们需要
信任他人的程度,可能同时也减少了他人对我们的信任。"①强制虽然暂
时地解决了两者合作的问题,但是它却导入了一个不对称,即倾向于以权
力与怨恨来代替相互信任。强制能造成自我打败,因为当它可能在某一
特定行为中强制"合作"时,它也增加了背叛行为的可能性。

　　在文章的最后,笔者想说的是:尽管强制并非一定不合法,而且为了
促进某些共同利益需要引入强制,但是,它不能成为彻底信任的替代物,
政府给予非政府组织的信任是重要的,但是得到非政府组织的信任可能
同样重要。

---

① 迪戈·甘姆贝塔:《我们能信任信任吗?》,参见郑也夫编:《信任:合作关系的建立与破
坏》,中国城市出版社 2003 年版,第 274 页。

第六章 政府与公民的伦理关系：
契约、权力与价值的张力

自近代民主制以来，政府与公民的矛盾运动就一直是社会关注的焦点，正确处理两者关系成为世界各国政治民主发展的主线。近些年来，随着我国市场化改革与民主化、法治化进程的加快，政府与公民的关系问题逐渐凸显。当今中国，政府与公民的互动已成为引人注目的现象，随着我国公民社会的发育以及公民自主意识的增强，公民与政府这两个最大的社会力量之间因相互作用而产生的张力也越来越凸显。认识政府与公民之间互动的机制和规律，探索政府与公民之间良性互动的途径，其关键在于把握政府与公民之间交互作用的空间及其各种张力。笔者认为，为了探索与说明政府与公民之间相互作用的边界关系，我们有必要至少在理性的层面上将这种边界扩展成一个空间，以利于探讨在这一特定空间中各种重要力量之间的张力。

第一，以自由为基本诉求的公民个体的集合，就形成了我们所言的"公民社会"，它是一个以权利追求与权利保障为核心的社会活动系统，它具有自组织的基本机制。而政府（注：本文所言的政府是广义的政府，它是指包括具有立法权、行政权与司法权等国家机构的总称，因此，它与国家实际上是同义语）是一个以强制为基本诉求、以权力为组织核心，而对公民权利进行调节的社会活动系统。显然，这两大社会系统都形成了拥有一定边界的社会活动空间，即"公民空间"与"政府空间"。同时，公民社会系统与政府组织系统之间又有着非常密切的联系，这是不言而喻的，因此，政府空间与公民空间在许多特定的领域里发生了渗透、重叠与交叉。这样，就形成了一个特定的公民与政府的"互动空间"，在这一空间中，一定存在着某些"张力因子"。

第二，"张力"原是自然科学的一个概念，它主要表达的是一种既相互联结又朝着相反方向伸展的作用力。张力太大，物体就会断裂，以至于分离，从而失去相互作用；张力太小，物体作用力方向同一，反作用力不强，从而失去活动能力。人文社会科学借用的张力概念，按其含义可以分为三类：(1)把张力看成是冲突与紧张的关系，认为张力是消极的力量；(2)把张力看成是离开某种束缚的一种自由发展，认为张力是积极的力量；(3)把张力看成是一种具有调节作用的对立统一的力量，如库恩所讲的"必要的张力"是指科学研究中传统与变革、收敛式思维与发散式思维的对立统一关系。① 本文中的"张力"就是库恩所言的"必要的张力"，即把张力看成是一种既相互联结又相互制约，既相互依存又相互排斥的对立统一的关系属性。

第三，在公民与政府的互动空间中，笔者认为，存在着三个结构性要素影响着公民与政府之间的相互作用，即契约、权力与价值。而且，以这三个结构性要素为核心又形成了三组具有对立统一性的张力因子，即"契约—责任"、"权力—权利"、"管理—价值"。而每一对因子之间的关系属性就呈现出一种"必要的张力"，它们既对立又统一，既排斥又联结。本文试图以这三对"张力因子"为研究线索，来阐述政府与公民之间的关系属性及其在当代中国的实际境遇与发展走势。

---

① 参见徐治立：《论科技政治空间的结构与张力》，《辽宁大学学报(哲学社会科学版)》2005 年第 5 期。

第一节　社会契约与政府责任的张力

1. 理论设定：社会契约与政府责任之间的必要张力

国家与政府的公权是如何形成的，以"君权神授论"为理论基础的"主权在君"说，以公权来源于人类社会以外的力量来进行解释。托马斯·阿奎那就宣扬"没有权柄不出于神"。① 在近代社会，以"主权在民"思想为其核心的社会契约论颠覆了"主权在君"的思想认识，导出了国家与政府的公权，无论是名义上还是实质上都来源于人民权利让渡的光辉结论。

自此，人民是公共权力的合法性来源成为了共识。正像美国学者梅里亚姆所言："人民是一切正当政治权力的基础这个命题在当时是简直没有争论，由于一切人生来都有同样的天赋权利，一切合法政府必须以个人同意为根据，因此人民大众显然是国家的基础。无论何种主权非经人民同意批准，都无法存在或继续存在。因此，人民所固有的和不可剥夺的主权就被认为是一个其有效性无可争辩的政治原则——一个无懈可击的前提。尽管这个学说经常被引用，但很少有人对它进行科学的探讨；确实，它被一致公认到这个地步，以致再对这个问题苦心议论似乎是多余的了。"②因此，有两个基本的理念被确立了下来。一是公权力的基础和来源只能是人民，人民是公权力的"所属主体"，二是人民让渡"私权利"，设立公权力的目的是更好地保护自己的"私权利"，体现了公民对公权力的期待。

无论是君权神授论还是社会契约论，都是一种"理论设定"，正如康

---

① 《阿奎那政治著作选》，商务印书馆1991年版，第65页。
② 梅里亚姆：《美国政治学说史》，商务印书馆1988年版，第29页。

德主张的那样，"人们藉以自身组成为国家的这种行为——即所有人的共同的原始的契约，更恰当地说，是这种行为的理念——构成了国家唯一合法的基础，从而使它可以为人们所相信。"①因此，这种契约不必是事实，甚至不可能是事实，它只是理性的观念，然而其现实性又不可否认。也就是说，社会契约论者并非从事实推出原则，从实有推出应有，而是运用自己的理性为社会立法。②

社会契约论作为"理论设定"或"理性法则"的价值与意义就在于：它在政府与公民之间建立了一种必要的张力，也就是说，它确立的基本原则是政府与公民之间互动的关系结构。在这一互动的关系结构中，存在着两种相反方向的力量：一是政府组织以整体形态作用于公民个体的公权力；另一是公民主权构成政府公权力源泉而对于政府组织的反制力。这样，政府公权与公民主权之间就构成了一种张力结构，这两种力量之间的关系就是既对立又统一。更为重要的是：源于政府公权的"实质性存在"与公民主权的"抽象性存在"之间的特点。社会契约论还设定了公民主权对于政府公权的制度优先性与价值权威性。社会契约论的这些设定，都是为了改变"君权神授论"所主张的政府纯粹作用于公民、具有不平衡性的单向力量路径。

人民主权的契约理念，被雷格斯称为"政治神话"。他认为，政治神话是"指用以表明主权的最后源泉、人之天性与命运、人之权利、义务以及主要的关系等等"的信念。③所以"行政官员必须随时表明他们是真正的公仆，而非执行权力的'官老爷'。当然，在实际上，美国的官吏并不是百分之百地符合了'公仆'形象的，……不过，值得注意的是，他们这种行为永远逃不了人民的指责，而舆论也必然会对他们构成一种压力。"④对

① 参见何怀宏：《契约伦理与社会正义——罗尔斯正义论中的历史与理性》，中国人民大学出版社1993年版，第35页。
② 李文良：《契论：西方国家行政伦理关系的基石》，《北京科技大学学报（社会科学版）》2005年第4期。
③ 雷格斯：《行政生态学》，台湾商务印书馆1978年版，第35页。
④ 雷格斯：《行政生态学》，台湾商务印书馆1978年版，第39页。

政府公权构成反制力的种种"指责"与"压力",就具体表现为完善责任体系的制度设计与组织设计。

从人类的政治实践来看,对于公权的反制力是多重而复杂的。有对公权的内在道德制约,也有对公权的外在制度制约;有对公权的宏观制度性制约,比如:政治制度制约与法律制度制约,也有微观的组织设计性制约,如张康之教授所言的,官僚制的组织设计就是一个"纯粹的责任体系"。① 因此,政府的责任就细分为道德责任、政治责任、法律责任与行政责任等等生动而具体的形态。② 政府契约的担当就是责任的兑现,责任与契约之间就构成了一种合理而必要的张力。

2. 心理契约:中国社会政府与公民之间的隐性契约

19 世纪历史学派代表人物,英国的法律史家梅茵在其名著《古代法》中写道:"所有进步社会的运动在有一点上是一致的,在运动发展的过程中,其特点是家族依附的逐步消灭以及代之而起的个人义务的增长。……用以逐步代替源自'家族'各种权利义务上那种相互关系形式的……关系就是'契约'。……可以说,所有进步社会的运动,到此为止,是一个'从身份到契约'的运动。"③根据梅茵的意思,契约之取代身份,也就是日益增长的个人权利与义务关系之取代人身依附或身份统治关系,是个人财产权或所有制之取代公共所有制。他的"从身份到契约"的社会关系模式的变革,准确地抓住了最能概括一定历史条件下社会根本特征的两个东西,并将其作为区别不同社会的一个根本标准。④

在改革开放与市场经济建立的过程中,中国社会的关系结构也在悄悄地发生着变化,这一变化也符合梅茵所概括的"从身份到契约的运动"。在我国公民社会生活趋于契约化的历史进程的深刻影响下,人们对

---

① 张康之:《公共行政中的责任与信念》,《中国人民大学学报》2001 年第 3 期。
② 刘祖云:《论控制公共权力的四条途径》,《理论探讨》2005 年第 2 期。
③ 梅茵:《古代法》,商务印书馆 1959 年版,第 96—97 页。
④ 袁祖社:《权力与自由》,中国社会科学出版社 2003 年版,第 236—237 页。

于政府与公民之关系的理解也在悄悄地发生着变化。也就是说,契约理念与契约的理论设定,也被用来解读中国政府与公民之间的现实关系。笔者认为,运用契约的理论设定来解释中国政府与公民之关系的理论思路,无疑是正确的,但是,我们也应该看到,在中国,这一契约方式却是独特的。

对于契约,Lan R.麦克尼尔说:"契约的基本根源,它的基础,是社会。没有社会,契约过去不会出现,将来也不会出现。把契约同特定的社会割裂开来,就无法理解它的功能。"①因此,对于我国政府与公民之间契约关系的理解,必须将它与我国特定的社会政治基础、历史传统与文化环境相联系。对契约关系的分析,不仅需要使用抽象的理论模式,同样也需要使用关于政治、历史与文化的具体知识。因为,契约常常内嵌于一连串的社会基础与历史条件之中。所以,理解中国政府与公民的契约关系,需要将这两个思路结合起来。因为,过去,中国的政治制度与政府体制的设计,没有也不可能以这种契约理念为指导,同时,中国政府与公民关系,又深深扎根于中国独特的政治文化传统的基础上,因此,中国政府与公民的契约关系获得了一种独特的表达方式,即"隐性的心理契约"。

对于中国社会政府与公民之间的契约关系,英国诺丁汉大学中国研究所教授郑永年先生认为:"中国不是一个契约社会,但政府与人民之间则有一种隐性的契约关系。政府保障基本社会正义与公平,而人民则接受政府的管制。"②对此,笔者更倾向于认为,这是政府与公民之间的"心理契约"。第一,所谓心理契约是指政府与公民之间隐含的、默认的、未加公开说明的、相互期望的权利与义务的总称。其中,有些权利与义务是明确的,比如,政府对公民管制的权利与公民服从政府管制的义务;而有些权利与义务却是比较模糊的,比如,公民监督政府的权利以及政府接受

---

① Lan R.麦克尼尔:《新社会契约论》,雷喜宁、潘勤译,中国政法大学出版社2004年版,第2页。

② 郑永年:《中国社会的利益博弈要求社会正义》,《联合早报(新加坡)》2006年12月5日。

公民监督的义务等。从而,政府与公民之间的权利与义务的约定,尤其是涉及到公民权利与政府义务的时候,种种约定总是以比较抽象的方式获得表达,比如,宪法规定:中华人民共和国的一切权力属于人民,但是人民如何实现与行使这一权力却没有相应的制度路径。第二,在这种心理契约中,尽管政府与公民之间是互动的,但是政府却主导着这一互动过程。一方面,政府通过对社会的管理及其部分义务与责任的担当来履行其明确的或隐含的承诺;另一方面,公民只能通过观察政府或政府官员的行为、形象与作风等形成自己对契约义务的感性认识,并通过社会的某些结构性信号,如工资收入、社会福利、社会保障、就业机会与社会公平、稳定等相关信息的获取来强化这一心理契约。因此,一旦公民个体"切身感受到"某种于己不利的结构性信号时,他就认为政府违背了心理契约,从而产生与政府部门或官员"叫板"的行为,有些行为甚至是非法的。第三,这种心理契约主要在中央政府与公民之间获得了制度性的表达,而不同层级的地方政府主要是接受中央政府的委托,从而与中央政府形成了一种委托代理关系。也就是说,公民与中央政府形成心理契约,中央政府再把相应的权利与义务关系层层委托各级地方政府,从而形成比较长的从中央到地方的"委托代理链条"。

3. 责任政府:保持政府与公民之间契约张力的路径

马克思曾经这样谈到过商品契约的本质,"为了使商品彼此发生关系,商品监护人必须作为有自己的意志体现在这些物中的人彼此发生关系,因此,一方只有符合另一方的意志,就是说每一方只有通过双方共同一致的意志行为,才能让渡自己的商品,占有别人的商品。这种具有契约形式的(不管这种契约是不是用法律固定下来的)法权关系,是一种反映着经济关系的意志。这种法权关系或意志关系的内容是由这种经济关系本身决定的。"①本质上看,契约从萌发开始,它就和商品生产、商品交换

---

① 《马克思恩格斯全集》第 23 卷,人民出版社 1972 年版,第 102 页。

这一市场经济形式紧密相连。也就是说，契约关系是以交换关系作为存在和发展的基础，同时又是交换中权利与义务平等关系的一种保障机制。

尽管契约概念在西方经历了一系列的发展演变，并且在经济法律、宗教神学、社会政治学和道德哲学四种意义上得到了运用。但正如何怀宏教授所概括的那样，无论哪种类型的契约概念，都包含有以下几种共同的因素：第一，它意味着一种人际关系和交往，订立契约就意味着契约至少在两方之间进行。第二，它意味着订立契约的主体应该是独立的和平等的。第三，它意味着契约主体之间要达到的某种目的或要达到的目标。第四，它意味着契约主体在某种程度上的一致意见。第五，它意味着某种形式的许诺。第六，它意味着契约的主体由同意和允诺而产生的某种义务、责任和权利。[①]

因此，用契约理念来解读政府与公民的关系，应该牢牢把握其要义，即以交换为基础，以共同的一致意见为核心，以权力行使与责任担当为导向的政府与公民的双向依存关系。在这种心理契约中，从公民的角度看，公民的"让渡"与"支出"主要包括两方面的内容：一是通过纳税给予政府以经济支持，二是通过遵从使政府获得合法行使公共权力的基础。那么，政府在享受权力的同时，如何回报公民呢？逻辑地推论，政府应该担当起维护社会公平与正义的责任，即建立一个高度负责任的政府。在当今中国现实的政治生态下，政府权力作用于公民的力量还很强大，因此，必须寻找到一种能够从相反方向平衡这一力量的反作用力。换句话说，从公民的角度应该形成一种对于"责任政府"的张力机制，因此，"责任政府"乃是保持政府与公民之间契约张力的一个无可选择的路径。

第一，学术思考构成"责任政府"的理论张力。发端于上世纪90年代中叶的关于"责任政府"与"责任行政"的学术研究与思考，首先把政府与公民、政府与社会之间的契约关系从学理的层面提出来了，并顺着这一思

---

① 何怀宏：《契约伦理与社会正义——罗尔斯正义论中的历史与理性》，中国人民大学出版社1993年版，第10页。

路把建立一个责任政府的新范式也提出来了。可以说,这一主题的研究在中国学术界引起了广泛的关注,聚焦了大量学者的研究视线。对此,笔者有专文进行了评述。① 一直到今天为止,还有许多学者在持续地关注与研究这一问题。从理论的层面看,这一研究主题实现了三个转换:"责任政府"由抽象概念上升到具体真理;"责任政府"由笼统提法进入到政府具体责任的规定;"责任政府"由理论倡导进入政府实践中的机制建构。而从实践的层面看,恰恰是"责任政府"的学术探讨首先形成了政府与公民之间的合理张力。

第二,大众传媒构成"责任政府"的舆论张力。在比较宽松的政治气候下,同时也受到了精英研究的开拓性影响,各种媒体对于社会重大突发事件与重大责任事故的报道,暴露出我国传统的政府管理存在着的严重问题——责任缺失。尤其是2003年春季爆发的"非典"疫情,把责任政府的问题更加凸显出来了。大众传媒作为一种具有广泛社会影响的传播手段,它与学术研究正好构成了"广度"与"深度"的差异路径而对社会施加着影响。大众传媒,一方面,把理论界的研究成果通过专家访谈等方式向社会大众进行传播,从而可以使责任政府从影响范围有限的"学术语汇"扩展为影响范围更大的"新闻语汇",并通过其广泛的社会受众即时地转换成老百姓的"大众语汇",从而大大扩展了学术研究对社会的影响范围。另一方面,它又及时地把政府管理中存在的责任缺失问题披露于大众,揭示出我国政府建立责任政府范式的艰巨性。因此,大众传媒对于责任政府的报道,形成我国政府与公民之间强大的舆论张力。

第三,政府体制构成"责任政府"的制度张力。在"责任政府"学术语汇、新闻语汇以及大众语汇的多重影响下,政府本身也在反思自身存在的责任缺失问题,并通过制度创新来建构政府的责任体制与机制,从而形成了政府与公民契约的制度张力。首先,值得一提的是,"责任政府"是最

---

① 刘祖云:《责任政府及其实现途径——当代中国公共行政责任理论研究述评》,《江苏社会科学》2005年第1期。

早成为我国中央政府与地方政府在正式文献中认可的三大政府模式之一，即责任政府、服务型政府与法治政府。其次，为了化解或应对来自公民社会的压力与张力，政府组织在实际的管理过程中，以各种体制创新与机制建设的方式，尝试责任政府的建立以及政府责任的追究方式，比如首问责任制、一站式服务、政务超市、政务公开化、公共服务承包、任前公示等。

尽管在政府与公民的契约关系上已经形成了三种张力，而且它们也形成了对政府权力的反制力与压力结构，但是，笔者认为，还没有实现政府权力与公民权利的真正平衡。政府与公民之间的契约张力还有很大的空间。这需要从另外一个层面来探讨了。

第二节　政府权力与公民权利的张力

国家权力或政府权力，就是指由国家宪法和法律保障的以国家强制力为后盾，为实现国家职能而建立的一种起支配作用的力量。而公民权利是指一个国家宪法和法律所保障的公民自主支配自己行为或要求国家或他人作为或不作为某种行为，以实现自身某种利益或愿望的自由。政府权力与公民权利之间的关系是复杂的，对两者关系的思考，正像王振亚等人所言需要"超越二元对立"的思路。在公民权利与政府权力的二元结构中，单向度地强调其中的任何一方都有失偏颇。过分强调政府干预，会损害公民权利并扼杀公民社会的活力；而过分强调公民的自由权利，又可能抑制政府活力并弱化政府的社会调控能力。① 因此，寻求政府权力与公民权利两种力量之间的合理张力，是思考政府与公民关系"互动空间"的又一路径。

---

① 王振亚、张志昌：《超越二元对立：公民权利与政府权力新型关系探析》，《陕西师范大学学报（哲学社会科学版）》2005 年第 6 期。

1. 控制国家：保持权力与权利之张力的宪政安顿

现代代议制国家几乎都毫无例外通过宪法宣布一切国家权力属于人民。斯科特·戈登曾指出,简单地说,我用"立宪主义"来指代国家的强制权力受到约束的观念;而且,他转述了立宪主义历史的权威之一——麦克尔文的观点:在所有相继的用法中,立宪主义都有一个根本的性质:它是对政府的法律制约……真正的立宪主义的本质中最固定和最持久的东西仍然与其肇端时几乎一模一样,即通过法律限制政府。[①] 在宪法学说史上,虽然,人们对立宪主义有不同的认识,但从本质上看,宪法都反映了立宪与行宪者们所追求的基本原理与价值,也集中反映了立宪者的目的。在西方,纵观其近代以来的立宪主义,从设防的理念开始至今,一直贯穿着限制政府权力以保障公民权利的基本精神。作为现代文明的标志性成果,宪法是公民权利的保障书,又是明确政府权力来源并规范其运行的政府宪章。在被称为立宪主义母国的英国,立宪主义被认为是"人民反抗的制度化"或"人民反抗的宪法化"。[②]

从世界各国宪法产生和发展的历史看,始终贯穿其中的一条主线就是公民权利与政府权力的关系问题。17 世纪的英国在资产阶段革命的过程中制定了一系列宪法性文件,如 1628 年的《权利请愿书》、1679 年《人身保护法》、1689 年《权利法案》。这些宪法文件作为资产阶段革命的成果,确认了主权在民的基本原则,并从不同方面对王权进行限制。同时,这些宪法文件还规定了公民广泛的权利与自由,从而重构了政府权力与公民权利之关系。可以说,英国宪法秩序的每一步发展都与政府权力与公民权利的型塑有关。如从 1215 年《自由大宪章》是以英王名义承诺公民的一些人身权利与自由,到 1628 年的《权利请愿书》则以明确的法律形式确定了公民人身自由权利不受政府权力的侵犯。一直到 1689 年

---

① 斯科特·戈登:《控制国家——西方宪政的历史》,江苏人民出版社 2001 年版,第 5 页。
② 韩大元:《亚洲立宪主义研究》,中国人民公安大学出版社 1996 年版,第 3 页。

的《权利法案》，权力与权利关系发生了重大变化，即公民权利一旦受到侵犯，则公民有权提出控诉，并可以得到适当的赔偿。美国宪法颁布以来，共增加了26条修正案，突出体现了公民权利与政府权力关系的不断规范化的过程。在法国，1791年制定的第一部宪法把《人权宣言》置于宪法之首，强调自由、财产、安全与反抗压迫是"人的自然的和不可动摇的权利"，从1791年到1958年，法国先后制定了14部宪法，都围绕着公民权利与政府权力的不同配置而展开。

从我国立宪的实践看，新中国立宪站在了一个较高的历史起点上，我们既总结了革命根据地宪法与宪政的实践经验，又吸收了前苏联及欧美国家有益的宪法规定，经过几次修宪，在政府权力与公民权利关系上呈现出比立宪主义主张更加广泛的内涵。对此，学者王兰秀概括为：一方面，以公民权利推动政府权力的正义化运作与合理化运作；另一方面，以政府权力规范公民权利，同时创造公民权利实现的条件并给公民权利提供相应的救济与保护。[1] 在这一宪法精神中，现代意义上的公民权利的萌芽已在法理上孕育而成。这一宪法不仅规定了公民权利的一般性与普遍性，权利主体已由"人民"扩展至"公民"，而且其中体现出来的政府与公民的关系模式也发生了重大转变，即由传统的"请求—体恤"关系转变为"主张—义务"关系。当然，诚如王人博所言，近代中国宪政的失败在于仅仅实用性地引进了宪政制度，却未真正从思想文化层面接受宪政精神。[2] 因此，中国的宪法也不过是"文本上的宪法"，而旨在平衡政府权力与公民权利的宪政精神却未能真正实现。

"宪法就是一张写着人民权利的纸。"[3]在宪法关系中，公民权利与政府权力的关系无疑是最主要的、占主导地位的。因为，在宪法关系中，政府与公民是两个最基本的主体，而作为国家权力行使者的政府必然会在

---

① 王兰秀：《政府权力与公民权利的宪法秩序——反思立宪主义的一个视角》，《河南省政法管理干部学院学报》2004年第3期。
② 王人博：《中国近代宪政》，法律出版社1998年版，第121页。
③ 魏定仁：《宪法学》，中国社会科学出版社1994年版，第30页。

管理社会公共事务、落实公民权利的过程中与公民发生着各种各样的法律关系,因此,如何保持政府行为与公民行为之间的互动以及维持两者之间的合理张力,这是宪法作为国家大法所必须进行的宪政安顿,这一安顿的主要目的是通过保障公民权利与限制政府权力来达到两者之间的相对平衡。

2. 约束政府:控制权力膨胀及其扩张的制度安排

宪法的贯彻与执行是需要一整套更为具体的政治与法律制度来支撑的,这是基于正反两方面历史经验与教训的一个结论。从正面经验来看,西方社会在对政府权力进行宪政控制之后,还辅之以一整套政治与法律的制度体系来约束与控制政府权力,以维持其与公民权利之间的平衡态势。从反面经验来看,"新中国成立之后,虽然制定了一部与国情相适应的宪法,却没有更为具体的法律制度来丰富它、落实它,致使它在很大程度上只是一种形式上的标志,后来,甚至连这一点也丧失了。"①笔者认为,约束政府权力的制度安排可以从两个层面展开。

第一,权力"分立制衡"的制度安排,即通过保持政府权力内部张力,以维持政府权力与公民权利之平衡。斯科特·戈登认为:"政治权力在竞争性机构之间进行有效分配的国家在欧洲的出现却要早于封建主义与资本主义。控制国家权力的行使的需要以及这一点可以通过制度设计做到的观念,在伯里克利时代的雅典和共和时代的罗马政治体系中都是显而易见的。"②从人类的政治实践来看,政府权力过于强大而公民权利过于弱小是一个基本事实,同时,政府权力容易膨胀与扩张也是一个基本事实。面对这两个事实,思想家与政治家的智慧之举是:通过把政府权力"一分为三",并在政府权力内部建立一种相互约束与制衡的张力关系,以达到对政府整体权力的控制与约束,从而寻求政府权力与公民权利之

---

① 董炯:《国家、公民与行政法——一个国家—社会的角度》,北京大学出版社2001年版,第5页。

② 斯科特·戈登:《控制国家——西方宪政的历史》,江苏人民出版社2001年版,第2页。

间的平衡。正如洛克认为的那样,"如果同一批人同时拥有制定和执行法律的权力,这就会给人们的弱点以绝大诱惑,使他们动辄要攫取权力,借以使他们自己免于服从他们所制定的法律,并且在制定和执行法律时,使法律适合于他们自己的私人利益,因而他们就与社会的其余成员有不相同的利益,违反了社会与政府的目的。"①

政府权力"分立制衡"的理念发端于古代的亚里士多德和波里比阿,而这一理念在近代的洛克和孟德斯鸠那里获得了系统的论证。古代思想家关于混合政体的构想虽与近代君主立宪制和民主共和制有类似之处,但对于政府权力,主要谈到的是对不同权力和职能部门的划分,而明确提出把政府权力的不同部分交由不同阶级的个人或集团掌握,以防止权力滥用与侵害公民权利等思想是近代思想家在反封建的斗争中提出的。然后,政府权力"分立制衡"的理论,由美国的宪法制定者们具体应用于美国国家制度的建构中。杰斐逊等美国思想家在对资产阶级的"民主试验"中提出,在从中央到州地方各级政府都实行"三权分立"的基础上,同时实行中央与州两个层次之间的分权,即把分权制的国家政权组织形式与联邦制的国家结构形式结合起来。这样,"分权制衡"走下了神圣的思想殿堂。

第二,"有限政府"的制度安排,即通过设置政府权力行使范围,划定政府权力与公民权利的边界,维持政府权力与公民权利之张力。英国哲学家罗素认为,"一方面,因为政府是必需的:没有政府只有很少一部分人有望继续生存,而且只能生活在一种可怜的贫困状态中。但是,另一方面,政府也会带来权力的不平等,并且那些拥有极多权力的人会利用这种权力来满足他们自己的欲望,而这些欲望是与一般人的欲望截然相对立的。"②这就是人们通常所言的"诺思悖论"。政府权力作为一种代表公共意志的强制性力量,它具有双重作用:一方面,它是保障公民权利最有效

---

① 洛克:《政府论》(下篇).,叶启芳、瞿菊农译,商务印书馆1964年版,第91页。
② 罗素:《权力论》,东方出版社1988年版,第164页。

的工具之一,它体现着维护公民权利"善"的价值理想;另一方面,对于公民个体而言,它更是一种潜在的威胁公民权利的可能的"恶"。政府权力的自我扩张、它与公民权利的密切相关性以及两者力量对比的悬殊,都使它可能成为公民权利的最大的和最危险的侵害者。因此,政治社会通过限定政府权力的行使范围,来保持政府权力与公民权利之间的"空间张力",以免政府权力对公民权利的侵犯是一种必需的制度安排。

因此,权利存在于公民社会,而权力存在于政治国家。"权力是政治社会(国家)用以维护秩序并保障权力社会的独立性的规范;而权利则是市民社会(社会)用以创造自由并保障市民社会的法律规范,由此,在理论上可以这样确认并规设权利与权力的主要功能及属性:前者确保并创生自由,后者确保并创生秩序;前者由私法主体(公民与法人)操作,后者由公法主体(国家机关及其公务人员)操作;前者直接作用于个体(包括以法人形式出现的个体)领域,后者则直接作用于公共领域。"①

3.组织化生存:权利与权力保持张力的社会机理

不论是"控制国家"还是"约束政府",都是基于政府权力的思考视角,也就是说,是通过把政府权力控制在一定范围内以保持权力与权利之间的张力。但是,当我们把思考的视角转向公民权利时,我们自然就会发现:公民的"组织化"是寻求公民权利与政府权力之间张力的社会机理。

在中国传统社会中,政府权力与公民权利的不平衡表现出来的社会机理是:政府权力以高度组织化为依托,而公民权利却没有相应的组织机理可以支持。与政府的高度组织化相对应,公民社会的存在可以概括为处于高度分割、分散的"碎片化"状态。马克思在描绘这种社会状态时说:"社会分解为许多模式相同而又互不联系的原子",②社会"便是由一些同名数相加形成的,好像一袋马铃薯是由袋中的一个个马铃薯所集成

---

① 袁祖社:《权力与自由》,中国社会科学出版社2003年版,第189—190页。
② 《马克思恩格斯选集》第2卷,人民出版社1972年版,第72页。

的那样"。① 思想家彼得·德鲁克认为:"社会已成为一个组织的社会。在这个社会里,不是全部也是大多数社会任务是在一个组织里和由一个组织完成的。"②这充分表明了现代社会中组织的重要性。笔者认为,中国公民社会的发展却一直未能在"组织化"与"碎片化"的悖论中寻找到一个合理的平衡点。因此,政府权力与公民权利之间的调适及其博弈,总是在"团体"与"个体"不对称的局面下展开的,而这一博弈及其解决途径显然缺乏一种平等的社会机理支持。

人类社会历史的发展在一定意义上就是社会组织的发展过程,尤其是工业革命以来人类200多年文明史的急剧变化,大大强化了人类组织化的趋势。到了现代工业社会,组织则成为人类社会最重要的社会元素之一,高度组织化已是我们时代的基本特征。感性地说,现代社会组织的数量、规模、种类都获得了快速发展并呈现出纷繁复杂的态势。因此,笔者认为,"组织化生存"已成为现代人的一种基本的生存方式。今天,我们可以把"人的组织化"理解为人通过人、为了人而形成的特定的存在方式。正如学者辛本禄所言,"组织人"已成为对现代人生存方式的一种新的诠释。在现代社会中,人从出生到死亡、从生活到工作,组织已成为一种重要的社会基础嵌入在人类的生存活动中。"组织人依赖组织,同时,通过组织实践超越组织和自身,……组织人体现了人的自在存在和自为存在的双重属性,是从自在存在向自为存在的过渡,既体现现实的实践要求,也体现理想的价值追求,是人的全面发展的阶段性特征,也是人的追求自由自觉活动的现阶段表现。"③

在政府权力与公民权利的张力关系中,公民权利的实现有赖于公民社会的发育。联合国开发计划署认为:"简单地说,公民社会是在建立民主社会的过程中同国家、市场一起构成的相互关联的三个领域之一。社会运动可以在公民社会领域里组织起来。公民社会里的各个组织代表着

---

① 《马克思恩格斯选集》第1卷,人民出版社1972年版,第693页。
② 彼得·德鲁克:《后资本主义社会》,上海译文出版社1998年版,第52页。
③ 辛本禄:《组织人:现代人生存方式的一种新诠释》,《理论探讨》2005年第5期。

各种不同的、有时甚至是相互矛盾的社会利益,这些组织是根据各自的社会基础、所服务的对象、所要解决的问题(即环境、性别与人权等问题)以及开展活动的方式而建立和塑造的。诸如与教会相联系的团体、工会、合作组织、服务组织、社区组织、青年组织以及学术机构等都属于公民社会中的组织。"①因此,一个发育良好的公民社会是具有较高的组织性的,它有民众维护自身利益的基层组织,以及各种形式的利益集团、民间志愿组织与自由的新闻界等。而以组织机理作为支持的公民社会,必然会在公民权利与政府权力之间形成一种合理的结构性张力。

　　总之,权力与权利之间张力关系的建立,依赖于双方制度互动、机制平衡以及社会机理等因素。不过,伴随着"公共管理"理念的深入,权力与权利之间张力关系的发展出现了一种新的态势,即公民权利向政府权力领域的扩展与渗透。学者李军鹏认为,在公共管理阶段,政府权力与公民权利关系变化的基本原则是:私人领域向公共领域扩张,公民成为公共事务的管理主体。公共管理不仅保留了公民权利的基础地位、确立了公民权利的保护范围,而且确立了公民自治与公民参与公共事务的原则,因此,公民、市场主体与非政府组织与政府组织一道共同成为公共管理的主体。因而,在公共管理模式下,公民不仅仅是权利主体,而且部分地成为了公共权力的主体,这是公民权利的扩张,是对政府权力的进一步限制。② 因此,公民权利与政府权力之间的张力出现了新的结构性因素,这是需要我们关注的一个新动向。

第三节　政府管理与行政价值的张力

　　在政府与公民的互动空间中,还存在着另一对张力因子,即"管理"

---

①　转引自赵黎青:《柏特南、公民社会与非政府组织》,《国外社会科学》1999 年第 1 期。
②　李军鹏:《公共管理:政府权力与公民权利关系的新范式》,《北京行政学院学报》2002 年第 4 期。

与"价值"。从政府作用于公民的角度看，这是一个管理的过程，两者之间形成了一种管理与被管理的行政实践关系，在这一实践关系中，管理主体是政府，而管理客体是公民。而从公民作用于政府的角度看，这是一个价值实现的过程，两者之间形成了一种需要与被需要的行政价值关系，在这一价值关系中，价值主体是公民，而价值客体则是政府。正是这两种互逆的关系形态在政府与公民的互动空间中维持着一种合理的张力结构。

1. 价值与管理：政府与公民之关系的二律背反

政府的存在对于公民而言是一个基本的事实，那么如何解释这一事实，近代以来的社会契约论作出了突出的理论贡献。社会契约论以"纯粹自然状态"作为逻辑假设前提，其目的是回答后来罗伯特·诺齐克称之为"为什么不可以无政府？"的问题。[①]　因为，在纯粹的自然状态下，由于缺乏可以求助的公共权威，公民之间的冲突最终将导致彼此相互残杀和生命的毁灭。这是霍布斯所描述的"丛林状态"。因此，就人的基本权利而言，无政府的自然状态是不能接受的。这是以洛克为代表的社会契约论者对"为什么不可以无政府"的明确回答。

那么，接下来的问题是：政府与公民，两者孰重孰轻？对此社会契约论也给出了明确的答复。契约论认为，人们在一致同意的基础上建立了政府，并把一些权力（而非全部权力）交给政府。政府的唯一目的就是为了人民的和平、安全和公众福利；政府应当服务于公民，公民的自由与权利是政府存在的目的。因此，对社会而言，政府的作用在本质上是工具性的。美国学者弗里德曼也表达了政府在本质上是工具性的观点。他认为，对于现代公众而言，政府是组成它的个人的集体，而不是超越在他们之上的东西。应该把政府看作为一种手段，一个工具；政府既不是一个赐惠和送礼的人，也不是盲目崇拜和为之服役的主人或神灵。[②]　这一论点，

---

①　罗伯特·诺齐克：《无政府、国家与乌托邦》，何怀宏等译，中国社会科学出版社1991年版，第11页。

②　弗里德曼：《资本主义与自由》，商务印书馆1986年版，第3页。

我们可以简单地概括为"政府工具论",政府对于公民而言始终应处于"工具状态",即政府是被设计的、被制约的、能被恰当运用的社会的工具。①

这样理解,政府与公民之间就形成了一种价值关系。那么,在这一价值关系中,如何确定价值主体呢? 李德顺教授认为:"'为什么人的问题'正是确立价值体系的主体和标准,为什么人,就以他们为价值主体,以符合他们的意愿为客观评价的依据。"②政府是为了社会及其社会中的公民的生存和发展的某种需要而产生的,它的存在、作用对于社会的需要是适合的或接近的。概言之,对于社会来说政府有存在的价值。因此,在这一价值关系中,无疑,政府是价值客体,而公民或社会是当然的价值主体;进一步,在政府与社会所形成的价值评价关系中,政府是被评价者,它只能处在价值评价客体的地位,而社会是评价者,必然居于价值评价的主体地位。这是一个再基本不过的道理,但问题并非如此简单。

一般来说,主体与客体之间所形成的实践关系与价值关系是基本重合的,因为价值关系是以实践关系作为其基础的,也就是说,实践关系的主体往往也是价值关系的主体,实践关系的客体往往也是价值关系的客体。政府管理也是人类的实践活动之一,但是,在这一特殊的实践活动中,却出现了实践关系与价值关系中主客体的"二律背反"。卢梭对此问题早有警觉,他深刻地揭示了政府的两种不同地位或存在状态。"这一由全体个人的结合所形成的公共人格,以前称为城邦,现在则称为共和国或政治体;当它是被动时,它的成员就称它为国家;当它是主动时,就称它为主权者;而以之和它的同类相比较时,则称它为政权。"③

因此,作为"道德与集体的共同体"的政府就具有两种状态。一方面,当政府是"被动"时,也就表明它处于客体地位,这时,在政府与公民的关系中,政府是被评价的客体;另一方面,当政府是"主动"时,它处于

---

① 关保英:《行政法的价值定位》,中国政法大学出版社1999年版,第16页。

② 参见周奋进:《转型期的行政伦理》,中国审计出版社2000年版,第59—60页。

③ 卢梭:《社会契约论》,商务印书馆2003年版,第21页。

主体地位,亦即表明在政府与公民的关系中,它是实际上的"主权者"。政府的这两种不同状态与地位,实际上体现在不同的关系与过程中。也就是说,当政府处于被动的客体地位时,我们强调的是政府与公民之间的行政价值关系;而当政府处于主动的主体地位时,我们强调的是政府与公民之间行政管理的实践关系。在行政管理实践关系中,政府是行政管理的主体,而公民则是行政管理的客体,政府与公民的关系是命令与服从的关系,两者的法律地位是不对等的。

因此,政府是出于社会与公民的价值需要而产生的,而政府产生以后,在政府与社会的管理实践关系中,政府却一跃而成为行政管理主体,这就造成了作为行政价值主体的社会与公民却丧失了管理主体的地位,而处在管理客体的地位。

2. 异化与超越：以行政价值关系统摄行政关系

行政价值关系中的行政价值主体——社会与公民,在行政管理关系中却变成了行政管理的客体或对象;同样,行政价值关系的客体——政府与官员却一跃而成为行政管理的主体。正如卢梭所言:"只是一瞬间,这一结合行为就产生了一个道德的与集体的共同体,以代替每个订约者的个人;⋯⋯而共同体就以同一个行为获得了它的统一性、它的公共的大我、它的生命和它的意志。"这一公共人格,被称作城邦、共和国或政治体。"至于结合者,他们集体地就称为人民;个别地,作为主权权威的参与者,就叫做公民,作为国家法律的服从者,就叫做臣民。"①契约之后,政府共同体代替了"每个订约者的个人",一跃而成为人民的代理人,从而成为公共权力的掌管者;而公民就实际上成为"国家法律的服从者"。

从社会与公民的角度来理解,政府由价值客体转化为管理主体的现象,本质上是政府对社会与公民的"异化",即马克思和恩格斯所言的,"我们本身的产物聚合为一种统治我们的、不受我们控制的、与我们愿望

----

① 卢梭:《社会契约论》,商务印书馆 2003 年版,第 21 页。

背道而驰的并且把我们的打算化为乌有的物质力量。"①也就是说，政府本身的活动对于社会与公民来说就成为一种异己的、与他对立的力量，这种力量驱使着社会与公民，而不是社会与公民驱使着这种力量。

然而，这一异化却是人类社会发展所必需的，也是必然的。因为出于社会管理的需要，政府的组成人员没有必要、也不可能由全体人民来承担，只能由少数人经合法的程序来代理，而其他的人就只能处在"作为国家法律的服从者"的地位。它是社会正义必须为之付出的代价。正如斯宾诺莎所言："如果人要大致竭力享受天然属于个人的权利，人就不得不同意尽可能安善相处，生活不应再为个人的力量与欲望所规定，而是要取决于全体的力量和意志。"这个力量与意志就是国家的法制。② 他还说，只有在契约状态下，"善与恶皆为公共的契约所规定，每个人皆受法律的约束，必须服从政府。所以，'罪'不是别的，只是国家的法律所要惩罚的'不服从'而已。"③所以，在社会契约状态下，服从国家的法律是每个公民的天职。

尽管，政府对社会的异化是不可避免的，但是这种异化必须受到遏制。因此，社会与公民在把公共权力授予政府之后，为了防止政府权力过度异化，为了防止公共权力对社会和公民的不法侵犯，政治社会除了通过控制国家的宪政安顿后，还从各个层面和角度对政府的权力作出了限制与约束，包括权力的"分立制衡"与"有限政府"的制度安排。也就是说，为了解决"政府对于社会与公民的异化"问题，必须维持"公民社会对于政府组织"合理的张力关系。这一思路已成为近现代民主政治理论与实践的基本理路。这些都是上文阐述的基本观点。除此之外，理论上还必须寻求其他的超越之路，即以行政价值关系来统摄行政管理关系，以维持行政价值关系与行政管理关系之间的必要张力。

政府对于社会的异化还体现在另外一个方面，即在现实的行政价值

---

① 《马克思恩格斯选集》第1卷，人民出版社1972版，第38页。
② 斯宾诺莎：《神学政治论》，商务印书馆1982年版，第214页。
③ 斯宾诺莎：《伦理学》，商务印书馆1981年版，第185—186页。

评价关系中,公民常常丧失了作为价值评价主体的地位,即理论界通常所言的"政府本位"的现象。从应然的角度看,能够适应公民社会不断变化发展需要的政府就是最好的政府、成功的政府、善的政府。因为,一方面,公民的公共活动、公共利益及其公共选择是变化的,为了实现自身对公民社会的价值,政府就必须以不断的革新来满足公民社会的需要;另一方面,政府自身的运行规律也要求政府要不断地革新自己。因为政府服务于社会的需求就要求它必须是一个活的机构,它必须通过改革来革除自身的固定化与惰性。这就是理想的"公民本位"现象,在这种政府与公民的价值关系中,公民始终没有丧失其作为价值评价主体的固有地位。

学者周奋进认为,在政府管理的行政价值选择中有两个尺度,即"主体尺度"与"客体尺度"。主体尺度是指,社会与公民作为行政价值主体的需要、目标与理想,而客体尺度是指政府与官员作为行政管理主体的需要、目标与理想。[①] 毫无疑问,在行政管理的价值选择中,"主体尺度"始终处于主导地位,更确切地说,公共行政价值标准的方向和性质是由价值主体的需要、目标与理想决定的,只有在考虑行政价值的程度与量化问题时,行政价值标准才涉及到政府这一价值客体的"客体尺度"。

3.合规律与合价值：政府与公民关系的张力结构

自从盘古开天地,人类就有了管理,而国家产生以后,就有了政府管理。在本质上,管理也同劳动一样,是人的能动的类生活,是种的类特性,因此,它具有许多独特的特性。马克思在《资本论》中对资本主义管理"二重特性"的揭示,对于我们认识管理的一些特性具有重要的方法论意义。

马克思指出:"如果说资本主义的管理就其内容来说是二重的——因为它所管理的生产过程本身具有二重性:一方面,是制造产品的社会劳动过程,另一方面是资本的价值增殖过程,"那么,"资本家的管理不仅是一

---

① 周奋进:《转型期的行政伦理》,中国审计出版社2000版,第60页。

种由社会劳动过程的性质产生并属于社会劳动过程的特殊职能,它同时也是剥削社会劳动过程的特殊职能,因而也是由剥削者和他所剥削的原料之间不可避免的对抗决定的。"①在马克思看来,由于资本主义生产既是创造社会物质财富的生产过程,同时又是资本家剥削雇佣劳动的资本增殖过程,这就决定了资本主义的生产管理具有二重性:一方面,这种管理作为生产力的参与要素,发挥着合理组织生产劳动的技术职能,即遵循着主体合乎客体方面的规律性;另一方面,这种管理服从资本主义生产的目的,即遵循着客体合乎主体方面的目的性与价值性。人类的一切管理活动都同样具有这种二重性。②

政府管理作为人类的一种管理活动,也同样具有二重性,即它是合规律性与合价值性的统一。一方面,政府管理活动是基于行政主客体之间的实践关系,而对社会公共事务的管理活动。在这种管理活动中,主体是国家行政机构,客体是社会、公民及其公共事务。从政府管理的角度看,这种管理必须是有效的,这种"有效性",一是指政府必须依法行政;二是指政府的管理活动必须是有效率的,即这种活动必须遵循管理的客观规律,既要尊重管理客体的属性与特点,又要尊重管理过程本身的属性与特点,它包括管理的科学决策程序、计划的制定方法、合理的组织原则、有效的指挥艺术和严密的调控机制等,它表现了管理的科学性。管理的规律性立足于管理的客体及其属性,力求客观地揭示管理过程的规律,因而它往往受客观现实与过程的制约。

另一方面,政府管理活动也是政府机构实现自身价值的过程,或者说是政府价值的自我求证过程。因为,政府有它自身存在的价值基础,也就是说,人们相信政府的存在对于社会是有用的、必要的。如果政府在社会公共管理的过程中,不能满足社会与公民的价值需求,或者说不能根据社会与公民对政府的需求来确定自身的价值选择,那么,即使它是合法的政

---

① 《马克思恩格斯全集》第 23 卷,人民出版社 1972 年版,第 368—369 页。
② 戴木才:《管理的伦理法则》,江西人民出版社 2001 年版,第 98 页。

府,也同样会面临生存危机。因此,政府要维持并保持自身的价值,就必须在行政管理过程中通过自身行为的调整,来证明自身的存在对于社会与公民的必要性与合理性,也就是说,政府必须通过自身的行为来进行价值求证。① 那么,政府进行价值求证的依据是什么呢? 笔者认为,社会公众作为行政价值主体对政府这一价值客体的要求就是政府价值求证的依据。而政府价值求证的过程就是政府及其行政人员在管理过程中对这一要求与目的的理解与认同,并把它付之于行动。因此,管理的价值性具有浓厚的主体性特征,它一方面着眼于行政价值主体即社会与公民的需要,另一方面也兼顾行政管理主体即政府与官员对这一需要与目的的理解与认同。

因此,政府管理活动是合规律性与合价值性的统一。然而,应该强调的是:政府管理是根据公共行政的价值导向来选择规律的类型以及运用规律的方式,而不是相反。因为,对规律的运用只是手段,对价值的追求才是目的,手段为目的服务并受目的规定。因此,在政府管理中行政价值具有根据性,也就是说,政府管理过程必须用合价值性来统摄合规律性。也只有这样,合价值性与合规律性才能形成平衡,而且,合价值性与合规律性之间可以构成一种必要的张力结构。

学者肖滨在解读洛克的政府理论的逻辑结构时,提出了一个很有价值的概念,即"公民政府",他说"公民政府既避免了无政府与利维坦的双重危险,同时又提供了一个公民权利得到保障、政府权力受到限制的公共权威架构。"② 笔者认为,这一概念实际上表达了公民与政府之间,在契约与责任、权力与权利、管理与价值以及其他许多方面,必须维持一种张力关系的深刻理念。

---

① 顾平安:《政府价值的自我求证》,《国家行政学院学报》2001 年第 1 期。
② 肖滨:《公民政府:拒斥无政府与利维坦——洛克政府理论的逻辑结构分析》,《开放时代》2003 年第 6 期。

第七章　政府与学府的伦理关系：
博弈、伙伴与责任指向

　　对于政府与学府的伦理关系，笔者的研究思路是：首先，从历史发展的角度，纵向探究两者关系的展开，以把握政府与学府由"分立"到"缝合"的基本轨迹；其次，运用新的理论框架，指出政府与学府由"博弈"走向"伙伴"的基本态势；最后，在现代网络状的社会治理背景下，探讨政府与学府治理责任的实际指向。

第一节　政府与学府关系的历史展开

1. 政府与学府的"分立"——大学自治与办学自主权的"抗争"

　　"高校办学自主权"是我国高等教育界所使用的术语，它基本上对应于西方的"大学自治"理念，"高校办学自主权"与"大学自治"是学府对于自身与政府之间关系的一种信念，它集中地反映了学府作为一个组织与其外部因素（主要指政府）之间的复杂关系。"大学自治"是西方大学一种古老的信念，它是指学府应当独立与自主地决定自己的目标与重点，并将其付诸实施，而不受政府、教会或其他任何法人机构的干预。14 世纪末以前，大学是一个拥有特权、高度自治的行会组织，它很少受包括政府组织在内的外界因素的干扰。尽管,当代西方政府与学府的关系已发生很大的变化,政府不断加大对学府的介入与干预,但是,"大学自治"仍然具有很大的空间。

在我国,政府与学府关系的历史延革是比较复杂的,我们可以大致勾画出四个时期。(1)从清政府创办"京师大学堂"到辛亥革命,政府对大学实行严格控制的措施。(2)辛亥革命到1949年建国,政府与大学的关系有所变化,大学相对比较独立。其原因有二,一是内忧外患造成政府处于弱势;二是受西方影响,学术自由盛行。(3)新中国成立到1978年十一届三中全会,高等学校成为行政部门的附庸。(4)1978年到今,在三次"全国教育工作会议"(分别于1985年5月、1994年6月、1999年6月在北京召开)的推动下,扩大高等学校的办学自主权获得了重视与落实。历史地看,我国的学府从其诞生的那一天起,常常是处于政府的严格管制下,"学术自治"与"学术自主权"是非常有限的,学术的理性逻辑总是被牢牢钳制在政治的非理性的冲动中。因此,"大学自治"与"高校办学自主权"始终是学者们沉重的"呐喊"。时任西南联大教授的贺麟先生在其《学术与政治》一文中说:"学术在本质上必然是独立自由的,不能独立自由的学术,根本上不能算是学术……假如一种学术,只是政治的工具,文明的粉饰,或者为经济所左右,完全为被动的产物,那么这一种学术就不是真正的学术。"①

本质上,"大学自治"的呐喊追求的是:政府与学府的"分立"状态。对于这种"分立",我们既可以寻求到很古老的理论证明——"学术自由",也可以寻求到很现代的理论支持——"第三部门"。

首先,"学术自由"的精神源于古希腊"知识即是目的"的理性追求,也源于欧洲近代追究高深学问的大学精神。因为,一方面,由于高深知识具有专门化的性质,很久以来就由若干专业组成,且具有专业日益增多的趋势。另一方面,高深知识的自主性程度越来越高,专业与专业之间、专

① 参见谢泳:《逝去的年代》,文化艺术出版社1999年版。

业与普通知识之间的距离正在不断扩大,越来越多的知识领域表现出内在的深奥性与固有的自主性。因此,大学与教授需要享有独立思考与创造的自由。学术自由的精神作为大学探索真理的原则首先被德国大学接受,以后逐渐形成经典大学的基本理念并得到普遍认同。在美国,学术自由甚至成为法院判例所承认的权利。为了进一步保障高等学校的自治权,美国很多州在州宪法或议会立法中明文赋予高等学校自治的地位,从而使高等学校的学术自由得以切实保障,政府则必须遵守宪法与法律的规定,尊重大学的学术自由,否则将受到法院的审查。总之,学术自由或大学自治的精神使得高等学校能够自由地对教育的事务做出自己的决定,当政府侵犯其学术自由权时,学府能以学术自由或大学自治为由进行对抗。

其次,对高等学府的社会归属进行重新定位的"第三部门理论",构成政府与学府"分立"的现代理论诠释。所谓第三部门是指独立于政府与市场的中间部门,即那些非营利的、公益性的、志愿性的、独立自主的社会组织。第三部门理论打破了"政治—经济"的二元理论框架,建构起"政府—市场—社会"的三元理论框架。在这一理论引发下,无论是亨利·埃兹科维茨在《大学与全球知识经济》中构建的学界—产业—政府三者关系的"螺旋模型",还是麦克尔·波特在《国家的竞争优势》中构建的学府—企业—政府三者关系的"钻石模型",都赋予了学府以社会归属的独立性定位。同时,在我国的社会主义市场经济体系下,国内学者也在研究政府与学府"分立"的合理性,并借助于第三部门理论对高等学校进行重新定位。有学者提出:"所有的高等学校都是第三部门性质的",即(1)高等学校必须定位于非营利组织,不是政府组织、企业或事业组织;(2)高等学校应与政府、企业等社会组织有着平等的社会地位,大学应以独立姿态与政府、企业间建立并健全合作伙伴关系;(3)教育中介组织应在高等教育的发展中扮演重要角色。[①]

---

① 王建华:《高等学校属于第三部门》,《教育研究》2003 年第 10 期。

2. 政治与学术的"较量"——学术权威的生成与政治权威的干预

近代以来，高等学校早已不是中世纪象牙塔式的"精神生活中心"，它通过人才培养、科学研究等知识输出的方式而成为整个社会的基石与轴心。一方面，科学与技术是工业社会最需要和最倚重的两样东西。因为，生产过程成了科学的应用，而科学反过来成了生产过程的因素。每一项发现成了新的发明或生产方法或新的改进的基础。工业社会对科技的需要就意味着对科技知识分子的依赖。另一方面，人文与社会科学由于其内含着的社会批判精神、合理的解释框架与人文精神的诉求等，而成为工业社会不可或缺的智力资源。因此，有人在比较了古代与现代人文学者的社会影响时说："古代及中世纪最伟大的诗人，对于他们同时代的影响广大和有力，恐怕还比不上现代一个平凡的作家罢了。"①总之，高等学校对于社会的促进作用比之历史上任何时期都更重要、更直接、更有力。于是，政府将学府作为提高综合国力的基地，社会经济组织将学府作为提供优质人力资源的机构，学生与家长也对学府寄予了更多的期望。

就权力与知识的关系，美国的学者约瑟夫·劳斯在其著作中，向我们表达了"走向对权力与知识的另一种理解"，他认为，科学知识所产生的效果和预测的可靠性日益提高，这些都体现了科学知识的特征，因此，仅仅把技术控制看成是理论知识结果的传统观念已不合时宜，"技术控制，即介入和操纵自然事件的权力，并非是对先前知识的应用，而是当下的科学知识主要采取的形式。"②他同时转引了拉图尔的观点"在现代社会，大多数新兴权力来自科学（不论是何种科学），而非来自于经典的政治过

---

① 格罗塞：《艺术的起源》，蔡慕晖译，商务印书馆 1994 年版，第 205 页。

② 约瑟夫·劳斯：《知识与权力——走向科学的政治哲学》，北京大学出版社 2004 年版，第 17—19 页。

程。"①一方面,源于西方中世纪"教授治学"的传统就是以学术权力为基础的。西方大学自治的精神保证了学术的发展与繁荣,而学术成果带来了一种特殊的权力品性——一种可以获取对方服从的事实上的资格,它正是凭借着理性与逻辑的力量而获取了对方自发性的服从。在学术问题上,行政强制不能代替学术原则与学术判断,即使是司法权力也要在它面前保持克制。另一方面,伴随着社会复杂化程度的加深,"知识即权利"越来越盛行,它的意思是:在任何领域中,决定权应该是有知识的人,知识最多的人拥有最大的发言权。由于高等学校的教学、科研都有各自的学科领域与知识门类,教授们驾驭着特定的知识群,占用了某一知识的工作领域,并形成了这一领域的学术权威。因此,事关这一领域与专业方面的问题应该由他们作出判断与抉择是顺理成章的。

知识经济时代的到来,学府在社会经济生活中的作用就更为突出。丹尼尔·贝尔在其所著的《后工业社会的来临》一书中,就揭示了知识经济时代大学所带来的"某些新的方面",即理论知识的系统加工处理是现代社会的轴心原则、知识阶级将是处于主导地位的社会集团、扩大高等教育机会将成为促使社会进步的关键因素、大学与研究机构作为知识生产部门将成为现代社会的轴心。② 在美国,有人指出:"大学现在不仅是美国教育的中心,而且是美国生活的中心。它仅次于政府成为社会的主要服务者和社会变革的主要工具。"③

以上这些事实表明:伴随着工业社会的到来,在社会经济生活与社会治理活动中,一种仅次于"政治权威"的新型权威——"学术权威"业已生成,高等学府已从社会的边缘走向了中心,它已经成为仅次于政府权力的另外一种权力形式,从而影响与改变着社会的经济生活与治理结构。学术权威的生成,既是高等学校在知识输出过程中理性力量内在逻辑的体

---

① 约瑟夫·劳斯:《知识与权力——走向科学的政治哲学》,北京大学出版社 2004 年版,第241 页。

② 王承绪:《高等教育新论——多学科的研究》,浙江教育出版社 1988 年版,第41 页。

③ 约翰·S·布鲁贝克:《高等教育哲学》,浙江教育出版社 2001 年版,第21 页。

现,也是在社会复杂化背景下社会治理科学化的客观要求。

学术权威的生成,引起了政治权威的高度警觉与关注。大学对于社会作用的日益增强,使政府关注大学、干预大学成为一种必然趋势。正如教育专家约翰·S·布鲁贝克所言:"高等教育越卷入社会的事务,就越有必要用政治观点来看待它,就像战争的意义太重大,不能完全交给将军们决定一样,高等教育也相当重要,不能完全留给教授们决定。"①教育学家伯顿·克拉克也如是说:"高等教育作为国家头等重要的事业,其活动原则必须符合需要和广泛的社会标准。"②从历史上看,西方政府与大学关系演变的基本趋势是由大学高度自治走向政府控制。一方面,现代政府的形成及其职能的完善,使政府控制大学成为可能。19世纪中叶开始到20世纪初,西方国家政府的社会管理职能迅速扩张,政府社会管理的专业化程度日益加强,政府组织运用公共权力管理公共事务广泛渗透于政治、经济、文化等各个层面,同时,政府通过立法、拨款、规划、评估等多种手段加强对高等学校的干预与控制,并有效地引导着高等教育的发展。另一方面,现代高等教育的发展也越来越离不开政府的支持。今天,高等学校规模之庞大、结构之复杂、形式之多样,远非中世纪大学可以比拟,高等教育已成为社会大系统中的一个有机的组成部分,它对于社会母系统的依赖也越来越直接与明显。正是由于这种依赖性的增加,政府也自然而然地成为高等学校与社会之间关系的协调者与保护人。③

3. 权力与理性的"缝合"——政府控制与学术自由之微妙关系

政府与学府的"分立"与"较量",导致了"大学自由"与"政府控制"间的一种微妙关系的出现,这种微妙关系又导致了一种奇特的二律背反,

---

① 约翰·S·布鲁贝克:《高等教育哲学》,浙江教育出版社2001年版,第32页。
② 伯顿·克拉克:《学术权力——七国高等教育管理体制比较》,浙江教育出版社2001年版,第12页。
③ 蔡国春:《高等学校办学自主权:历史与比较》,《现代教育科学》2003年第1期。

即当政府对大学的各种控制力量薄弱时,大学的知识自由之花开得绚丽多姿;而当大学依赖于政府的支持,这时,各种控制大学的力量就显得很强大,大学在物质上就显得繁荣昌盛。"因此,便出现了奇怪的现象:当大学最自由时它最缺乏资源,当它拥有最多资源时它则最不自由。……大学的规模发展到最大时,正是社会越来越依靠政府全面控制之日。"①笔者认为,政府与学府关系的二律背反,在长期的多重博弈中走向了一种新的态势,即不论是从宏观的国家管理,还是从微观的社区自治来看,权力与理性之间已形成了一种高度"缝合"状态。因为,当代社会发展日益显示出这样一个基本事实:政府与学府、政治与学术之间相互依赖的程度越来越高。

第一,"理性的政治追寻"与"政治的科学化"之双向互动是这种"缝合"的原动力。

一方面,"理性的政治追寻"不论在东方还是西方传统中,都有着深厚的文化根源。因为,从历史的发展进程看,"知识分子"在其自身阶层形成的过程中,始终伴随着关于自身使命和存在意义的讨论,这一现象充分表明知识阶层与其他社会阶层的重大区别。在东方的历史实践中,"理性的政治追寻"常常具体化为"士以天下为己任"的政治抱负。《论语·泰伯》中所记载的孔子与其弟子的对话对我国"士人"的社会使命就定下了一个基调。"士不可以不弘毅,任重而道远。仁以为己任,不亦重乎?死而后已,不亦远乎?"在儒家的文化传统中,"入仕参政"一直就是"士人"的人生理想之一。这一传统形成了东方文化中独特的"政治理性"精神。同样在西方,不论是柏拉图所主张的"哲学王",即一个国家的最高统治者应该是哲学家;还是毕达哥拉斯所拥护的"贤人政治"与赫拉克里特所赞成的"贤人治国论"等,都深刻地表达了:知识理性追寻政治权力,以及知识阶层试图通过政治权力的手段来实现其社会理想的冲动与

① 伯顿·克拉克:《高等教育新论——多学科的研究》,徐辉等编译,浙江教育出版社1988年版,第24页。

情怀。

另一方面,"政治的科学化"作为一项运动,是近代以来知识向政治渗透以及政治权力寻求知识援助的一个实实在在的过程。正如哈贝马斯所言:"政治的科学化今天还没有成为事实,但无论如何是一种发展趋势。我们可以列举种种事实来证明这一点:首先,国家委托的研究项目的范围和国家机关中科学磋商的规模(的扩大)标志着(政治科学化正在)发展。"①第二次世界大战以来,现代国家进入了马克斯·韦伯所理解的"合理化"的新阶段。马克斯·韦伯在把专家与政治家的职能严格区分的同时,也把专业知识与政治实践密切地联系了起来,他认为,只有专家的专业知识与政治家的权力意志进行完美的分工,才能实现政治的科学化。因此,"专家依附于政治家的关系看来倒过来了——政治家成了有科学知识的人(所作的决断)的执行人;……国家似乎不再是用暴力来实施原则上无法论证的、仅仅代表决断者的利益的机器,而是成为一般说来是合理的行政管理机构。"②

第二,形形色色的社会中介组织与机构,是政府与学府"无缝衔接"的"缝合带"。

大学有其自身发展的学术逻辑与大学自治的要求,同时,政府通过大量社会法规法令的制订,提高了对大学的控制能力,这是一对矛盾。在现实中,世界上许多国家在解决这一矛盾中,走上一条政府与学府相互妥协的模式,即一方面,大学为了争取更多的社会资源,正从传统的"自治"走向自觉接受政府适度干预的转变;另一方面,政府对大学的控制与干预更多体现在宏观的政策导向上,而不是细节管理上。现实中,在"学术自治"与"政府控制"这一悖论的解决方式上,不是人为地划出一条显著的分界线,而是寻求一个"缓冲区域"与"缝合带"——社会中介组织与机

---

① 哈贝马斯:《作为"意识形态"的技术与科学》,李黎、郭官义译,学林出版社1999年版,第97页。
② 哈贝马斯:《作为"意识形态"的技术与科学》,李黎、郭官义译,学林出版社1999年版,第99页。

构。这些社会中介组织有效地实现了政府与学府的"无缝衔接",达到政府与学府的高度弥合状态。

在政府与学府之间成立专门的"中介"组织作为缓冲带,已是许多国家政府与学府相互协调的基本模式与手段。比如:英国于1919年成立大学拨款委员会,其委员会的成员几乎全部是来自大学的学者,是半自治性质的独立机构,隶属于英国教育科学部,这个制度代表了英国政府与学府的关系。在日本,政府与学府的中介机构很多,例如:中央教育审议会、临时教育审议会、大学教育审议会等。这种审议会属于官办机构,但是由于它吸收大学学者参加,因此对于倾听大学呼声、协调政府与学府关系、教育决策的科学化民主化有积极作用。类似日本的中介机构,在法国、德国与美国都有。政府与学府的另一个有特色的中介机构是美国的"基准协会",它是大学间的联合体,属于民间的、自治组织,它的主要作用是:减少政府与学府的磨擦、加强政府与学府的联系、保持大学自治与自律。教育专家伯顿·克拉克认为,这一缝合带成为政府与学府的"缓冲机构",它"'了解高等院校'、'同情它们的需要',并为它们向政府讲话。"克拉克把这种模式称为"学术协调模式"即吸收学者参政,"允许学者向政府提建议,并共同对有关院校和学科命运问题作出决策。"①

第二节　政府与学府关系的现代营造

1."权威博弈"——政治与学术权威的博弈关系

博弈论是研究理性的决策主体之间发生冲突时的决策问题及均衡问题,也就是研究理性的决策者之间冲突及合作的理论。博弈论试图把这

---

① 伯顿·克拉克:《高等教育新论——多学科的研究》,徐辉等编译,浙江教育出版社1988年版,第70—71页。

些错综复杂的关系理性化、抽象化，以便更精确地刻画事物变化发展的逻辑。依据博弈论的理论框架，我们可以看出：政府与学府由"分立"到"较量"再到"缝合"的演变过程，本质上是两种社会权威的博弈过程。下文试图通过对西方政府与学府的博弈过程及其规律的分析，来解读我国政府与学府的博弈关系及其发展趋向。

第一，西方政府与学府的博弈过程及其"权威均衡"。

动态地看，在欧洲中世纪，大学由于其高度的自治性、封闭性与对社会影响的微弱性；政府由于其社会职能的狭隘性、管理能力的有限性，政府与学府的活动范围与利益边界还没有充分叠合与交叉，因此，政府与学府这两个主体间的博弈关系还没有真正形成。到了近代社会，由于知识对社会影响程度的增加、大学学术权威的生成，同时，伴随着政府职能的扩张与政府能力的强化，政府与学府的活动边界开始重合，其利益也开始发生冲突，由此，政府与学府这两种社会权威的博弈关系生成了。笔者认为，在这种博弈关系中，由于博弈双方都是社会权威，即形成"权威博弈"，因此，这种博弈不仅对政府与学府这两个博弈参与者的行为选择策略有重大影响，而且这种博弈对整个社会治理的影响也是巨大的。

依据博弈论的理论，博弈过程涉及"策略空间"，即博弈主体作为"理性的参与人"面临着在多个策略中进行选择的可能。在政府与学府的博弈关系中，学府策略选择的空间有以下三种情况：（1）学术自治拒绝政府干预；（2）适度学术自由与适度政府干预；（3）政府干预压制学术自由。博弈主体在不同的策略选择下会得到一定的支付，显然，在第一种策略选择中，大学是最自由的，但却是最缺乏资源的；在第三种策略选择中，大学是最有资源的，但却是最不自由的。这两种策略都是极端的，在此策略下，大学得到的支付是不足的，特别是在近代社会的背景下，学术自由与物质资源都是大学所不能随意放弃的重要因子。因此，大学作为理性的博弈参与人，在其策略空间中就必然选择第二种策略，这就是西方学府在与政府博弈过程中的策略选择。

作为一种回应，政府在博弈策略的选择上，也是避开了极端性的策略空间,采取了它认为是可以获得最大支付的博弈策略,即在保持大学学术自由的同时对大学进行宏观指导与干预,这样,政府既能有效地控制大学的发展方向,又能保持大学自由的学术气氛,同时又能获取它所需要的知识资源、学术资源与专家资源。因此,政府与学府在长期的博弈过程中,就形成了一种均衡的态势,达到了"纳什均衡"即"每个博弈参与人都确信,在给定其他参与人战略决定的情况下,他选择了最优战略以回应对手的策略。"①此时,政府与学府都认为,在对方的策略下自己现有的策略是最好的策略。在纳什均衡点上,每一个理性的参与者都不会有单独改变策略的冲动,因此,均衡就出现了,这就是西方社会政治权威与学术权威的平衡态势。

第二,我国政府与学府的博弈关系及其"权威失灵"。

严格地说,改革开放前,我国政府与学府的关系还不能说是博弈关系,因为那时的学府是严重不自立的。真正的博弈是始于十一届三中全会以后,即高等学校关于"办学自主权"的"抗争"拉开了双方博弈的序幕。政府与学府的这场博弈,是中国政治系统与社会系统博弈的缩影,即"博弈的载体是各种行政事务——编制、税费等,其中心在于取得权力——政治支配社会的权力或社会自治的权力。"②在这种博弈关系中,政府代表政治系统,而学府代表社会系统。政治权力的强大与社会自治权力的不足,使得政府与学府的博弈一开始就在不对等的情况下展开的,在博弈中,学府总是处在弱者地位。与西方不同,我国政府与学府的博弈是在学术权威严重不足的情况下展开的,因此导致了我国政府与学府在博弈中的"双重权威失灵"现象。

在我国政府与学府的博弈中,政府权力太大,有时,政府权力对高等学校相关事务的干预与调节,不仅没有克服教育市场和教育内部管理的缺陷,甚至还阻碍和限制了市场功能和高校职能的正常发挥,即"政府权

---

① 厉以宁:《西方经济学》,高等教育出版社 2000 年版,第 166 页。
② 王向民:《乡镇和村——政治系统和社会系统的博弈空间》,《理论与改革》2002 年第 2 期。

威失灵",它"一方面表现为政府的无效干预,即政府宏观调控的范围和
力度不足或方式选择失当;另一方面,则表现为政府的过度干预,即政府
干预的范围与力度超过了弥补市场失灵和维持市场机制正常运行的合理
需要,或干预的方向不对路,形式选择失当。"①对此,学府在与政府的博
弈中,其博弈策略选择表现在两方面:一是以"办学自主权"为由与政府
进行权力博弈,以争取更大的权力空间;二是以"市场原则"为由让社会
力量介入博弈过程,以争取更多的物质资源。正是由于高等学校的第二
个博弈策略导致了"大学权威失灵"现象的产生,它具体表现为:一是乱
办班、乱收费、乱发文凭造成大学学历贬值;二是在招生等环节中的教育
腐败导致大学声誉受损;三是学术权力超越边界、学术腐败与学术僵化等
造成社会对学术权威信仰的下降。

　　概言之,我国政府与学府的博弈还没有达到西方社会"两种权威"的
均衡态势,在博弈中,双方都认为自己的策略是占优策略,从而使这一互
相间的策略选择陷入了"囚徒困境",也就是说,政府与学府的博弈选择
都是理性行为,但是博弈双方的策略相对于博弈双方作为一个整体来说
却不是最优的选择,结果,"个人的理性策略导致了集体的非理性结果的
反论,似乎向理性人获得理性结果这一基本信念发起了挑战。"②因此,两
种权威失灵现象,既是两种权威博弈"不充分"的体现,也是博弈双方"策
略选择失当"所导致的;两种权威失灵现象,既是政府与学府在博弈中所
收获的"支付",也是进一步博弈所必须付出的"高昂成本"。这是一个深
刻的教训。

2."伙伴关系"——政府与学府合作关系的现代诠释

　　"伙伴关系"是一个外交概念,同时,这一概念越来越成为社会治理
领域中一个非常重要的语汇,它越来越成为社会组织间一个良好合作关

---

　　①　彭江:《"高等学校公共治理"概念的基础——理论、问题及规范的视角》,《高教探索》
2005 年第 1 期。
　　②　V·奥斯特罗姆:《制度分析与发展的反思》,商务印书馆 1992 年版,第 86 页。

系模式的建构框架。正是在这一理念的引导下,在西方国家,从发展趋势看,政府与学府正在逐步形成一种较为稳定的制度化的合作伙伴关系,以共同致力于社会治理与社会经济发展活动。政府与学府的合作伙伴关系,从实质上改变了政府与学府的传统的关系模式——管制与被管制的纵向关系。政府与学府这一新型伙伴关系模式的建构,既具有深刻的社会历史根源,同时又表达出了现代性的内涵。

第一,政府与学府新型伙伴关系建构的历史必然性——社会治理主体的多元化。

政府与学府的新型伙伴关系,是在市民社会力量不断壮大、社会治理发生结构性改变的基础上产生的。美国政治学者罗伯特·达尔表达了这一基本趋势,他认为,在传统的农业社会,政治资源呈"累积—集中"式散布,政府能轻而易举地垄断社会中重要的政治资源,因而,政府成为公共事务治理中的主导与核心力量;而在现代工业社会,政治资源呈"弥散—辐射"式散布,这样,非政府组织能够在政治资源的配置中占有一席之地。① 与此相适应,政府公共权力治理边界不得不在适当的范围缩减,而作为社会自治力量代表的非政府组织,也就很自然地在相应的领域进行扩张,基于这一趋势,高等学校以其独特的"学术权威"一跃而成为社会治理领域的"关键加入者"。

上世纪中期,伴随着信息论、控制论、决策论、博弈论、随机论等新兴科学的兴起,以及一系列特殊技术像"智能技术"、"信息技术"的产生,大学为社会服务的功能日益凸现,正如韦尔金斯所言:"大学作为知识的生产商、批发商、零售商,是摆脱不了服务职能的。"②新技术革新不仅带来了高等教育地位的显著提高,而且使大学成为能影响政治决策的"无形帝国"或"隐形政府"。联合国教科文组织"社会转型管理"项目国际理事会主席肯尼斯·威尔特希尔,撰文指出:"鉴于当今世界的决策过程越来越

---

① 罗伯特·达尔:《现代政治分析》,王沪宁等译,上海译文出版社 1987 年版,第 107 页。
② 韦尔金斯:《高等教育哲学》,浙江教育出版社 1987 年版,第 18 页。

复杂,科学应该在帮助制定国家政策方面表现出更大的能动性。科学在社会和治理中的作用具有了前所未有重要性。"①因为,在一个越来越复杂化的世界里,由学术权威与知识权威所提供的建议,是信息完备的政策制定过程中一种越来越必要的因素。因此,学府与研究机构的科学家应该把能提供独立的建设性建议当作一项重要责任。

面对治理过程中所遭遇到的前所未有的挑战,无论是西方,还是东方;无论是发展中国家,还是发达国家,都在积极探讨社会治理结构的合理变迁。对此,多数国家政府都已深刻地认识到:唯有与其他社会治理主体进行合作,塑造政府与非政府组织的现代伙伴关系,才能得到双方甚至是多方之间较为理想的、非零和的治理博弈结果。在这些伙伴关系中,两种权威——政治权威与学术权威的合作伙伴关系尤其突出与重要。肯尼斯·威尔特希尔以自己身兼社会科学与政策两界的特殊身份与职业经验说:"在科学家和政策制定者之间建立起新型的伙伴关系,其必要性不难阐明。这种伙伴关系的目的也非常清楚。手段已经具备,时机正在成熟,洪波正在涌起,社会科学家正躬逢天翻地覆的变化。"②

第二,政府与学府新型伙伴关系建构与诉求的原则与精神——对话、克制与合作。

托克维尔早在一百多年前就曾写道,在那些统治人类的法律中,有一项法律似乎比其他法律更加精确和清晰,"如果人类准备保持文明化或准备变得文明化,那么联合的艺术必须同增进地位平等以相同的比率增长和改进。"③在社会治理中,政府有选择地退却,学府有选择地进入,二者只有相互信任、相互支持、相互依赖,开展多种契约性、制度性的联合,建立良性、友好的伙伴关系才能实现对现代社会的有效治理,也才能切实地

---

① 肯尼斯·威尔特希尔:《科学家与政策制定者的新型伙伴关系》,《国际社会科学杂志(中文版)》2002 年第 4 期。

② 肯尼斯·威尔特希尔:《科学家与政策制定者的新型伙伴关系》,《国际社会科学杂志(中文版)》2002 年第 4 期。

③ 参见王华:《治理中的伙伴关系:政府与非政府组织间的合作》,《云南社会科学》2003 年第 3 期。

推进人类的文明进程。政府与学府建立合作伙伴关系的目的是:在政府与学府间形成与发展出一套具"自律性"的自主调节体系,通过对话,在相互克制与合作的原则与精神下,来解决两种权威的冲突与矛盾。

一方面,政府与学府应建立多层次的对话机制,具体有:(1)通过建立"中介组织"这一实体的方式,以实现两者对话的日常化与专门化,从西方经验来看,更多地是在政府与学府间通过建立"缓冲型"的组织或机构,以代表大学向政府表达意愿。(2)建立联合研究机构或联合实验室,以密切两者的合作关系。在美国,联邦政府与大学建立联合研究机构是两者伙伴关系的最好体现。(3)以临时性的"项目合作"来加强沟通。(4)通过提供"共同空间"比如开辟论坛、聊天室、集会场所等鲜活的方式,让研究者与政策制定者能够坐下来,进行面对面的对话与交流。比如,南京大学每年举办的"江苏发展高层论坛"就为高级政府官员与省内学术权威提供了一个对话的场合,并形成了一种日常化的机制。

另一方面,政府与学府在对话与谈判等博弈行为中,要遵从克制与合作精神。基于博弈论的分析,政府与学府在社会治理活动中的博弈方式可以划分为两类:合作与不合作。合作即博弈双方通过对话、谈判达成协议,然后一致行动;不合作即博弈双方不能达成协议或达成协议后背叛协议,无法一致行动。(1)假设政府与学府的博弈只进行一次,那么,双方所采取的主要策略是不合作(背叛)。因为,任何一方在做出自己的策略选择时,都不知道对方将会选择什么样的策略,但每一方会对另一方将选择的策略做出预期,而且,每一方都认为自己的策略是最优策略,而纳什均衡就是关于双方策略选择的一对预期。这一均衡是建立在"单方"利益最大化的基础上的,而没有考虑到博弈双方的共同利益,博弈双方陷入了"囚徒困境",即当每一方都按照自身利益行动时,其结果可能对双方都是灾难性的。(2)实际上,政府与学府的博弈不可能是一次性的,而是重复的。当双方的博弈无限地重复下去时,"囚徒困境"的结果会迫使双方在博弈策略选择时有所克制,并以一种合作的态度参与博弈,以实现双方利益的最大化,这时,纳什均衡与帕累托最优就可能统一起来,即形成

"利益双赢"局面。

第三节 政府与学府"共治"的责任指向

关于"治理",全球治理委员会在其 1995 年发表的题为《我们的全球伙伴关系》的研究报告中,对其作出如下界定:治理是各种公共的或私人的机构管理其共同事务的诸多方式的总和。它是使相互冲突的或不同的利益得以调和并且采取联合行动的持续过程。它既包括有权迫使人们服从的正式制度和规则,也包括各种人们同意或以为符合其利益的非正式的制度安排。① 全球治理委员会对"治理"概念的阐述所要传达的核心观念是:合作与共治,它表达了在社会治理中非政府力量与非制度因素的重要作用,也就是说,传统的线状的政府管理正在被网络状的公共治理范式所代替。

然而,不管社会治理结构如何变化,可以肯定的是:政府以其唯一的政治权威始终会处于社会治理的中心地位。同时,一个值得我们关注的现象是,"现代国家的兴起、现代国家的治理以及沟通能力的发达,一个重要方面,便是科学与治理的互动。"②科学知识被广泛地应用于规范社会以及其他公私政策制订的过程中,因为治理主要是一种规范活动与体制,在这种情况下,提供以专业知识为形式的科学,便占据了十分突出的位置。鉴此,麦因茨将"知识问题"列为四大治理问题之一(其他三个是实施、动机、可治理性)③丹尼尔·贝尔声称大学将成为真正意义上的"人类社会的动力站"和"现代社会的轴心机构"等都是恰当的。由于现代政治对学术的依赖,以及科学的重要性在现代社会的加强,学府已成为社会治理结构中的"次中心"。笔者认为,处于"中心"位置的政府与处于"次

---

① 俞可平:《治理与善治》,社会科学文献出版社 2000 年版,第 46 页。
② 俞可平:《治理与善治》,社会科学文献出版社 2000 年版,第 127 页。
③ 俞可平:《治理与善治》,社会科学文献出版社 2000 年版,第 134 页。

中心"位置的学府,在多重博弈后,并通过两者合作关系的营造,实际上已成为非常重要的一对伙伴性的社会治理主体,因此,"政府—学府联合体"已成为现代社会治理结构中的"轴心"。政府与学府在社会治理结构中作为"轴心"的重要性,使我们有必要从理论上探讨两者在社会治理中的道德责任及其伦理指向。

1. 就政府责任而言,有两点需要阐述

第一,网络化公共治理这一趋势,造成了治理主体的多元化,即在整个社会治理体系中,按照国家与社会权力的分离、政府与市场边界的划分、公域与私域界限的调整,不同治理主体对应着不同的治理对象或客体,行使着不同的权力。在多元治理主体为特征的公共治理范式中,"有限政府"是对政府权力与责任作用范围的恰当定位,政府不再是无所不包、无所不能的"全能政府"。"有限政府"的理念表明:政府只管"它该管的事情",而不管"它不该管的事情"。从管理学角度看,政府的"有限性"才能实现政府管理的高效性。世界银行在 1998—1999 年的世界发展报告中指出:"政府应该把重点放在履行那些私营部门无力承担或承担不好的责任上。""政府应该把有限的资源,集中投放在市场最不可能充分解决问题的领域,以及政府行动有可能产生最大效果的领域。"①而从伦理学的角度看,政府的有效性是政府德性的基础,因为在社会资源配置中总是低效的、甚至是无效的政府,很难说它是善的政府。古德诺早就说过:"政府机构的使命……是要提倡一个尽可能有效率的行政组织。这一切都是为了有效地提供公共服务。"②追求高效是政府行政的内在要求,效率化是政府德性的重要标志之一。因此,在现代社会治理中,政府担当好社会治理的"有限责任",既是政府有效性的前提,也是政府德性的基础定位。

---

① 世界银行:《1998/99 年世界发展报告:知识与发展》,蔡秋生译,中国财政经济出版社1999 年版,第 2、144 页。
② 古德诺:《政治与行政》,华夏出版社 1987 年版,第 47—48 页。

第二,在网络状公共治理中,有两种基本的治理模式,一是多层治理,即不同层次上的治理主体之间的网络关系;二是伙伴关系治理,即同一层次上的不同类型的治理主体之间的网络关系。而从整个社会治理过程来看,多层治理与伙伴关系治理两个模式的结合恰恰构成社会治理的网络状。在这一治理网络中,政府是中心,它必须承担领导责任,它不仅仅是网络的一个节点,它还是把众多治理主体结合起来的联结者。它的责任与任务是确定目标与政策,并成为回应社会的战略制定者,在政策与目标面前动员各方参与、协商与合作,以便共同获益。与传统的政府官僚制管理不同的是,在网络状治理中,政府成为各方的通道,通过它各方直接建立联系,因此,为社会构建治理网络是政府的基本职责之一。

2. 就学府而言,也需要强调两点

第一,学府要意识到社会治理的责任。在现代社会中,高等学校中的学术权威常常以"专家建议"的方式,参与到社会重大事件的决策与治理中,尤其是当政府管理无力对一些复杂的社会问题作出决断时,"专家建议"常常取代政治标准而成为决策的基础。比如:法国 1995 年在太平洋恢复核试验便以"专家一致同意"作为权威的理由,又如在疯牛病事件中,"专家尚未作出回答"也成了欧盟不做决定或推迟决定的最终理由。我们也常常见到,在一些争论激烈的公共政策领域,人们总是借助于科学与专门知识来为自己强词夺理。在这些现象中,我们能深切地体会到学术权威是仅次于政治权威的一种力量,因此,非常危险的是:专家们只运用学术权威而不担负任何责任。思想家西塞罗说:"因为任何 种生活,无论是公共的还是私人的,事业的还是家庭的,所作所为只关系到个人的还是牵涉他人的,都不可能没有道德责任;因为生活中一切有德之事均由履行这种责任而出,而一切无德之事皆因忽视这种责任所致。"①因此,学府以及专家担当起学术责任,从积极的意义看,它体现了权力与责任对

---

① 西塞罗:《论老年论友谊论责任》,商务印书馆 1998 年版,第 91 页。

等、权利与义务一致的法治原则;而从消极的意义看,责任也是对权力与权威的一种控制方式。正如西方学者在谈论道德责任时说:"我们一直在寻求对道德责任提供一种全面的描述,根据这种描述,责任是和控制相联系的。"①对于学术责任意识淡薄一事,有人说:"大学遭受批评的根源在于大学内部不能认真承担责任。社会慷慨地赋予大学以学术自由,而我们却没有注意到事物的另一面。……如果我们能澄清对责任的认识,并获得公众对它的接受,我们就已经履行了对养育我们的社会的一项重要义务。这项义务构成学术责任的最高制度形式。"②

第二,学术要承担起相应的责任,就要保持其独立性而不能成为工具。"在治理之下,科学成为工具的危险产生于非中央化的、分散而又十分强大、不容易把握监督的政策搭伙人以及市场力量。"③一方面,现代社会对知识的需求常常使科学知识成为一种"帮忙科学",即在政策制定中,各种利益集团为了战胜对手或为了化解难题常常要"雇佣"专家或学术权威来帮忙以驳倒对方或说服公众。在这种情况下,应当把"科学知识"与"专家建议"区别开来。因为,前者是遵循着严格的科学程序来说明因果,它当然未必恰好符合此方或彼方的愿望;而后者依据的则是为专业知识付款的机构的愿望与目的。因此,如今,专业的科学知识所享有的高度信誉已大不如前,公众则认识到科学知识根本不是以"科学即真"来启迪与指导决策的,而是与政策制定者事先有着说不清楚的利益关系。另一方面,在一个市场充斥了生活方方面面的世界里,科学与研究的动力正在发生着变化,由于市场向知识的扩张,科学而不仅仅是技术越来越可以买卖。法国学者阿里·卡赞西吉尔说:"有足够的证据说明'大学研究人员对经济刺激的响应太过于积极,因而即不利于科学,也不利于长期的经济利益'。以大学为基地的科学家越来越将其知识'私有化了',他们

---

① 约翰·马丁·费舍、马克·拉维扎:《责任与控制——一种道德责任理论》,杨绍刚译,华夏出版社2002年版,第198页。

② 唐纳德·肯尼迪:《学术责任》,阎凤桥等译,新华出版社2002年版,第26页。

③ 俞可平:《治理与善治》,社会科学文献出版社2000年版,第139页。

拿科学上的名声和收获去换取商业上的产权以及相伴的金钱回报。"①但问题是高等学校应该主要把知识作为一种公共的善而不是作为可资交易的商品来生产,当科学知识纯粹成为一种附庸工具时,学术权威就可能失灵,这是值得警醒的。

因此,本章认为:(1)在现代社会的治理体系中,有两种权威始终发挥着不同的作用,它们分别是政治权威与学术权威。(2)政府组织通过合法占有政治权力而行使其权威意志,因此,它始终处于社会治理体系的中心;而高等学校通过其知识权力的营造,也积极参与到社会治理的各种活动中。在现代社会治理中,学府越来越扮演着重要的角色,实际上它已成为社会治理体系的"次中心"。(3)在社会治理活动中,"中心"与"次中心"的关系是微妙而复杂的,两者的博弈也是时时刻刻存在的。(4)在多重博弈后,通过两者伙伴关系的营造,"政府—学府联合体"从而成为社会治理体系的"核心",因此,两者应该承载着更多的社会治理责任。

① 俞可平:《治理与善治》,社会科学文献出版社 2000 年版,第 140—141 页。

第八章 政府间伦理关系:合作博弈与府际治理

第一节 "政府间关系"理论研究述评

1. 国外政府间关系研究:一种支援性的学术背景

20 世纪 80 年代以来,政府间关系问题的研究才开始进入中国学者的视界内。笔者认为,由于政治学与行政学发展的滞后性,我国学者对政府间关系的研究受到西方理论的强力支持,因此,西方关于政府间关系的理论框架成为我国学者理论阐述的重要平台与学术背景。

20 世纪 60 年代,随着政府管理实践的发展,西方学者逐渐意识到政府间管理问题的重要性,美国学者安德森首次提出"政府间关系"这一概念,不过,他是从政府公职人员之间的人际关系和人的行为的角度来看待政府间关系的。[①] 20 世纪 80 年代之前,西方对政府间关系的研究主要关注的是中央与地方关系。对此,沈立人在《地方政府的经济职能与经济行为》一书中列举了西方学者的一系列研究成果。它们包括:英国中央政策

---

① 参见张紧跟:《当代中国地方政府间横向关系协调研究》,中国社会科学出版社 2006 年版,第 14 页。

检查组《中央政府与地方政府的关系》,琼恩《中央与地方政府关系研究的新方法》,罗兹《英国中央与地方的关系研究:一种分析模式》和《中央政府与地方政府关系中的控制与权力》,埃利奥特《中央与地方关系中的法律作用》,佩奇《中央政府对地方政府施加影响的手段》,桑德斯《为什么要研究中央与地方的关系》,里甘《英国中央与地方关系:实力——依赖关系论的应用》,艾伦《中央与地方关系》,赖特主编《西欧国家中央与地方关系》,松村歧夫《地方自治》等等。①

　　20世纪80年代以后,西方国家政府间关系的实践出现了许多新情况,这大大拓展了理论研究的视野,政府间关系的研究趋于系统化。对此,陈振明教授在其主编的著作中对这些研究文献进行了列举。比如:《理解政府间关系》,《改革:政府间关系》,《权力下放后的政府间关系:威尔士的国会》,《加拿大联邦主义与政府间关系的新近倾向:给英国的教训》,《政府间关系:战略政策制定中确保信息沟通的合作》,《公共部门改革、政府间关系与澳大利亚联邦主义的未来》,《克林顿的教育政策与90年代的政府间关系》,《政府间关系与加利福尼亚的净化空气政策》,《政府间关系与支持联合的架构:丹佛水政治的联邦主义运作》,《朝向联邦民主的西班牙:政府间关系的审视》,等等。②

　　值得一提的是,西方政府间关系的发展出现了新的态势,对此,西方学者对政府间关系研究也呈现了一种新的动向。正如加拿大著名政治学教授戴维·卡梅伦所言:"现代生活的性质已经使政府间关系变得越来越重要。那种管辖范围应泾渭分明,部门之间须水泼不进的理论在19世纪或许还有些意义,如今显见着过时了。不仅在经典联邦国家,管辖权之间的界限逐渐在模糊,政府间讨论、磋商、交流的需求在增长,就是在国家之内和国家之间,公共生活也表现出这种倾向,可唤作'多方治理'(mul-

---

　　① 参见沈立人:《地方政府的经济职能与行为分析》,上海远东出版社1998年版,第71页。
　　② 参见陈振明:《公共管理学——一种不同于传统行政的研究途径》,中国人民大学出版社2003年版,第146页。

tigovernmance)的政府间活动越来越重要了。"①汪伟全博士认为,这种日渐兴起的"多方治理"的政府间活动,就是"府际管理",而且,他把西方政府间管理的发展概括为三个阶段,即联邦主义、府际关系与府际管理。其中,"府际管理"是关于协调与管理政府间关系的一种新型治理模式,对于中国政府间关系的管理变革具有积极意义。②

2. 国内政府间关系研究:基于现实关系的逻辑展开

国内学者对我国政府间关系的研究,一方面受到了西方学者理论研究的启发,另一方面也深深扎根于我国政府间关系发展的现实基础上,是对我国政府间关系改革与发展的理论回应与理论引导。在概述国内学者相关研究成果中,笔者概括为:"一个核心概念"、"两条基本线路"、"三维理论视角"与"四种研究动向"。

第一,"一个核心概念"即"政府间关系"或"府际关系"。对于这一概念,澳大利亚学者布莱恩·R·奥帕斯金认为,"政府间关系通常用以指中央和地方政府之间以及同级政府之间的关系,有了这一关系,各级政府才能通过合作实现其目标。"③在这一概念所表达的内涵上,国内学者基本上达成了共识。林尚立教授认为政府间关系是指,"国内各级政府间和各地区政府间的关系,它包含纵向的中央政府与地方政府间关系、地方各级政府间关系和横向的各地区政府间关系。"④由此,政府间关系主要由三重关系构成,即权力关系、财政关系与公共行政关系。⑤ 谢庆奎教授也认为,"府际关系是指政府之间在垂直和水平上的纵横交错的关系,以及

---

① 戴维·卡梅伦:《政府间关系的几种结构》,《国外社会科学》2002 年第 1 期。
② 汪伟全:《论府际管理:兴起及其内容》,《南京社会科学》2005 年第 9 期。
③ 布莱恩·R·奥帕斯金、黄觉:《联邦制下的政府间关系机制》,《国际社会科学杂志》(中文版)2002 年第 1 期。
④ 林尚立:《国内政府间关系》,浙江人民出版社 1998 年版,第 22 页。
⑤ 林尚立:《国内政府间关系》,浙江人民出版社 1998 年版,第 71 页。

不同地区政府之间的关系。"①由此,谢庆奎教授认为,府际关系包括:利益关系、权力关系、财政关系与公共行政关系,其中,利益关系决定着其他三种关系。

第二,"两条研究路径"是指学者们要么对政府间关系进行"综合研究",要么是对政府间关系进行"单向研究"。(1)在对政府间关系进行综合研究的理论成果中,最有代表性的成果当属林尚立教授1998年出版的专著《国内政府间关系》与谢庆奎教授2001年的专题论文《中国政府的府际关系研究》。(2)对政府间关系进行单向研究,又分为研究"政府间纵向关系"与"政府间横向关系"两种思路,其代表性成果有两本专著,一是张紧跟博士2006年由中国社会科学出版社出版的专著《当代政府间横向关系协调研究》,此书以"政府间横向关系"作为主题,以当代中国政府间横向关系发展与存在的问题作为出发点,从规范分析、实证研究、制度创新、经验借鉴等角度展开分析。可以说,它是政府间横向关系研究的一部力作,尤其是书中提出的"政府间横向关系网络化的发展趋势"具有前瞻性。另一是张志红博士2005年由天津人民出版社出版的专著《当代中国政府间纵向关系研究》,此书把"中央与地方关系"这一课题拓展为"政府间纵向关系",并重点放在对当代中国政府间纵向关系的现实分析与相关对策研究中,也是这一主题的一部力作。笔者认为,其中的"创建伙伴型政府间纵向关系"的命题具有创新性。

第三,"三维理论视角"是指,研究政府间关系主要涉及到三个理论切入点,即政治学、财政学与法学。(1)在对相关研究成果进行分析时,笔者认为,国内对政府间关系的研究比较集中的理论视角乃是政治学这一学科,当然这里是指广义政治学的概念。从众多的研究成果来看,研究的内容显得很庞杂,但是这一研究视角却显露出一些新的动向,这一点将在下文中论述。因此,本部分将概述另外两个研究的切入点。(2)财政

---

① 谢庆奎:《中国政府的府际关系研究》,《北京大学学报(哲学社会科学版)》2001年第1期。

学的研究视角。在这一研究视角中,代表性的成果有两篇。一是武汉大学王德高与韩莉丽的研究论文。此论文通过对我国1994年分税制改革前后分权程度对经济增长影响的分析,结合我国政府间关系现状,提出,分税制改革虽然集中了中央的财权,但是存在的问题也是很明显的,即事权划分不清及大量预算外资金存在,并提出了四条针对性的措施。尤其是论文中提出的"集权与分权度"的问题具有一定的理论价值。① 另一篇是美国华盛顿大学张闫龙发表于《社会学研究》上的论文。此论文以"A省"为例,对我国省以下政府间关系在财政分权改革中的变迁问题进行了实证研究。论文认为,以财政包干为主要内容的分权化改革,使得省以下政府间财政利益逐渐分化,同时不同政府部门之间在财政收入方面的竞争日趋激烈。因此,地方政府在决策中,一系列旨在增加财政收入的政策相继出台,地方政府的政策取向在对上与对下两个维度上逐渐呈现出截然不同的特征。② (3)法学的视角。虽然这一视角的研究成果为数不多,但是其独特的研究角度却闪烁着光芒。学者何渊认为,"宪法中'地方政府间关系条款'的缺失以及宪法学忽视地方政府间关系的研究现状使得依法行政原则难以维系。"因此,"地方政府间关系应成为宪法的重要内容之一,也应当成为我国宪法学的重要研究对象之一。"③学者刘海波则提出了"中央与地方政府间关系的司法调节"的命题,他认为:"在立法、行政过程中进行政府间权力范围的调整,有很大的弊端,我们应充分注意司法调节方式的优点。""司法可能在调整中央与地方关系上起到建设性的作用。"④

第四,"四种研究动向"。(1)"博弈论"作为一种新的分析工具应用

---

① 王德高、韩莉丽:《我国中央与地方政府间财政关系问题的探讨》,《学习与实践》2006年第6期。

② 张闫龙:《财政分权与省以下政府间关系的演变——对20世纪80年代A省财政体制改革中政府间关系变迁的个案研究》,《社会学研究》2006年第3期。

③ 何渊:《地方政府间关系——被遗忘的国家结构形式维度》,《宁波广播电视大学学报》2006年第2期。

④ 刘海波:《中央与地方政府间关系的司法调节》,《法学研究》2004年第5期。

于政府间关系的研究中。在这一研究动向中,既有对政府间纵向关系进行"利益博弈"的分析,也有对政府间横向关系从"利益博弈"角度进行分析。但是,还没有出现运用博弈论工具来综合分析政府间的纵横向"十字型关系"。(2)区域内政府间关系研究正呈兴盛之势。随着中山大学陈瑞莲教授"区域公共管理"理念的提出,①以及相应的对珠三角区域内政府间关系研究文章的面世,这一独特的而又富有生机的研究领域正蓬勃展开,近些年,关于"长三角区域内"政府间关系的研究也出现繁荣之势。(3)对"职责同构"的批判性反思。对"职责同构"的批判,首先出现在张志红的论著《当代中国政府间纵向关系研究》中,接着,由朱光磊教授与张志红博士在其共同合作的文章中完成了这一反思性的批判。他们借助于"职责同构"一词,概括了不同层级的政府在纵向职能、职责和机构设置上的高度统一性,认为"职责同构"是我国政府间纵向关系问题存在的"主要体制性原因",因此,必须打破这一政府间纵向关系体制。最近,周振超博士的文章,②似乎在进一步推进朱光磊教授的批判性反思。(4)在研究地方政府间关系中,学者龙朝双等人把我国地方政府的角色定位于"准公共经济组织",③这对于探讨地方政府间的横向合作关系具有一定的价值。

以上这些国内外关于政府间关系的理论研究成果,从文献资料、理论假设与研究方法等方面为本文的进一步研究提供了坚实的保证,本部分试图在这些研究成果的基础上,进一步推进对我国政府间关系的研究,其研究思路是:(1)以博弈论作为工具对政府间的"十字型关系"进行分析,并提出"十字型博弈"的解释框架;(2)结合西方"府际管理"的理念,提出我国"府际治理"的新思路。

---

① 陈瑞莲:《论区域公共管理研究的缘起与发展》,《政治学研究》2003 年第 4 期。

② 周振超:《条块关系:政府间关系的一个分析视角》,《齐鲁学刊》2006 年第 3 期。

③ 龙朝双、王小增:《准公共经济组织角色下我国地方政府横向合作关系探析》,《湖北社会科学》2005 年第 10 期。

第二节　政府间关系:"十字型博弈"的解释框架

1."十字型博弈":一种解释政府间关系的理论框架

政府间关系是新中国成立以来始终未能处理好的一个至关重要的问题,正因为如此,中央历代领导集体都高度重视政府间关系问题,尤其是高度重视中央与地方关系的改善与协调。从毛泽东开始,一直到新近的中央领导集体都在不断地强调中央与地方关系协调的重要性。但是,在我国政治与行政管理过程中一个最普遍的现象就是"上有政策、下有对策"。一方面,中央政府通过条条集中了太多的事务与权力,从而形成了"条条专政";另一方面,条条又软弱无力,中央的管理权威严重流失,从而形成"块块各自为政"的现象。

如何解释这一现象,笔者提出一个"十字型博弈"的解释框架,其基本观点如下:

第一,"十字型博弈态势"。政府间关系既不仅仅是纵向的上下级政府间关系,也不仅仅是横向的同级政府间关系,而是一个"十字型"的关系模式,这是一个再简单不过的道理。在这种政府间的"十字型关系"模式中,政府间权力与利益的博弈呈现出比较复杂的"十字型博弈"的交叉态势。

第二,"十字型博弈单元"。为了便于研究政府间的"十字型博弈",可以把复杂的博弈关系简单化为一个个"博弈单元"。以"中央政府、省级政府、市级政府"这三级政府主体为例,就形成了一个十字型的博弈单元。从纵向来看,省级政府不仅要与其上级政府—中央政府进行博弈,还要与其下级政府—市级政府进行博弈;从横向来看,省级政府还要与其同级政府—其他省级政府进行博弈。在这一博弈单元中,处于"十字中心点"的是"省级政府",而不是中央政府。依此类推,如以"省级政府、市级政府、县级政府"这三级政府主体为例,也会形成一个以"市级政府"为中心点的十字型博弈单元。

第三,"十字型博弈中心"。综合各个博弈单元,在整个十字型博弈关系中,只有"中央政府"与"乡镇政府"不是任何博弈单元的中心点,事实上它们处于两个端点,即一个处于金字塔的顶端,另一个处于金字塔的底部。因此,笔者认为,在现实的政府间"十字型博弈"关系中,处于中心位置的不是中央政府,而是处于各个"十字型节点"的地方政府,因为它们既"上传下达"又"左右逢源",而按其核心程度的大小,依次分别是:省级政府—市级政府—县级政府。

无论是从理论的层面,还是从现实的层面,在世界各地,凡是有着三个层级政府的国家都存在着这样一个"十字型博弈"的政府间关系。但是,由于不同的政治与政府体制,以及社会文化与心理等因素的影响,中国政府间的"十字型博弈"关系具有自身的特殊性。

第一,源于中央集权的深厚传统,中国政府间的纵向结构关系主要表现为下级服从上级、地方服从中央的"单一制"的特征。尽管改革开放以来,基于均权的理念,地方政府获得了一定的自主权,但是,地方政府是"缩微版的中央政府"的政治与政府格局却没有太大的改变。"中国的地方化过程是有限的,中国的公共事务依然是围绕中央政府或者说围绕一个中心单面的进行,而不是多元化的分担和共同参与过程。"①因为,(1)从权力来源角度看,地方政府的各项权力均来自中央的分配,地方政府在法律上根据中央授予的权限从事行政管理活动,政治上完全从属于中央,政治领导由中央任命。(2)从权力制衡的角度看,中央政府控制与监督各级地方政府。在中央政府对地方政府控制与监督的诸种手段中,起主导作用的是行政监督。(3)从职能配置角度看,下级政府承办的政府事务主要是上层政府或中央政府的委托性事务,即地方政府职能是中央政

---

① 古德曼:《改革二十年以后的中心与边缘:中国政体的重新界定》,《二十一世纪》2000年第10期。

府指派给地方的政府职能。①

第二,政府与社会之间的契约,主要表现为中央政府与公众之间的契约承诺。中国是不是一个契约的社会? 这是一个颇有争议的问题。对此,笔者比较赞同英国诺丁汉大学中国研究所教授郑永年先生的提法:"中国不是一个契约社会,但政府与人民之间则有一种隐性的契约关系。政府保障基本社会正义和公平,而人民则接受政府的管治。"②

第三,在我国,政府管理活动主要是依靠"多层级"的政府机构逐步向前推进的,到目前为止,至少还是五级政府管理体制。这样,就实际形成了以中央政府作为起点、经过省级政府、市级政府、县级政府,一直到乡镇政府为终点的"委托代理链",中央政府对人民的契约承诺只能依靠这一长长的委托代理链才能实现。正如学者孙宁华认为的那样:"中国的地方政府既具有双向代理的功能,又具有自己相对独立的经济利益,同时在和中央政府的制度博弈中又具有信息优势。因此,在制度变迁中地方政府必然会利用自己的信息优势,使制度变迁的路径朝着符合自己利益最大化的方向发展,偏离甚至违背中央的意图和全国整体利益。"③显而易见,委托代理链越长,政府间博弈关系中的"中心点"会增多,地方政府依托其"上传下达"与"左右逢源"的优势地位,偏离中央意图与整体利益行为的可能性就越大。因此,"从比较的视野来看,中国地方政府在国际上属于强地方政府的行列,相对于其他国家的地方政府而言,实际权力是非常大的。"可以说,地方政府是"地方无能"与"地方全能"两者并存。④

在政府间关系的十字型博弈框架中,特别值得我们关注的,一是中央政府与地方政府的"结构性博弈",另一就是同级地方政府之间的"竞争性博弈"。

---

① 张志红:《当代中国政府间纵向关系研究》,天津人民出版社 2005 年版,第 46 页。

② 郑永年:《中国社会的利益博弈要求社会正义》,《联合早报(新加坡)》2006 年 12 月 5 日。

③ 孙宁华:《经济转轨时期中央政府与地方政府的经济博弈》,《管理世界》2001 年第 3 期。

④ 周振超:《条块关系:政府间关系的一个分析视角》,《齐鲁学刊》2006 年第 3 期。

2. 结构博弈：中央政府与地方政府博弈的基本方式

学者王水雄在其新著中提出了一种很有价值的概念以及相应的解释框架，即"结构博弈"。"每一个人在面对他人时，只要其行为涉及到相对地位的判定，特别是对资源的最终占有，我们就可以将这些行为者之间展开的活动称为博弈活动，或者准确地说即结构博弈活动。有博弈就涉及到博弈地位和这种地位的展开问题。"①按笔者的理解，这一结构博弈的框架应由以下几个方面构成。(1)结构及其博弈地位；(2)博弈地位的展现及其策略选择；(3)博弈地位与结构的同构与不同构性。笔者认为，应用这一概念所蕴含的内涵来再现我国中央政府与地方政府之间的博弈方式，可以为我们认识两者之间的博弈关系，提供一个很有解释力的视角。

第一，中央政府与地方政府的关系结构及其博弈地位。在研究中央政府与地方政府的博弈关系时，大多数人都忽略了一个前提，即两者在关系结构中的不同地位，即博弈地位的差别性。从理想的形态看，博弈双方应该是两个意愿独立的参与者，但是，现实中的博弈却很少会在这种霍布斯所谓的"自然状态"（或逻辑最初状态）之下展开的，因为，在现实生活中，"自然状态"就像物理学的真空一样是不存在的。事实上，在两者之间可能已经存在着"先在的博弈行为"，从而也就存在一定的结构，人们会习惯性地按结构进行博弈。② 那么，什么是结构呢？安东尼·吉登斯说："在社会研究中，结构指的是使社会系统中的时空'束集'在一起的那些结构化特征。正是这种特性，使得千差万别的时空跨度中存在着相当类似的社会实践，并赋予它们以'系统性'的形式。"③因此，结构就是指各

① 王水雄：《结构博弈——互联网导致社会扁平化的剖析》，华夏出版社 2003 年版，第 2—8 页。
② 王水雄：《结构博弈——互联网导致社会扁平化的剖析》，华夏出版社 2003 年版，第 6 页。
③ 安东尼·吉登斯：《社会的构成》，李猛、李康译，王铭铭校，三联书店 1984 年版，第 79 页。

种关系已经在时空向度上稳定了下来。在这一特定的关系结构中,博弈中的每一方都是被牢牢地"嵌入"其中而呈现出相对地位,这一相对地位会在继续博弈中"被反复地呈现",双方会习惯地按该结构继续行动。如前文所言,我国中央政府与地方政府的结构性关系乃是"中央主导型",在社会制度的变迁中,中央政府掌握着制度创新以及规则制定的主导权,而地方政府只能在"制度缝隙"中发挥着"地方能动性",两者博弈地位的不对等性是显而易见的。

第二,中央与地方博弈地位的展现及其策略选择。一般地,中央博弈地位高、地方博弈地位低,中央政府的意愿就能获得地方政府的全面贯彻与实施;而相反,委托代理链"过长"与博弈中心点"过多"反而使中央的意愿发生了太多的"中间梗阻"与"左右偏离"。为了防止中央意愿的梗阻与偏离,中央政府在不断展现"中央权威"的基础上,在博弈策略上选择了两个控制路径,一是"职责同构"即在政府间关系中,不同层级的政府在纵向的职能、职责和机构设置上的高度统一。职责同构的产生,主要源于计划经济体制下中央既要集中掌握社会资源,又要支持地方自主来限制部门集权。[①] 二是"条条嵌入",即中央以"条条"的方式嵌入到地方政府的体系中去,这样,在中央与地方的关系中,又产生了一种特殊的结构性关系—"条块关系"。于是,"条条"、"条条专政"、"条块关系"、"条块矛盾"与"条块分割"等特殊语汇,才成为中国政治话语系统中出现频率很高的词汇。[②] 改革开放以来,在中央政府博弈策略的映照下,地方政府在博弈中所具有的优势地位乃是"接近信息源"。因此,地方政府基本上是采取了"掌控信息"甚至是"隐瞒信息"的博弈策略与中央进行博弈。这样,势必会产生地方政府的"逆向选择"与"道德风险"。"地方政府的逆向选择指的是,在中央和地方就某个方面达成共识(如制度的确认,经济增长速度指标的确定、税收上缴比例的制定等)以前,地方政府隐瞒真

---

① 朱光磊、张志红:《"职责同构"批判》,《北京大学学报(哲学社会科学版)》2005 年第 1 期。

② 周振超:《条块关系:政府间关系的一个分析视角》,《齐鲁学刊》2006 年第 3 期。

实信息的机会主义行为。地方政府的道德风险指的是，在中央政府和地方政府就某个方面达成共识或说'签约'之后，地方政府隐瞒信息（包括类型和行动）的机会主义行为。"①

　　第三，中央与地方博弈地位与其结构的关系。"人们之间的博弈地位和这里所谓的结构之间是存在同构和不同构的可能性的。"②一方面，如果博弈地位与其结构同构的话，博弈中的人或组织就没有动力去突破旧的结构，这就意味着旧结构的再生产。比如，计划经济时代，中央与地方的博弈地位与其结构是同构的，因此，中央主导型的纵向政府关系结构得以长期维持。另一方面，如果博弈地位与其结构不同构，博弈地位逐渐增高的人或组织，就有动因根据博弈的新情境试图催生新的结构，这样，原有的结构就有可能发生变化。改革开放以来，由于民主、均权等理念的影响，以及社会管理复杂化程度的提高，我国中央与地方之间的关系结构受到了多重挑战。再加之，在现实的博弈中，地方政府具有接近"信息源"的优势策略，它可以通过不断展现其博弈的优势地位，使其博弈地位处在不断提升中。因此，中央与地方博弈地位的动态变化与其原有的中央与地方的关系结构发生了"不同构性"。如此，地方政府在博弈中的"反复展现"，以及两者在博弈中的策略性互动，就会逐渐改变两者相对的博弈地位，甚至会涉及到对原有结构的变革。中央与地方关系的这一动向，在某些特殊的领域或行业中已表现出了某种端倪。显然，这一结构变化的动向，在地方政府与人民大众没有直接契约担负的前提下，地方政府博弈能力的增强带来的是地方政府利益的增进，由此可能造成两种结果，一是地方政府对中央权威构成挑战；二是地方政府利益与地方大众利益构成矛盾。这两种情况都是值得我们警醒的。

---

　　① 孙宁华：《经济转轨时期中央政府与地方政府的经济博弈》，《管理世界》2001 年 第 3 期。
　　② 王水雄：《结构博弈——互联网导致社会扁平化的剖析》，华夏出版社 2003 年版，第 6 页。

3. 竞争博弈：同级地方政府间利益博弈的基本态势

美国学者多麦尔在《政府间关系》一文中认为，"如果说政府间关系的纵向体系接近于一种命令服从的等级结构，那么横向政府间关系则可以被设想为一种受竞争和协商的动力支配的对等权力的分割体系。"①在这里，他道出了横向政府间关系中的两个关键维度即"竞争"与"协商"。笔者认为，历史地看，我国地方政府间关系大致经历了由"恶性竞争"到"协商合作"的两个发展阶段。

第一阶段，以恶性竞争为主导的地方政府之间的博弈态势。改革开放以后，中央政府推行的分权改革极大地刺激了地方政府追求地方利益最大化的内在冲动，由此形成了各自为阵、竭力汲取各方面资源的政府间竞争博弈行为。"政府间竞争，集中体现为辖区间政府为了获得各种有形或无形的资源以实现一定的目标，而围绕制度、政策和公共物品与公共服务的竞争。"②在现实中，我国同级地方政府之间的博弈，尤其表现在地理位置相近、经济实力相当、政治影响相仿的一定区域内的同级地方政府之间的竞争博弈。一开始，这一博弈具有恶性竞争的态势，并突出体现在三个方面，即地方保护、污染治理与招商引资中。如"长三角"内各省市招商引资大战阻碍了跨地区的经济合作，2003年初，苏浙沪三地举行联合招商引资活动，区域内的各个城市政府竞相展开"倾销式竞争"，并用"跳楼价"来争夺外资；不仅如此，地方政府还通过降低或废弃企业进入的管制标准，从而忽视了地方自然与人文资源的保护。这样，地方政府间形成了无效率的非合作博弈，这些行为对社会与国家的整体利益造成了很大的威胁，使得博弈双方陷入了低水平恶性竞争的"囚徒困境"，也导致了同级地方政府间关系的恶化。总之，地区间的矛盾与冲突，一方面损害了

---

① 参见［美］理查德·D·宾厄姆等：《美国地方政府的管理：实践中的公共行政》，九州译，北京大学出版社1997年版，第162页。

② 陈瑞莲、杨爱平：《论回归前后粤港澳政府间关系——从集团理论的视角分析》，《中山大学学报（社会科学版）》2004年第1期。

市场经济的健康发展,另一方面则危及国家的政治整合。

　　地方政府之间恶性竞争产生的原因是多方面,对此,国内学者已作出了多方面的分析。笔者认为,有一点还没有引起学者们的重视,即理论界对"政府间竞争理论"的渲染,从某种意义上助推了政府间的恶性竞争。现代政府间竞争理论认为,利益是政府行为的基本出发点,政府皆以追求本地利益最大化为自己行动的逻辑,因此,无论是国家间的中央政府,或者是区域内的地方政府,政府间竞争的事实总是大量存在。学术界在借鉴国外政府间竞争理论的基础上,对国内政府间竞争的事实展开分析,从而形成了具有一定解释力的"地方政府竞争理论"与"地方竞争力理论",这一理论代表性的成果是由中国社会科学院李扬博士主持的"中国地方政府间竞争研究"。① 但是,这一理论由于只关注了地方政府间关系的一个维度,而忽视地方政府间关系的另一重要维度,即协商与合作。伴随着理论与现实两方面的纠偏,我国地方政府间关系正在过渡到一个新的阶段。

　　第二阶段,倡导协商与合作的地方政府之间的"竞合博弈"。我国地方政府之间的关系在经历了一段时间的恶性竞争、两败俱伤的博弈惨局后,必然要走向一种新的、既有竞争又有合作的博弈态势,尤其是在一定区域内的地方政府间源于利益的大致一致性,地方政府间寻求合作的动因大大强化。当然,笔者作出这样的判断,表明了我国地方政府间关系发展的一种趋势。对于这一趋势,学界也基本上是意见一致的。

　　一方面,地方政府间关系发展的新动向是以"不断试错的重复博弈"作为现实基础的。依据演化博弈论的分析表明:(1)一定区域内地方政府之间的博弈不是一次性的或偶发的,而是一个不断进行的多次的重复博弈行为,因此,博弈中的每一方都会慎重考虑选择不合作策略所带来的高额成本;(2)一定区域内的博弈参与者基本上是可以确知的,也就是说,博弈参与者能够了解对方的决策信息及其相应的策略选择。比如,在

---

① 参见《财贸经济》2001 年第 12 期。

招商引资的问题上,一方采取"跳楼价",另一方也必然会对应这一策略,结果就是两败俱伤。作为理性"经济人"的地方政府,在经历了若干次战略选择后逐渐会认识到需要突破"囚徒困境",从"双输"走向"双赢"的博弈局面。因此,重复博弈让地方政府对相互之间关系的认识更加深入,原来那种定位于地方政府间关系属于"排他性利益集团"的认识逐渐被"相容性利益集团"的认识所取代。① 地方政府也逐渐学会了在短期利益与长期利益之间进行博弈以作出战略选择,因此博弈的理性化程度逐渐提高。

　　另一方面,地方政府间关系发展的新动向也受到了学术界理论解释的影响。近些年,在地方政府间关系的问题上,国内学术界不再仅仅局限于政府间竞争理论的一维解释与分析,而尝试着多维度与多视角的分析,尤其是区域发展相互依赖理论、政府间伙伴关系理论为地方政府间的合作提供了理论上的支持,因而在学理上推动了地方政府间的合作意向。

第三节　府际治理:寻求政府间关系研究的新思路

　　笔者认为,关于政府间关系的研究必须引出"府际治理"的问题。对此,陈瑞莲教授在 2003 年、汪伟全博士在 2005 年已提出这一话题。陈瑞莲教授通过对西方政区间竞争理论的介绍,结合我国的现状提出:"规范作为区域公共管理核心主体的地方政府间的竞争行为,促进区域间良性协调发展,这是区域公共管理需要认真研究的话题。"②汪伟全博士则通过梳理西方政府间关系管理发展的三个阶段,重点引介了"府际管理"的理念,提出:"府际管理对中国的政府间关系的管理变革有积极的借鉴意义。"③在本文这一部分,笔者想承接这一话题并提出一些新思路,以引导

① 陈瑞莲、杨爱平:《论回归前后粤港澳政府间关系——从集团理论的视角分析》,《中山大学学报(社会科学版)》2004 年第 1 期。
② 陈瑞莲:《论区域公共管理研究的缘起与发展》,《政治学研究》2003 年第 4 期。
③ 汪伟全:《论府际管理:兴起及其内容》,《南京社会科学》2005 年第 9 期。

学术界对这一主题的关注。

1. 府际治理的必要性：府际竞争与府际冲突

"改革开放以来，我国的一个实际情形是：一方面经济发展中形形色色的地方主义、山头主义、舍我其谁等恶性竞争屡禁不止；另一方面，先发地区之间（如珠三角和长三角之间）追赶式的激烈竞争开始出现。这些事实说明，我国的区域地方政府间的政区竞争也客观存在。"[①]如果说，我国上下级政府间的竞争态势还不明显的话，那么，同级地方政府间的竞争与冲突却是有目共睹的，一方面是争项目、争投资、争政策的"府际竞争"，另一方面是地区分割与地区封锁的"府际冲突"。政府是一个很特殊的社会组织，它掌控着一种特殊的权力—公共权力。任何权力都是一种力量，它可以决定并改变有关参与者的物质关系、精神关系甚至是意识关系。可以说，公共权力在整个权力体系中是最为敏感的权力形态，它对社会资源的分配力度以及对社会关系的影响深度都是巨大而深刻的。单从冲突的后果看，个人冲突不能与组织冲突相比，而在组织冲突中，政府间冲突的危害性更大。因此，政府间的竞争如果发展为不良冲突的话，那就是社会的惨剧。仅从感觉与经验的层面看，我国因政府间不良竞争与恶性冲突，所引发社会资源的耗费、社会规则的践踏以及社会正义的危害，都是怵目惊心的。府际竞争与府际冲突的事实提出了"府际治理必要性"的话题。因此，从理论上提出"府际治理"的问题，并进行理论引导与对策研究，在当今中国意义重大。

理论地看，府际竞争与府际冲突既是客观的，又是必要的。法国的思想家埃德加·莫兰从方法论的角度为我们指出了这一点。他说："一切组织关系，包括一切系统，都含有而且还生产着既对抗又互补的力量。一切组织关系都离不开互补性原则，并将其现实化，它们也离不开对抗性原则，并或多或少地将其潜在化。"他又说得很直接："一切系统皆有外面光

---

① 陈瑞莲：《论区域公共管理研究的缘起与发展》，《政治学研究》2003 年第 4 期。

明的一面,即联合、组织、功用的一面;还有潜在的、阴暗的一面,即它的负面。在现实化的东西和潜在化的东西之间潜伏着对抗。系统内部所表现出来的紧密团结以及各种组织功能同时在创造和隐匿着分裂的和解体的潜在对抗力量。"①应用这一方法论原则来分析政府组织系统,我们对府际竞争与府际冲突就有了一种理性的认识。一方面,抽象地说,在政府系统中,不同层级的政府组织间,以及不同地区的同级政府组织间的差异性恰恰是整个政府系统存在的逻辑基础。辩证地看,任何系统皆是一与多的统一,系统不仅建立在"组件"的差异性上,而且还依赖并通过差异性来进行组织。组织的基本特性之一就是善于把多样性改造成统一性,但却不会取消多样性,它还善于在统一性中并通过统一性来创造多样性。因此,以差异性作为基础,既可以带来互补与依赖,也同样带来竞争、对抗与冲突。另一方面,具体地看,社会与组织的资源都是有限的,它不可能满足系统内所有"组件"的需要,因此,政府之间为了资源与权力而进行竞争,政府之间为了争取政策支持而对抗。这样,竞争与冲突就天然地存在着。

竞争与冲突不一定意味着问题或偏差。冲突与成本一样有它的好处,"一个安静和谐的组织很有可能也是一个缺乏激情、缺乏创造力、缺乏柔性、行动与反应迟缓的组织。冲突对现状提出挑战,同时也激发组织的兴趣和好奇心。冲突有助于提出新的思想和方法来解决问题,有助于鼓励创新。"②一个组织有可能经历很多冲突,也有可能只经历很少冲突。根据现实情况,需要人为介入来增加冲突或减少冲突。比冲突数量多少更为重要的是"如何进行冲突管理"。③

①　埃德加·莫兰《方法:天然之天性》,北京大学出版社2002年版,第113—114页。
②　李·G·鲍曼、特伦斯·E·迪尔:《组织重构——艺术、选择及领导(第三版)》,高等教育出版社2005年版,第219页。
③　李·G·鲍曼、特伦斯·E·迪尔:《组织重构——艺术、选择及领导(第三版)》,高等教育出版社2005年版,第220页。

2. 府际治理的新理念：相互依赖与伙伴关系

学者罗珉等认为："组织间关系本身就是一项不可模仿的资源，一种创造资源的手段，一个获得资源与信息的途径。"①笔者认为，这一见解是富有洞见的；现实地看，任何关系都具有这一属性。从积极的意义上看，当政府间的竞争与冲突保持在一定的力度上并获得有效治理后，政府间关系就会成为"一项资源、一种手段与一个途径"。因此，政府间关系的治理及其理论引导至关重要。

在政府间关系治理问题上，"伙伴关系"一词越来越突现出重要而深刻的引导意义。一方面，"政府间伙伴关系"的理念赋予了政府间关系以"时代的张力"。当今，我们所面临的时代问题是什么？概括而言，这些问题有：环境变迁与环境保护的跨界性、社会发展与区域经济发展的不平衡性、失业贫穷与社会的可持续发展问题、区域资源整合与地方竞争力问题等等。这些时代问题的解决，往往不是哪一个政府部门、哪一级政府甚至是哪一国家政府所能胜任的。因此，各政府组织基于本身合作的意愿、专业需求、财政资源与风险分担，以及追求效率与效益等方面的考虑，因而会采取有限合作、适当合作或大型合作等方式来从事跨域或跨界合作，以满足其实际需求。另一方面，"政府间伙伴关系"的理念也赋予了政府间关系以"历史的内涵"。笔者认为，这一历史内涵体现在三个方面。

第一，横向的同级地方政府间伙伴关系建立的必然性。理论地看，伴随着区域经济学研究的一系列理论成果，"区域发展的相互依赖"已成为区域发展实践中具有一定解释力的理论框架。1968 年美国经济学家理查德·库珀出版了《相互依赖的经济学》一书，首次阐述了国际间相互依赖的理论。区域发展的相互依赖理论阐明了国家与国家之间、地区与地区之间经济社会发展不是独立的，而是彼此依存、相互联系的。现实地看，我国各区域内地方政府间在经历了一段时间恶性竞争的"两败俱伤"

---

① 罗珉、何长见：《组织间关系：界面规则与治理机制》，《中国工业经济》2006 年第 5 期。

后,越来越认识到相互之间作为"相容性利益集团"的关系定位,通过竞合博弈走向"双赢"与"多赢"的思想倾向具有了一定的社会基础。因此,区域内地方政府间伙伴关系的建立也合乎历史本身的逻辑。

第二,纵向的上下级政府间、尤其是中央与地方政府间伙伴关系建立的可能性。当今,产生于同级政府间的"伙伴关系"新见解,也逐渐深入到上下级或中央与地方政府间关系的重塑中。根据世界范围内的区域治理经验,中央政府在与地方政府发展新型伙伴关系的过程中,大多数通过分权化和充分协商来创造制度性诱因,以形成实质性的伙伴关系,藉此来推动中央政府与地方政府的新型互动行为。因此,"伙伴关系"一词已成为政府间纵向关系模式变迁的趋向之一。在我国,有学者对这一新型关系进行了很有见地的概括与解读。(1)高度延伸。"尤其是在一个很多重大问题都没有固定的区域限制、很多领域权力重叠的时代,伙伴制的建立不仅有管理上的意义,而且是一种政治文明。"(2)本质定位。"这种伙伴关系,是建立在政府纵向间共同利益的基础上的一种工作关系,并不取代上下级间政治上的等级关系,更不否定中央政府的政治权威。"(3)切入点。"特别是在都市圈的建设中,各种跨界公共管理事务的增加,成为伙伴型政府间纵向关系发展的最佳生长点。"①

第三,政府与非政府组织间伙伴关系建立的必要性。一方面,风起云涌的全球治理运动进一步推动了西方府际管理的发展,也就是说,西方的府际管理在注重各级政府间关系治理外,还重视公私部门的协作,并追求建立公私部门的平等伙伴关系。"府际管理在强调政府间在信息、自主性、共同分享、共同规划、联合劝募、一致经营等方面的协力合作外,还强调公私部门的混合治理模式,倡导第三部门积极参与政府决策。"②因此,西方府际治理中理论与实践的先导,为我国公私部门间伙伴关系建立的必要性提供了双重的注脚。另一方面,在社会治理的现实中,我们也深切

---

① 朱光磊、张志红:《"职责同构"批判》,《北京大学学报(哲学社会科学版)》2005年第1期。

② 汪伟全:《论府际管理:兴起及其内容》,《南京社会科学》2005年第9期。

地感受到我国各级政府及其部门的"孤独感"与"无助感"。面对复杂性与不确定性大大增加的现代社会,政府"独担全局"既是不可能的,也是没有必要的。在社会治理中,政府寻求"伙伴"与"帮手"是合乎现实的,也是非常必要的。

3.府际治理的新路径:协商机制与论坛规则

"组织间关系的成长与发展都无法割断与历史的内在联系。因为组织间关系在任一时间点上的知识存量均来自组织间关系在过去学习过程中新知识的不断积累和对已丧失价值的旧知识的不断摈弃。"因此,组织间关系治理中一个重要的机制就是"学习机制"。① 笔者认为,政府间关系治理中的学习机制,就是政府组织在新的历史境遇下学习与养成一种合作精神与机制的过程。因为,政府间伙伴关系的实现恰恰要依托政府间合作精神的确立与合作机制的建立。在当下,政府间治理机制的建立既无法忽视政府组织特有的科层式的"命令机制",也无法忽视政府组织代表的地方权益直至政府自身权益计较的"利益机制",同时,还必须加强政府组织间以契约为基础的"协商机制"。

因此,府际治理机制就是"命令机制"、"利益机制"与"协商机制"三者的并存与整合。首先,府际治理的基础是具有"向心力"的命令机制。这是由政府体系的特点决定的,因为政府组织必须依赖自上而下的权力阶梯与等级命令来实现自己的主张与达成自己的目的;在这样的组织体系里,"命令—服从"是组织间治理的基本结构特点。这也是处理政府间关系不同于其他社会组织间关系的一个显著特点。其次,府际治理的核心是具有"离散力"的利益机制。当今,地方政府利益以及它所代表的地方利益的存在都是不争的事实,因此,有学者把我国地方政府角色的转变概括为"代理型政权经营者"向"谋利型政权经营者"的转变。② 因此,关

---

① 罗珉、何长见:《组织间关系:界面规则与治理机制》,《中国工业经济》2006年第5期。
② 杨善华、苏红:《从"代理型政权经营者"到"谋利型政权经营者"》,《社会学研究》2002年第1期。

注地方政府以及地方权益,建立一种权益均衡、利益平衡的激励机制,以化解地方利益的"过渡离散性"是府际治理的主题之一。最后,府际治理的发展趋势是具有"耦合力"的协商机制。在当今的府际治理实践中,建立政府间平等对话、磋商与谈判的协商机制,既可以纠正"命令机制"僵硬化的弊端,又可以弥补"利益机制"局部化的缺点。它以灵活多变的行政契约、行政协议等方式发展合作关系,追求政府间信息分享、关系交换等目的。以"命令"、"利益"与"协商"为内容的合作机制的特征表现为:既鼓励政府间竞争,更注重政府间合作;既注重单个政府目标的实现,更注重区域内政府间的战略协同。这种关系治理机制不仅使政府间长期重复合作得以保证,而且也支持有限次重复合作。

府际治理中"协商机制"的新路径,一方面需要获得相应的组织保障,而这一组织支持必须摆脱"超级政府"的形象,以强调政府间的契约式合作。这一组织架构虽不具有强制性,但还是需要有一定"耦合力"的组织机构进行协调与沟通,以协商各自的责任以及相互之间的合作关系与工作汇报制度等。比如:在长三角区域政府间关系的协调中,1992年成立了长三角经济协作办主任联席会议,后升格为市长级协调组织,并于1997年更名为"长江三角洲城市经济协调会",2001年又成立了沪苏浙省(市)长座谈会制度。这一组织机构通过定期召开座谈会,商谈经济合作事宜与区域发展规划等。从西方的实践来看,这一组织机构更多地表现为"政府理事会"与"地区规划理事会",重点协调地缘层面的政府间合作。另一方面,政府间一系列合作新机制的探索也催生出一种独特的"论坛规则"。当前,在我国政府间关系的治理中,发挥重要作用的有两种规则:一是正式规则,即由中央政府及其部门制定的具有一定法律效力的处理政府间关系的原则与方法;另一是事实规则,即在现实中通过政府间竞争与合作等行为所实际形成的处理政府间关系的套路与策略。前者源于政府间关系的命令机制,而后者源于政府间关系的利益机制。随着政府间关系协商机制的迅速发展,与之相应的另一种规则,即"论坛规则"应运而生,并且在政府间关系治理中发挥着越来越重要的作用。"论坛规则"是指源于合作意愿，政府间在各种会议、论坛上签订的协议、意向书等行政性契约文件。比如，2004 年"泛珠三角论坛"的举行、《泛珠三角区域合作框架协议》的签订，以及区域内行政首长联席会议制度与秘书长协调制度等的建立，就是区域内政府间在尝试一种新的"论坛规则"的效用。

结语：在府际信任中实现合作博弈

政府间关系以及关系治理的目的是促进政府间合作，从更深的观念层次看，政府间的合作必须以信任为基础。"合作经常需要一定程度的信任，特别是相互信任。在自由的行动者之间如果充满不信任，就不会出现合作。而且，信任若是单方面的，也可能不会出现合作。更有甚者，如果一方单方面地盲目信任另一方，那么就可能使另一方乘机进行欺骗。可是，由于信任取决于交往双方被约束的程度，也由于信任中既有冒险，又有收益，要产生合作时对信任的需要程度会不一样：对信任的重要程度，取决于决定合作性决策的同制的力量大小，也取决于这些决策是在什么样的社会情境下作出的。"①因此，政府间信任重要的是"府际互信"。改革开放以来，源于社会转型所带来的社会整体信用与组织间信任度下降的严峻现实，重提政府间互信、以图重铸政府间信任，既是一个难题也是一个具有战略意味的计虑。从利益的角度理解，府际互信是政府间长期合作博弈，以实现利益"双赢"与"共赢"的前提，否则就会陷入"囚徒困境"；而从价值的层面看，府际互信是政府引领社会信用建设，实现社会公共价值的基础。否则，由于府际不信任而引发的府际冲突，对于社会公共价值的拆解与社会公共信仰的颠覆是巨大的，我们已从社会现实中看出了这一端倪。

---

① 郑也夫编：《信任：合作关系的建立与破坏》，中国城市出版社 2003 年版，第 273 页。

从民族崛起与复兴的角度看,政府间必须合作;从公共价值维护与实现的角度看,政府间必须合作;从政府的合道德性与合法性角度看,政府间也必须合作。因此,学术界在政府间关系的研究中,应该把"府际互信"的问题提出来。在政府间关系的治理上,学者们除了提供一些技术化的治理路径与对策外,还应该在政府间关系的理念、价值诉求,甚至是政府间关系的信仰等观念层次上提供一些理论的先导,以引导我国政府间关系良性而健康地发展。

社会交换理论非常重视组织间信任问题,这一理论认为,信任在组织关系中可以扮演三种角色。一是信任可以避免投机行为;二是信任可以替代科层制式治理;三是信任可以产生竞争优势。以此观之,笔者认为,府际互信在府际治理与合作中的重要性,最少可体现在以下三个方面。

第一,信任通过避免任何一方的投机行为而有效地规避了府际冲突。政府间的互相熟悉程度会抵消交易对手可能的投机行为,而且政府间过去合作的经验产生了政府间的信任与相互依赖。信任可以减少与避免政府间的"小冲突"与"局部冲突,"从而达到降低政府间"伤害性冲突"的发生。在当今政府间关系治理中,有两个线索是必须考虑的,一是利益,二是信任。没有任何互信的利益博弈必然走向博弈惨局,而建立在互信基础上的利益博弈才有可能是双赢的。因为,"组织间信任可定义一方对其交易伙伴的可靠度以及诚实有信心。"①

第二,府际互信在今天具有了非常广泛的内涵。因为它不仅仅指称政府组织内的信任与政府组织间的信任,还包括政府组织与非政府组织、政府组织与企业组织间的"跨组织信任"。在全球治理浪潮的影响下,那种强调政府依靠科层制式的治理模式已为复杂社会的现实证明是力不从心的,而倡言替代科层制式的多中心治理模式的有效性在不断加强与发展。在社会治理中,我国政府作为第一部门对其他两大社会部门的信任度投入比较低,这既有历史的原因也有现实的原因。因此,从战略协同考

---

① 罗珉、何长见:《组织间关系:界面规则与治理机制》,《中国工业经济》2006 年第 5 期。

虑,政府加强对第二部门与第三部门的信任投入,以伙伴关系的新理念重塑三大部门之间的关系,建立三大社会治理主体之间的"政治互信关系"意义重大。

第三,信任可以成为府际治理中的一种管理机制。交易成本理论认为,交易双方专用性资产投入越高的一方容易被另一方套牢,这种情况会导致所谓的"单方依赖"问题,进而提高这一方的投资风险。如果这样的风险无法有效降低或得到控制,将会使组织间交易减少、瘫痪或者必须使用较高成本的契约来保障专用性资产的投入。相反,当组织间产生了一种"信任者对于被信任者不会利用信任者的弱点来自利的信心"时,[①]就可以减少组织间在交换中因不确定性以及依赖性所可能产生的投机行为。也就是说,当政府间有一种较好的信任关系时,这样的关系就成为一种协调与管理机制,以降低双方的沟通成本。因此,政府间信任对于政府间关系是一种不可忽视的正向因素。

---

① 转引自罗珉、何长见:《组织间关系:界面规则与治理机制》,《中国工业经济》2006 年第5 期。

第九章　政府官员上下级的伦理关系：等级与人格平等

在笔者研究的"十大行政伦理关系"中，有政府间关系，也有政府与官员的关系，前者的着眼点是组织整体关系的视角，后者是着眼于组织整体与成员个体之关系的视角，而本文研究的政府官员上下级关系，其着眼点乃是组织成员个体关系的视角。笔者对于政府官员上下级关系的研究，借用了唐斯的研究思路。即"考察一个官员处于大型等级组织结构的中间层，我们可以根据该等级组织中其他人与他的正式关系来界定他们。上级是所有级别高于他的人，包括那些他并不需要向其汇报工作的官员。平级的人是所有与他处于大致相同等级的人，下属则是所有级别比他低的人。他的下属形成了特殊的下级阶层。"[1]因此，上下级关系就构成了我们平时所说的"上司"与"下属"的一对范畴，需要特别说明的是：上司与下属既可能是同一组织体系内的领导与被领导的关系；也可能是不同级别的组织体系中上级成员与下级成员之间的关系。本文旨在分析这种上下级"等级关系"存在的客观性及其调适路径。

---

[1]　安东尼·唐斯：《官僚制内幕》，中国人民大学出版社 2006 年版，第 84—85 页。

第一节 等级关系与位差博弈

1. 理性官僚制背景下"等级关系"的客观性

在韦伯看来,为了辨识现代大规模行政管理体制所共有的最本质特征,他辨别出十多个这样的特征,而这些特征又可以简化为四个主要特征,其中,层级制就是官僚制的一个重要特征。所谓层级制是指,在一种层级划分的劳动分工中,每个官员都有明确界定的权限,并在履行职责时对其上级负责。英国学者戴维·毕瑟姆也认为,"官僚制的核心特征是系统化的劳动分工,据此,复杂的行政管理问题被细分为可处理的、可重复性的任务,每一项任务归属于某一特定的公职,然后由一个权力集中的、等级制的控制中心加以协调。"①在这里,当我们把官僚制与市场制的合作方式相比较时,就可以看出两者的巨大差别。就市场的社会合作方式而言,它是建立在横向的基础上通过价格机制的运作,自发地协调许多人的行动安排;这一合作方式既不侵犯人们的自由,也不要求地位上的不平等。然而,官僚制就大大不同了,它的等级制却通过有意识地行使权威和强制的结构,纵向地协调人们的行动。"在层级制中,人们按照定义就是不平等。"②对于这一建立在不平等基础上的等级关系的客观性,却需要从理论上加以阐述。

一方面,官僚制等级关系的客观性源于组织协作的需要。在研究组织形成与继续存在的条件时,巴纳德认为,组织,是具有相互传递意向能力的人群,为了达到共同的目标,想要主动做出自己的贡献的时候才会产生。因此,组织的构成要素是,(1)传递;(2)协作意向;(3)共同的目

---

① 戴维·毕瑟姆:《官僚制》(第二版),吉林人民出版社 2005 年版,第 7 页。
② 戴维·毕瑟姆:《官僚制》(第二版),吉林人民出版社 2005 年版,第 7 页。

标。① 这就意味着:组织是由有意识的相互协调的两个或更多个人的行动或力量为达到特定目标而创建的系统。这样理解组织,就暗含着任何组织都至少包含着一个基本的劳动分工,以及具有不同专业特点的人的合作关系的建立与维护。"如果一个组织要有效地实现其目标,通常会经历需要协调活动的过程。这些包括组织规模、复杂性、专业性以及需要协调的关系,是所有官僚组织的最重要的方面。"②官僚制的政府组织是唯一拥有公共权威的组织,它的任务与目标也是所有社会组织中最复杂、最根本、最具有挑战性的。这一组织目标的实现必须依赖于组织成员的合作与协调才能实现,而政府组织的上下级分工,就使这一合作关系组织化、制度化与非人格化。实际上,官僚制组织为了实现目标而采取了金字塔型的组织结构,其基本的思路就是:权力按照自上而下的层层授权,与其对应,责任则是自下而上的层层分担,它通过权力与责任的分割与对应而建立起一种基本的合作体系。这一合作体系通过权力自上而下的传递,与责任自下而上的担当把组织内的每一成员纳入到一个合作体系内,以图完成组织目标。

　　另一方面,官僚制等级关系的客观性还源于解决组织冲突的需要。现代组织理论中关于组织冲突问题的细致研究,为我们寻找到了官僚制等级关系存在的又一客观基础,而且,组织中合作与协调关系的建立与维护也隐含着层级制关系存在的必要性与合理性。组织内的合作与协调,一部分源于人与人之间的自觉行动,还有很大一部分却源于一定的层级权威与非人格化的规则来实现。组织的最初形成都是为了实现一定的目的,如果不对从事不同任务的组织成员的个体工作进行协调的话,组织的目标是难以实现的。假设组织中的每一个成员都愿意且自觉地调整自己的行为,并与组织的其他成员乃至组织的整体目标相一致,那么,层级分明的权威组织就是多余的。然而,事实上,人性的复杂化程度与大型官僚

<hr>

① 参见饭野春树:《巴纳德组织理论研究》,王利平等译,三联书店2004年版,第23页。
② 安东尼·唐斯:《官僚制内幕》,中国人民大学出版社2006年版,第27页。

组织固有的复杂本性的结合，却产生出许多妨碍实现有效协调的障碍。唐斯认为，"这些障碍主要包括两大类：即利益冲突与技术限制。两者都引起了组织成员不一致的行为形式，我们称之为冲突。"①组织冲突可以在不同层面展开：个人与个人、个人与群体、群体与群体之间，以及个人或群体与组织之间的冲突等等。产生这些冲突的原因也是极其复杂与多样化的：或者是源于个人层面的价值观、个性与地位等的差异性；或者是源于组织内权责重叠、信息沟通等方面的障碍；或者是源于个人或组织层面的各种复杂的利害关系等。对于冲突，正如唐斯认为的那样，"在这里，它是一种中性感情色彩的用法，即并不是蓄意的冲突。等级权威结构需要将这种冲突降低到可以接受的程度。"②

总之，组织为了完成目标，既需要通过组织协作，也需要解决组织冲突。这实际上是组织管理中一个问题的两个方面，我们只能在抽象的理论研究中将其在思维的层面上分开。对于这一问题，唐斯是这样分析的，"为了便于描述，让我们设想，一个组织小到只有一个人具有协调所有工人的权威。如果组织规模扩大，该协调者很快就会对解决由于工人活动的相互依赖性产生的冲突感到不堪重负。这时，另一个冲突解决者被任命来解决产生于一定组织部门的不一致问题。然而，两个不同的冲突解决者的活动之间必定存在一定的相互依赖性。因此，他们自身必须在协调活动上达成一致。如果组织规模继续扩大，冲突解决者的数量也将成倍增长。这样的情况就不可避免，他们必须诉诸不同的权威来解决他们自身的冲突，正如第一层的官员最终诱发了第二层冲突解决者的出现一样。随着组织规模的扩大和上层组织协调活动的累加，更多层次的类似变革将是不可避免的。"因此，"这个在逻辑上相对简单的练习导出如下等级定律：'在缺乏市场机制的条件下，对大规模活动的协调需要一个等级制的权威结构。'"而"权威的真正概念暗含了一定的层级观念。如果

---

① 安东尼·唐斯：《官僚制内幕》，中国人民大学出版社 2006 年版，第 55 页。
② 安东尼·唐斯：《官僚制内幕》，中国人民大学出版社 2006 年版，第 55 页。

A 在某些方面对 B 的行为具有权威,那么,A 在这个方面的层级上高于 B。"①

2. 位差博弈:政府官员上下级间的策略选择

大型政府组织层级化机制形成了上下级关系,也造就了上司与下属之间特殊的"位差"。在此文中,笔者也采用唐斯的分析方法,即"分析特别着重于官员的两头关系,一头是直接的上司,另一头是直接的下属。在许多等级组织中,每一个官员都只向一个上司直接汇报工作。他也可能向其他上级汇报他的一些相关行动,但在我们的最初分析阶段,我们假设每一个官员只向一个上级汇报工作,而且他的每一个下级也只向他一个人汇报工作。"②基于这一抽象的、单线的上下级关系的视角展开分析,同时,我们还避开一些其他的影响因素,在政府管理过程中,上司与下属的行为选择会在一系列的策略互动中展开。也就是说,不论是上司还是下属,他们在决定采取行动的时候,不但要根据自身的目的与利益行事,而且还要考虑到他的决策行为对"对方"的可能影响,以及对方的反应行为可能产生的后果,从而通过选择最佳行动方案来寻求收益或效用最大化。实际上,上司与下属之间的这种互动的策略选择就是博弈行为,不过,这一博弈行为是与上下级"位差"紧密相连的,因此,笔者将这一博弈形态就称为"位差博弈"。

政府组织中的政府官员作为社会中具有特殊职务与社会角色的"特殊公民",上下级之间的平等内涵也染织着"特殊"二字。一方面,政府官员上下级之间的平等是一种"分割的平等"。所谓分割的平等是指,在同一个领域或层级中的每一个个体皆受到平等的对待,但不同领域或层级之间则存在着不平等的差异性。在政府部门中,"上下有别"指的就是这样一种分割的平等含义。比如说,上级享有对下级的指挥权,下级却无权

---

① 安东尼·唐斯:《官僚制内幕》,中国人民大学出版社 2006 年版,第 57 页。
② 安东尼·唐斯:《官僚制内幕》,中国人民大学出版社 2006 年版,第 85 页。

指挥上级;另一方面,政府官员上下级之间的平等不是绝对的,而是相对的。也就是说,当领导无理要求下属执行某种命令或决定时,下属即使存在心理上的抵抗因素,也不能将这种因素付诸行动,因为这样会遭受上司的惩罚,而这种惩罚往往也符合组织规定。①　上下级之间平等的"分割性"与"相对性"就形成了两者之间"位差"的客观存在,所以,政府官员上下级之间的"位差博弈"具有其独特的展开方式与表现形态。

博弈论在描述两种力量的博弈组合时,根据每一方的能力与资源占有情况的不同程度而进行矩阵分析,演绎出四种组合方式,即强—强组合、强—弱组合、弱—强组合、弱—弱组合。我们可以把这一矩阵演绎模式应用于政府官员上下级博弈关系的分析中。在上下级博弈关系的互动中,足以影响上司与下属行为策略选择的两个因素分别是:政府官员的"个体能力"与"实际位差"。

第一,政府官员上下级"个体能力"的对比会呈现出强弱差别,从而形成了四种不同的组合方式,即上司强—下属强、上司强—下属弱、上司弱—下属强、上司弱—下属弱。政府官员的个体能力,根据学者刘颖的研究可以概括为三个方面:即专业技能、个人品质与人际沟通能力。②　(1)专业技能指的是:政府官员对某一特定领域的相关知识和从事该项工作的能力。在现代政府管理中,专业技能已构成官员"个体能力"的一个重要方面。(2)个人品质中的正直、诚实与善意等因素,会成为一个官员的"软实力"。(3)人际沟通是指上下级之间信息交流的有效程度。在现代政府管理中,人际沟通能力的重要性越来越突出。根据博弈论的基本原理,当强—强组合与弱—弱组合出现时,两者之间的博弈不可能是合作的;只有在强—弱组合出现时,两者的合作博弈才是可能的,而且,博弈的策略选择主要取决强势的一方。但是,政府官员上下级博弈关系却因为有"位差"的存在而改变了这一博弈的基本态势。

①　卢亮宇:《论公务员上下级之间的良性互动》,《上海行政学院学报》2006 年第 5 期。
②　刘颖:《组织中的上下级信任》,《理论探讨》2005 年第 5 期。

　　第二，唐斯认为，少数人能够控制整个官僚组织的"精神"及行动的可能性之所以产生，是因为官僚组织的等级结构倾向于将权力等资源不平衡地集中在上层。这样，官僚组织的层级形式在其成员之间产生了信息、权威、收入和声望的特殊分配方式，这种分配方式导致各个层次中个人关系性质的差异。这一差异的具体表现就是上下级之间的"位差"，即权力、收入与声望都集中在组织的上层，增加了上层官员的权威与影响力。有"位差"就必然会产生"上位助力"与"下位减力"。因此，在政府组织中，上司的博弈能力就等于"个体能力＋上位助力"，而下属的博弈能力就等于"个体能力－下位减力"。这样，上位助力与下位减力两个常量的存在，就势必改变了上下级关系中政府官员的博弈能力的组合方式，也就是说，即使出现上司个体能力弱的情况，而不管下属的个体能力是强还是弱，一般都难以改变"上司说了算"的决策套路。这就是俗语所说的"官大一级压死人"的状况。

　　第三，在上司与下属的博弈展开中，就下属的博弈策略而言，无外乎有三种选择，即同而不和、和而不同与不同也不和。"同而不和"是下属博弈选择中的退让策略，而"不同也不和"是下属选择的对抗策略。源于上下级之间位差的存在，下级在这两个极端性的策略中，更多倾向于"同而不和"的退让策略，而很少会选择"不同与不和"的对抗策略。因为，正如唐斯所言："每一个官员在官僚组织中提升职位的机会——包括提升、更高的薪酬、成功地推动他赞成的政策——很大程度上依赖于他的直接上级对他的评价。这是缺乏市场机制的必然结果，在市场机制中个体的产出能够被客观地评价。"[①]因此，与上司保持一致常常是上下级博弈关系中下属的首选策略，这一点在中国传统文化中表现得尤其突出。因为，中国传统的政府体制与文化习惯更加强调上级对下级的影响力与控制力，讲究下级对上级的服从，而不太提倡下级的参与式管理。另外，"和而不同"表达的是下属在博弈中以协调为主的一个策略选择，这一策略的

---

① 安东尼·唐斯：《官僚制内幕》，中国人民大学出版社 2006 年版，第 85 页。

特点是:既不完全听从于上司,也不完全与上司针锋相对,显然这是一个高明的"中庸策略",在实际的政府管理过程中,这一策略的选择必须依赖于多种因素与背景,比如:下属属于智慧型、上司又属于开明型、下属的"个体能力"比较强等等。

第二节　心理距离与位差调适

1. 心理位差:上下级距离在官员心理上的反应

在心理学上,将由于位差而产生的心理距离称为"心理位差",这样,上司会形成居高临下的"心理上位"心态,而下属则会形成谦恭拘谨的"心理下位"心态。上下级之间的"等级位差"是客观存在的,由此而产生的"心理位差"也是客观存在的,这样就导致了上下级之间心理距离的客观存在。上下级之间的心理距离或"心理位差"的形成原因是复杂的,仔细研究,可以从四个方面来认识。

第一,上下级权威分配的等级性。在政府组织中,权力在不同层次之间的纵向分配与行使构成了上下级之间的等级关系。因此,上下级关系就是领导与被领导的关系,亦即指挥与服从的关系。为了保证政府组织的正常运行,国家常常以法律法规的方式把这一关系固定化与明晰化。我国政府官员上下级之间的指挥与服从的关系,在《中华人民共和国公务员法》中也有明确而具体的规定。比如:第二章第十二条(五):忠于职守,勤勉尽责,服从和执行上级依法作出的决定和命令;第十三条(五):公务员享有对机关工作和领导人提出批评和建议的权利。第九章第五十四条还规定:公务员执行公务时,认为上级的决定或命令有错误的,可以向上级提出改正或者撤销该决定或者命令的意见;上级不改变该决定或者命令,或者要求立即执行的,公务员应当执行该决定或者命令,执行的后果由上级负责,公务员不承担责任。对于这三条条款,可以解读出其中蕴含的权威分配的等级性。(1)第一项规定就是"服从条款",这是政府公务员应当履行的基本义务之一,属于义务条款,而第二项规定就属于权利条款。在《公务员法》条款的编排顺序中,将公务员的义务放在权利之前,是有特别含义的,它说明了"服从"比"不服从"具有价值意义上的优先性。[①](2)第三项规定表明,当上级与下级的意见不一致时,下级具有服从上级的价值优先性。

第二,上下级信息构成的异质性。与靠近等级组织下层的官员相比,靠近组织上层的官员拥有更多关于官僚组织的信息,但是下层对其所在的特殊部分拥有详尽的信息。上下级所掌握的信息的异质性具体体现在以下两个方面:一方面,上司能够通过像会议、报告、文件等正式组织途径,也能通过像私人谈心、内幕透露等非正式组织途径,接触到更高层次上级的讲话、材料与动态等组织的重要信息以及组织的"内幕信息",因而与下属相比较,上司通常能够吃透组织的"上情";而下属由于更多的是面向基层工作与具体工作,与组织内的普通工作人员接触的机会多,通常更加熟悉组织的"下情"。另一方面,上司更加关注组织的整体信息,包括组织目标、组织发展的状况以及组织地位等,同时,他也具有了解组织内其他部门信息的正式渠道与合法性;而下属由于其活动范围的限制以及合法性的不足,他对于组织整体信息的了解以及对于组织内其他部门信息的了解都是有限的,而他更易于了解的是本部门具体工作的相关信息。相对于政府组织发展与政府官员的升迁而言,上司与下属所掌握信息的质量是有着本质区别的,通俗地说,上司的信息质量更大,而下属的信息质量较小。在现代社会中,信息越来越成为交易的焦点,信息的价值性问题也越来越受到人们的关注,信息的价值性不仅取决于其数量特征,而更重要的是取决于其质量特征。在等级组织中,上司与下属所掌握信息构成的异质性强化了上司与下属之间的"心理位差"效应。

第三,上下级思维方式的差异性。源于在等级组织中的角色类型、职

---

① 卢亮宇:《论公务员上下级之间的良性互动》,《上海行政学院学报》2006 年第 5 期。

责分配与任务性质等的差别,上司与下属在组织活动中的思维方式也表现出比较大的差异性。一方面,上司的职责与角色习惯于对组织的全局进行领导与把握,从思维特点上常常表现出"宏观思维"的习惯,而下属则常常着眼于部门工作与具体工作,思维的特点常常习惯于"微观思维",两者的思维特点具有一定差别。另一方面,上司与下属的思维落点也存在着比较明显的差异,也就是说,上司常常致力于维护与巩固组织的"整体利益"或"全局利益",而下属则常常致力于巩固与维护组织的"局部利益"或者是较小范围的"整体利益"。一般来说,思维方式与思维落点都受制于个体的利益动机,而没有等级与属性之分别。但是,在一个等级组织中,这种思维方式的差别与上下等级联结起来就会形成一定的"心理距离"。

第四,上下级心理需要的互补性。唐斯认为:"对上级的个人忠诚以及来自于下属的个人忠诚,在官僚组织中发挥着重要作用。"①从上司的角度来看,下属忠诚的第一作用就在于下属不会谈论会使其常常陷入尴尬境地中的一些非法行为、失败以及不能胜任工作等事件,因此出于自我保护的需要,上司倾向于选择对其具有个人忠诚的下属。从下属的角度来看,由于上司重视下属对自己的忠诚,个人忠诚常常成为上司提拔下属的一个重要标准,所以,下属会力图展示他的个人忠诚以增加他们升迁的机会。这就是一个心理互动的过程,在这一互动过程中,上司与下属的心理需要产生了互补性,而这一互补性的心理需要,实际上是人在内心深处,甚至是潜意识地确认了两者之间的"心理位差"。这一心理位差在实际生活中就体现为两个方面:一是上司对下属容易产生"强制"心理,而下属对上司容易产生"追随"心理;二是上司对下属居于首位的心理要求与愿望就是:服从与尊重,而下属对于上司的居于首位的心理要求就是:支持与信任。

总而言之,层级组织中权威分配的等级性、信息构成的异质性与上下

---

① 安东尼·唐斯:《官僚制内幕》,中国人民大学出版社 2006 年版,第 74 页。

级思维方式的差异性、心理需要的互补性等因素相结合就形成了上下级之间的"心理位差"。在实际的政府管理过程中,政府官员也在尽量避免与竭力消除这一心理位差。如何对这一心理位差进行调适,笔者提出两个思路:一是微观机制,即上下级通过"互动交换"建立起一种"对子关系";另一是宏观机制,即上下级通过"信任投入"建立起一种信任机制。在这两种机制中,就分析方法而言,前者属于特殊性分析,而后者属于普遍性分析,上下级位差的调适需要这两种机制共同发挥作用。

2. 互动交换:上下级"对子关系"的微观机制

在组织管理中,以"对子"作为组织研究的切入点起始于 20 世纪 30 年代,社会系统论的创始人 Barnard(巴纳德)在其《经理的职能》一书中,提出组织就其本质而言是一种协调机制,组织内双方通过协商而达成的合作是组织的精髓。Weick(韦克)认为尽管组织建立在个体行为基础之上,但是任何人的行为都与其他人的行为息息相关,所以,组织研究中的分析单元应该是这种互动的行为模型。在这些研究的基础上,近年来出现的"上下级交换理论"试图建立以"上下级对子"作为研究对象的理论模型,来分析上下级之间的互动关系。①

在实际的层级组织管理中,我们不难发现,上下级之间常常通过正式渠道,而大多数情况下是通过非正式渠道而建立起一种特殊的对子关系。这种对子关系及其质量程度是可以被组织内的其他成员感觉到的。这样,在组织内就其纵向关系而言,常常会呈现出圈内与圈外之别。通俗地说就是:某位上司与某些下属常常会形成"对子关系",而与另外一些下属的关系则一般。笔者认为,"上下级对子关系"分析模型的理论价值表现在两个方面:一是,这一理论模型敏锐把握到了组织管理中这样一种特殊的对子关系,并试图对它进行理论描述;二是,这一理论模型确认了:在上下级对子关系中,上下级交换关系的质与量都有所提高,其行为的一致

---

① 参见梁建:《上下级交换理论的理论基础与研究进展》,《人类工效学》2001 年第 1 期。

性大大增加。

在研究这一理论模型时,笔者察觉到:在层级组织的管理中,对子关系作为一种微观机制,对一定范围内的上下级心理位差的调适具有价值,也就是说,它通过在一定范围内上下级之间心理位差的调适,可以保持上下级之间信息沟通的顺畅,可以保持组织行为的一致性,可以提高上司控制组织的能力,这些因素对提高组织管理的有性效都具有积极意义。因此,在政府组织管理中,调适上下级之间"心理位差"可以吸纳这一微观机制的作用。那么,接下来的问题是:上下级对子关系是如何建立与实现的? 笔者借用企业角色形成模型的"三阶段说",即角色取样、角色扮演与角色承诺,[①]提出政府组织中"对子关系"建立的三个阶段的分析思路。

第一,"对子关系"互动阶段。这一阶段是上下级之间为了形成对子关系而进行相互检验的阶段。在这一阶段中,关系互动的主动权掌握在上司手中,上司力图通过多次沟通与互动去发现下属的品质和动机,以及获得下属潜质的相关信息,从而决定是否赋予其新的组织角色;而下属的工作业绩与忠诚态度对上司角色期望的满足是至关重要的。在这一互动过程中,上下级双方都在评价对方的动机、态度和交换的可能性,并评估交换关系可能带来的收益。理论研究表明,这一阶段持续的时间比较短。

第二,"对子关系"发展阶段。这一阶段是上下级经过第一阶段的沟通与互动之后,开始定义双方关系的性质。在这一阶段,双方都在对方期望的角色中通过"角色扮演"进一步发展着双方的对子关系。这一阶段中双方关系的实质性内容是:通过交换各自珍惜的资源使双方关系进一步明确化与固定化。

一方面,从上司的角度看,他的交换资源包括个人资源与职务资源两个方面,而职务资源则是组织设计为上司提供的、有别于组织成员个人资源的交换内容。Grean(格林)则提出了几种组织赋予上级的职务资源,这

---

① 参见梁建:《上下级交换理论的理论基础与研究进展》,《人类工效学》2001 年第 1 期。

一研究成果同样适应于政府组织。这些职务资源分别是:(1)组织的重要信息,尤其是涉及到组织发展方向的内部信息,而且这些信息与成员的职业发展有比较密切的关联。这类信息大多数为上司所掌握。(2)对组织决策的影响。在组织决策中,上级的影响是关键的,其影响行为可以表现为简单的评价或者是对决策赞成与否的表态。上司不同程度的影响行为代表着与下属之间不同的资源交换行为。(3)组织任务分配。不同的任务对于下属而言可能代表着职业成长与成就的可能性,也可能使员工遭受挫折与失败。因此,任务的设计与分配就成为上司的一项重要的职务资源。(4)上司支持。下属在任务压力较大的情况下,或者在接受具有挑战性的任务时,上司的支持在上下级的交换行为中就显得非常重要,而这一资源上司既可以收回,也可以给予。① 而就个人资源而言,上司对下属的注意,对于那些渴望职业发展的政府官员而言也是弥足珍贵的。另一方面,从下属的角度看,他的交换资源表现在两个方面,一是对上司的角色要求作出主动而积极的反应;二是通过在角色扮演中良好的业绩支持上司的角色分配、任务设计与决策选择。

第三,"对子关系"确认阶段。经过第二个阶段的角色扮演,上下级双方通过资源交换与互相支持而形成了相对固定的互动模式,双方的非正式沟通渠道比较顺畅,心理位差在一定程度上得以减弱,下属对上司的忠诚与上司对下属的重视开始形成,双方对于各自角色的认识趋于稳定化、习惯化与固定化,这样,上下级之间比较深入的交换关系随之建立,"对子关系"获得双方的确认。在组织中,以"对子关系"为中轴的上下级圈层结构逐步形成与建立起来了。

3.双向信任:上下级"信任投入"的宏观机制

说到这里,我们必须清楚两点:第一,作为一种微观机制,"对子关系"对于调适上下级"心理位差"具有独特作用,但是,这种机制的缺点是

① 参见梁建:《上下级交换理论的理论基础与研究进展》,《人类工效学》2001年第1期。

在组织中形成了圈内与圈外之别，而且它只能在一定范围内起作用，并不具有普遍有效性。第二，以"对子关系"为中轴的上下级间的圈层结构，如果不能获得组织整体信任氛围的强力支持的话，它对于组织的有效性就极具破坏作用。我们可以想象到：在一个缺乏人际信任的组织中，人际间的沟通是不顺畅的，人际间的心理距离也就比较大，这时，"对子关系"的存在反而会加大上司与其他下属之间的心理位差，这样，势必会造成组织的隔阂、分裂，甚至是对抗。因此，笔者认为，在政府组织中心理位差的调校，要依赖"对子关系"的微观机制与上下级"双向信任"的宏观机制的共同作用。

美国学者埃里克·尤斯拉纳的实证研究表明：一方面，信任虽然不是解决社会问题的万能钥匙，但它却具有其他的、甚至是更重要的结果，由于信任能把我们和与我们不同的人群联系起来，它就使得合作与妥协更为容易；另一方面，信任是重要的，信任他人的人具有自己群体的那种开阔眼界，这有助于他们接触那些与自己不同的人，还有助于人们在解决公共问题不能达成一致时，以寻求共同的基础。① 因此，在政府组织中，通过上下级之间的信任投入而建立起一种"双向信任"的机制，可以有效地缓解上下级之间的心理位差。

对于信任，有两个方面的形成机制：一是"得到他人的信任"是重要的。如何得到他人信任呢？"事前承诺，不管是单方承诺还是双方承诺，都成为这么一种机制，通过它我们能对自己施加一些约束，于是减少了别人对我们的可信性的担忧。"② 二是"给予他人信任"也同样是重要的，这就是笔者提出"信任投入"的真正内涵。正如尤斯拉纳所认为的那样，"信任的道德基础意味着，对于那些我们认为值得信任的人们来说，我们的所作所为必须比合作更多。对于陌生人、对于与我们有别的人，我们必

---

① 埃里克·尤斯拉纳：《信任的道德基础》，张敦敏译，中国社会科学出版社2006年版，第248—249页。

② 迪戈·甘姆贝塔：《我们能信任信任吗?》，参见郑也夫编：《信任：合作关系的建立与破坏》，中国城市出版社2003年版，第275页。

须持积极的看法,而且必须认为他们是值得信任的。"①

　　理论地看,在政府组织中,不论是上司还是下属,如果既能付出"信任投入",又能收获"他人信任"的话,那么,一种良性的"双向信任"机制就得以建立。政府组织中的双向信任机制可以细分为"上向信任"与"下向信任"两种,前者是指下属对上司的信任,而后者是指上司对下属的信任。对于这一双向信任机制,我们需要研究四个方面。

　　第一,如果我们把政府组织中的上下级信任当成一个整体的信任来看,那么,这一信任关系就具有组织内部人际信任的普遍特点。也就是说,只要是能影响组织中人与人之间信任关系的因素同样也会影响到上下级之间的信任。这些因素也就是促成上下级信任关系的"普遍前因",这些普遍前因包括三个变量,即专业技能、个人品质与人际沟通能力。②

　　第二,在上向信任中,除了上司的专业技能、个人品质与人际沟通能力等三个变量外,还有两个特别变量,即上司与下属的亲密程度、上司在组织决策中的程序公正。上司与下属的亲密程度这一变量,涉及的就是具有特殊性的"对子关系"。也就是说,就特殊性而言,上司与下属的亲密程度是影响"上向信任"的第一因素,这一因素只在一定范围内发挥作用;而就普遍性而言,上司在组织决策中的程序公正是影响"上向信任"的第一因素,这一因素在整个组织中都能发挥作用。程序公正是相对于结果公正而言的。"结果公正"指的是组织成员在付出时,所收获到的物质资源与精神资源的质与量是否合理,而"程序公正"是指上司在组织决策与执行中是否做到了合理、合法,就是俗话说的"一碗水端平"的问题。程序公正是影响组织内上向信任,甚至是普遍信任的一个重要变量,这一点并没有获得理论界的高度重视。尤斯拉纳通过引用科恩的观点也证实这一点,他说:"科恩认为,在程序上公平、公正和正义的法律规范,向国家和民权机构提供的结构,能够限制偏袒和武断。保护优秀的价值,这些

---

　　① 埃里克·尤斯拉纳:《信任的道德基础》,张敦敏译,中国社会科学出版社 2006 年版,第 3 页。

　　② 刘颖:《组织中的上下级信任》,《理论探讨》2005 年第 5 期。

对整个社会中的'普遍信任'是必要条件,至少在现代社会结构中是如此。"①

第三,在下向信任中,除了专业技能、个人品质与人际沟通能力这三个变量外,还有一个变量是重要的,即下属对上司的忠诚。从特殊性角度看,在这四个变量中,影响下向信任的第一因素是下属对上司的忠诚度,在此基础上可以建立起上下级的"对子关系",忠诚度可以在很大程度上弥补下属在专业技能、个人品质与人际沟通能力等方面的不足。而从普遍性角度看,对于下向信任产生影响的三个变量,会因上司个性特点与组织特点的不同而不同。这一方面需要继续关注与研究。

第三节　人格独立与位差化解

1. 理论批判:"主奴双涵"的中国传统官僚人格遗留

在谈论中国传统官僚政治时,王亚南先生说,当我们把中国官僚政治当作一个对象来研究时,我们应当特别重视的是它的特殊方面,即它与一般官僚制相差别的地方;而中国官僚制的特殊性体现在它的三种性格中:(1)延续性——这是指中国官僚政治延续期间的悠久,它几乎悠久到同中国传统文化史相始终。(2)包容性——这是指中国官僚政治所包摄范围的广阔,即中国官僚政治的活动,同中国各种社会文化现象如伦理、宗教、法律、财产、艺术等等方面,发生了异常密切而协调的关系。(3)贯彻性——这是指中国官僚政治的支配作用有深入的影响,中国人的思想活动乃至他们的整个人生观,都拘囿锢蔽在官僚政治所设定的樊笼中。②笔者认为,中国官僚政治的三种特殊性格,就包含着中国传统官僚人格的

---

① 埃里克·尤斯拉纳:《信任的道德基础》,张敦敏译,中国社会科学出版社2006年版,第51页。

② 王亚南:《中国官僚政治研究》,中国社会科学出版社1981年版,第38—39页。

三种性格。换句话说,中国传统官僚人格并没有因为时代与历史的变迁,也并没有因为社会制度的更替等因素的变化而发生根本性改变,反而因为其"延续性、包容性与贯彻性"的三种性格,它就像生命基因一样在我们现实的政治生活中遗留、繁衍并生息着。

那么,中国传统官僚人格的总体特征又是什么呢? 这一官僚人格在上下级关系上具有什么特点呢? 学者张分田在其《亦主亦奴——中国古代官僚的社会人格》的著作中,把它概括为"主奴双涵",可谓一针见血。"主奴双涵正是官僚实际政治地位的生动写照。秦汉以来,君(皇帝)、臣(官僚、贵族)、民(良民、贱民)构成三大社会等级。官僚介于君与民之间,他们亦主亦奴、亦贵亦贱、亦上亦下。相对于君,官僚是下,是奴,是臣子;相对于民,官僚是上,是主,是父母。官僚内部又依爵位、品级、职务有上下贵贱之别。他们对下属和百姓可以颐指气使,而在君主与长官面前则必须附首帖耳。……官僚的地位主奴双涵,这就决定了主奴综合意识是这一群体具有普遍意义的社会人格。"①

中国传统官僚人格现代遗留的原因是多方面的,它既与我们传统文化的历史延续有关系,也与当代中国的政府体制与决策机制存在一定的缺陷有内在联系。中国传统官僚人格在现代社会的遗留,所产生的一个最消极的后果就是加大了上下级之间的"心理位差"。这可以从以下三个方面来认识与理解。

第一,中国传统官僚政治的等级性强化着官僚的"德才位差性"。所谓"德才位差性"是指,根据官位的等级性来划定官员"德才"两方面的差别性,通俗地说就是,人们普遍认为,官位越高,官员的德性与才能就越高,其中,尤以德性为最突出。当然,理性的官僚制也从体制上确立了上下级官员之间的位差,然而,这种位差只表现在权力性质与责任范围等体制性因素上,而不表现在德性与才能等非体制性因素上。但是,在中国传

---

① 张分田:《亦主亦奴——中国古代官僚的社会人格》,浙江人民出版社 2000 年版,第 210 页。

统的官僚政治中，官员的个人价值、名誉、财富等非体制性因素都取决于其官位的等级；而且，在官场中，又有各种礼仪规范严格按等级来规定官员之关系，包括服饰、车轿、住宅等非体制性内容都体现着这种等级差别。因此，官员总体对于"一人之君"而言是卑微的，但对于众民而言却显示着高尚尊荣；而在官僚阶级本身，其不同的品级就显示着其不同的德性与才能的价值。在中国的官场中就有这样一种现象：一些下属常常以自己的"才智低能"与"道德庸碌"来反衬上司的"德才尊贵"。

第二，德才位差性的心理意识养成了官员"唯上思维"的习惯。社会心理学的研究表明，同一社会现象的反复出现，会使人们的心理反应牢固地变成人的"第二天性"。在中国传统的官僚政治下，上下级之间的尊卑观念、上级的优越感与下级的卑微感是由一系列政治环境、政府体制以及社会条件予以支持与强化的。而自古如今的政治生态使得不论是上级还是下级，都不期然而然地把既成的这一政治现象当作理所当然，而不论它是否公平与合理。因此，在长期的潜移默化中，下级官员与底层官员就养成了"唯上"的思维习惯。这一固化的思维方式受到政府管理体制中官员选拔机制的强化，即每一位官员在官僚组织中提升职位的机会，包括获得更高的薪酬、成功地推动他赞成的政策等都依赖于他的上司对他的评价。"唯上"思维与"决于上"的体制相结合又形成了中国政治生态中的"长官意识"，并衍生出现实政治生活中的一种"学问"即"上级关系学"，因此，揣测上级意图、迎合上级兴趣、盲目支持上级决策等行为就成为比较自然而正常的官员行为。

第三，"德才位差性"观念与"唯上"思维两者相结合，形成了中国官员在人格上的一个特征，即"依附性人格"，它既是对上级的依附，也是对整个官僚体制的依附，而缺乏一种以人格平等为基础的独立人格的养成机制与政治生态。

2. 理论建构：以"人格独立"来消解"分割的平等"

如果说，在社会的其他领域中独立人格的养成不是一件难的事情的话,那么,在政治与政府管理领域中,独立人格的养成就是一件不容易的事情,因为,其中有许多体制性的等级因素在影响与制约着政府官员的独立性与自主性。正如上文所言的上下级间的平等只是一种相对的"分割的平等"。然而,再反过来看,正因为政府体系中的平等是相对的、分割的,而政府管理的公共性价值诉求却必须消除这一体制性障碍,以独立人格的面目来完成对于公共利益的担当,否则,政府实现的利益可能是"非公共的"。因此,在政府管理领域中,独立人格的养成比任何其他领域显得更为重要。对此,学术界对于这一问题也给予了高度关注,其中,张康之教授的"依附人格—工具人格—独立人格"的理论思路已为这一问题的研究奠定了一个良好的基础。① 笔者认为,我们对于独立人格的理论建构,既需要张康之教授那样理论思考的历史深度与广度,也需要把这一思考建立在现实的理论高度之上。在本章中,笔者对于"独立人格"的理论建构,试图引入后现代视角下的"主体间关系"的思维路径,来阐述政府官员"独立人格"建立的可能性。

在西方近代主体性观念的统摄下,人与他人以及与世界的关系可以概括为"我"与"它"的关系,即主体—客体的关系、主体—对象的关系或者主体—工具的关系。在公共生活中,"主体"必然不可能以一种平等的方式来对待别人,而只能把他人"客体化"与"对象化"。这种"我—它"的关系模式正像马丁·布伯所言:"'我'与'它'并非邪恶,恰如物质并非邪恶,但两者均狂妄地以存在自居,因而在此意义上乃是罪孽。倘若人听凭它们宰制自我,则无限扩张的'它'之世界将吞没他,他之'我'将荡然无存。"②

建立在"主体性"观念上的"我—它"关系模式,在层级组织中,尤其是政府官僚组织中获得了充分而彻底的体现。第一,从组织设计理念的角度看,层级组织中处于金字塔顶端的上层管理者,他们是公共领域中

---

① 张康之、李传军:《行政伦理学教程》,中国人民大学出版社 2004 年版,第 199 页。
② 马丁·布伯:《我与你》,陈维纲译,三联书店 2002 年版,第 40 页。

"真理"、"价值"与"道德"的化身,从而在权力行使上常常表现出"唯我独尊"的"自大狂"意识,从而,理性官僚制的原则就是组织的统一性必须归于上层的权威。第二,从组织行为方式的角度看,官僚组织强调控制,这一控制体现在两个方面:一方面,从政府与社会的关系来看,政府对于社会要进行控制;另一方面,在官僚组织内部,上级对下级要进行控制。所以,马丁·布伯形象地说:"除了疯狂扩张的'它'之暴政,它无物可以继承。'我'在此暴政下日渐丧失其权力,可它仍沉醉在君主的迷梦中。"①这样,"我"对"它"的控制与挤压变得天经地义,从而公共生活变成了一个互不妥协、殊死相搏的权力竞技场。在此基础上,人与人之间的平等、对话、合作是第二位的,而控制、竞争、排挤反而是第一位的。

为了规避这种"我—它"的关系模式,一种"主体间性"的"我—你"关系模式,在哲学的思辨中脱颖而出。不同于"我—它"的关系模式,"我—你"关系模式则强调相互性、直接性、开放性,即"我"通过与你的关系而成为"我"。根据哲学对人与人关系建构的基本思路,主体间关系旨在强调社会主体在其社会存在的展开过程中,不要试图把与其具有关系联结的其他主体看作是对象或是工具。换句话说,当"我"把对方看作对象时,对方对于"我"的意义就是工具性的;同样,"我"对于对方也只具有工具性价值。这就陷入了"我—它"的关系模式,而非主体间的"我—你"的关系模型。

依据"主体间性"的思维路径来看待层级组织中的上下级关系,我们就会发现两者关系中的一些新特质:(1)交互联系性,不论是上司还是下属,他们既是社会生活的交往主体,也是社会生活的治理主体,两者的关系模式应是:主体—主体或主体—中介—主体的交往模式。(2)独立平等性,主体间性的核心是主体间对话,以及话语的独立性与平等性。上司与下属作为社会交往与治理的主体,两者关系的建构只有在相互承认其主体人格特点的基础上,即在不放弃"自我"的前提下,才能进行平等交

---

①　马丁·布伯:《我与你》,陈维纲译,三联书店 2002 年版,第 40 页。

流与对话。(3)可沟通理解性。上司与下属作为主体存在,通过共同分享管理经验与信息,使得相互间的理解与沟通成为可能。总之,以主体间性为基础,才能从最根本的意义上建立起能够消解官僚组织中"分割式平等"的"独立人格"来。

主体间关系的这一理论建构思路,正在影响着政府理论的方方面面。比如,美国学者保罗·C·莱特在论及"创新组织"与"改革领导作风"时,就已经充分融入了这一理念的精髓。他说:"生存创新组织领导者的主要任务,就是改革与领导工作有关的主流思想。他们必须摒弃那种'好领导就是权力集中且拥有严格的上下属关系'的观念。他们必须帮助组织推翻'POSDCORB',特别是'唯一的真正主人'这一意识形态。他们必须废除传统的遵从型责任机制,转而支持成果型责任机制。他们的工作不是建立新的结构和控制机制,而是废除旧有的结构和控制机制;不是为创造力制造新的障碍,而是减少原有的障碍。"①

3. 心智模式:以公共利益为价值导引的上下级关系

到这里,本文进行了两方面的工作。一方面,批判了中国传统"主奴双涵"的官僚人格及其在现代政府组织中的遗留,另一方面,运用"主体间性"理论来消解官僚组织"分割的平等",并论证独立人格生成的价值追求。在政府组织中独立人格的生成是必要的,而本文对于独立人格研究的落点是:当上下级关系在政府管理活动中发生冲突时,倡导上下级尤其是下级官员,以自主自觉的独立人格精神来处理这一冲突关系,以完成政府组织追求公共利益的价值活动。独立人格的生成必须依托于政府组织这个最根本的价值指归——维护公共利益,或者说,独立人格的生成不能偏离公共利益的价值导引。因此,处理上下级关系必须形成以"公共利益"为价值导引的心智模式。

---

① 保罗·C·莱特:《持续创新——打造自发创新的政府和非营利组织》,中国人民大学出版社 2004 年版,第 119 页。

彼得·圣吉在《学习型组织》中认为,所谓"心智模式"是指,深植于我们心灵中的图像、假设与故事,它们就像一块玻璃微妙地扭曲了我们的视线,因而,心智模式决定了我们对世界的基本看法。因此,修炼的任务就是要让心智模式浮出水面,即让我们在不设防的情况下探讨心智模式的原型,以帮助我们看清眼前的玻璃,并且找到改善玻璃片的方法,以创造更适合我们的新心智模式①。那么,以公共利益为价值导引的上下级关系的心智模式的内涵有哪些呢?

第一,上下级关系的"互依性"。美国公共行政学教授哈蒙的"公共行政行动理论"认为,人是自主的,又是社会的,其行动均由对他人的积极关怀而采取,同时又接受他人的影响。在政府组织的上下级关系中,上级与下级之间是相互依存的,谁也离不开谁,这是最简单的道理,但是,这一简单的道理在公共行政的实践中有时却难以贯彻下去,这是因为在组织中存在着权力对立的难以妥协的心智模式。而互依性的心智模式则承认一个基本事实:上级的决定与命令需要下级去贯彻与执行,同时也要接受下级的监督并不得侵犯下级的权益,同时,下级的言论与行为需要上级支持与认可。如果上下级的互依性瓦解的话,则不仅在个人关系的层面上会遭受损失,而且会对整个组织产生破坏性影响,进而使公共利益蒙受损失。哈蒙认为:"互依性应用到具体的决定,或许经常是一困难的标准,然而它提醒我们,否定他人的自由权利与利用他人是错误的,这不仅是一公民自由的涵义问题,而是因为否定了自我发展的社群在社会面与创造面的可能性。"②

第二,上下级是"合作关系"。从互依性角度来理解上下级关系,那么它不仅仅是领导与被领导、指挥与服从的关系,而且还是一种更为深刻的关系,即合作关系。人与人的合作关系以爱为基础,以真诚为特征,并

---

① 彼得·圣吉:《第五项修炼——学习型组织的艺术与实务》,上海三联书店1998年版,第9页。

② Michael. M. Harmon:《公共行政的行动理论》,吴琼恩等译,五南图书出版有限公司1993年版,第121页。

在自由表达与自由反映中表达出来。它强调人的自觉性与主体性,意味着交往的双方会彼此关怀对方的特殊需求而做出妥善的决定。"上下级是合作关系"表达了一种新的政府理念,它强调把下属看作是为了组织目标而共同行动的合作者,尊重他们的人格,并让下属成为他自己工作的主宰者。

第三,上下级的"共识性决策"。哈蒙的"共识性决策规则"虽然重在解释政府官员与公民之间的互动行为,但是,它也内含着政府官员上下级之间的互动关系。这一规则强调:政府官员在决策时应该充分将公共利益的考量牢记于心间,亦如黑堡学派将公共利益定义为决策时的几种心智习惯:(1)试图从多方面而不是很褊狭地从少数几个观点或立场去考虑决策的结果;(2)试图从长期的观点来考虑决策的利弊得失,而不是将眼光局限于短期的效果;(3)考虑各方面受到影响的团体个人相互冲突的需要与要求,而不是只站在一个位置来衡量问题与决策;(4)在决策进行过程中尽可能地搜集相关知识与信息;(5)体认到公共利益的概念虽然不是完美无瑕的,但也绝对不是毫无意义的。① 政府官员的决策与行为,如果能以公共利益作为价值考量,那么上下级间关系就能充分考虑彼此的共同利益与组织的目标,从而促成共识性决策的达成。

---

① 参见卢亮宇:《论公务员上下级之间的良性互动》,《上海行政学院学报》2006年第5期。

第十章　政府与官员的伦理关系：
道德冲突与伦理救治

　　管理学大师彼得·德鲁克曾说："社会已成为一个组织的社会。在这个社会里,不是全部也是大多数社会任务是在一个组织里和由一个组织完成的。"①这充分表明了现代社会中组织的重要性。但是,传统道德哲学长期以来一直关注个体,而忽视了具有整体行动能力且具有较大行为能力的组织。这一理论倾向已远远落后于今天社会高度组织化的现实。对此,国内的学术界已有一些学者提出了"团体伦理"或"组织伦理"的补救措施。

　　第一,洪德裕在 1999 年就撰文提出了"团体伦理学"的理论构想。②

　　第二,2000 年,甘绍平在其著作《伦理智慧》中,结合"企业伦理"与"企业家伦理"的辨识,再次把"作为一个整体的企业本身的伦理"问题提了出来。他认为,到了与传统的社会结构完全不同的现代工业化时代,来源于团体、组织的大型集体合作行为之现象已经与日俱增,并给今天的社会打下了深刻的印记。伦理学也立即面临着一个新的研究视域:在微观与宏观问题层面又出现了一个以前很少触及的中观层面,即团体行为的道义责任问题。他转述美国圣母大学经济伦理学专家恩德乐的话,如果回避团体的责任,把问题无论是推给个体或者是推给社会,这在理论上和

----

① 彼得·德鲁克:《后资本主义社会》,上海译文出版社 1998 年版,第 52 页。
② 洪德裕:《团体伦理学发凡》,《浙江社会科学》1999 年第 1 期。

实践上均是一种"伦理上的强求"。①

第三,在笔者的"十大行政伦理关系"中,一个最基本的研究思路就是探讨政府组织作为一个整体的责任、义务及其道德的规定性。而且在第一个关系的研究中,即《政府与自然关系的伦理建构》中,笔者就提出了:政府与自然之间伦理关系的研究是人与自然之间伦理关系的深化,并对政府组织成为"伦理主体"进行了简要的论证。

第四,2007 年,王珏从道德哲学范式转换的角度提出了"组织伦理"的问题,并从"自觉自控的自由品格"的主观条件与"行为的社会影响力"的客观条件的两个角度,论证了组织成为"道德责任主体"的依据。他认为,"组织伦理"应是当代道德哲学范式的核心。"以组织伦理作为解释道德问题和进行道德建设的关键;通过组织伦理(伦理实体)的建设,使人类的伦理世界在个人、组织、社会的互动中有序地展开,从而走向理想的伦理世界。"②

实际上,关于"团体伦理"或"组织伦理"的问题,罗尔斯在《正义论》中也是花了不少笔墨来研究它,即"社团的道德"。他说:"道德发展的第二个阶段是社团的道德。这个阶段涉及着依赖于交往范围广泛的各种例子,甚至包括了作为一个整体的国家共同体。""因此,我们可以设想存在着这样一种社团道德,通过这种道德,社会成员们彼此看作共同联合于一个合作系统——这个系统被人们看作是为了所有人的利益并且由一个共同的正义观念调节着的——中的人,看作朋友和伙伴,社团道德的内容所具有的特征是合作德性:正义和公平,忠诚与信任,正直和无偏袒。"③

基于解决社会现实问题的理论追求,伦理学以"团体视角"的理论转向,关注以"人群"方式存在的组织,尤其是对社会的三大组织——政府、企业与非政府组织的行为进行关注,将成为道德哲学的主流。在本章中,

---

① 甘绍平:《伦理智慧》,中国发展出版社 2000 年版,第 61—71 页。
② 王珏:《组织伦理与当代道德哲学范式的转换》,《哲学研究》2007 年第 4 期。
③ 约翰·罗尔斯:《正义论》,何怀宏、何包钢、廖申白译,中国社会科学出版社 1988 年版,第 469—470、474—475 页。

笔者承接这一理论思路,分两方面展开论述。第一,分析政府组织与政府成员之间四种伦理关系的不同组合,探讨政府团体与政府官员个体之间的道德冲突,并提出解决这一道德冲突的出路在于:政府组织作为整体的道德建设;第二,从正面建构的意义上,提出政府组织"善"的伦理氛围建设的影响因素,并从政府伦理计划的角度来探究政府伦理氛围的建构。

第一节 政府与官员的伦理关系:四种组合

政府组织与政府成员的关系是基于团体与个体关系视角而提出的一种行政伦理关系,即政府与官员的伦理关系。在目前行政伦理学的研究文献中,不乏从政府官员个体角度,也不乏从政府组织整体角度来研究政府德性问题,而把两者结合起来的研究文献几乎没有,本部分作一尝试。

在十大行政伦理关系中,政府间的伦理关系、政府官员上下级的伦理关系都是比较好理解的,为什么还要提出政府与其成员间的伦理关系呢?其实,道理很简单。因为政府作为一个公共组织,其公共责任的实现,一方面要依赖于政府组织团体的力量,同时还要依赖于政府成员个体的力量。因此,这两种力量之间就有不同的组合方式,而政府公共责任的实现恰恰就依赖于这一组合方式,而不是仅仅依赖于任何一方的力量。而且,在实际生活,这两种力量之间时有冲突与矛盾,既有道德的政府与不道德成员之间的矛盾,也有不道德的政府与道德的成员之间的冲突,因此,如何化解政府组织团体与政府官员个体之间的道德冲突就成为行政伦理学一个重要的研究内容。

从德性来看,政府有道德与不道德之分野,官员也有道德与不道德之区别。所谓"道德"是指,政府或官员能从内在信念上认同"公共性",并把公共利益的实现作为根本宗旨;相反,"不道德"是指,政府或官员的行为总是表现出"自利性"。从组合方式来看,政府与官员之间的伦理关系有四种形式:(1)道德的政府与道德的官员之关系;(2)道德的政府与不道德的官员之关系;(3)不道德的政府与道德的官员之关系;(4)不道德的政府与不道德的官员之关系。

1. 道德的政府与道德的官员之组合关系

这是最理想的行政伦理关系,这一关系能够在团体与个体之间形成合力,从而使政府"公共治理"的目标与任务能够顺利实现。在这一组合关系中,政府与官员不存在源于价值冲突而产生的各种道德困境。冲突理论认为组织冲突有两种形式,即"功能性冲突"与"建设性冲突"。显然,在这一理想的组合关系下,组织整体与官员个体之间由于在"公共利益"这一总体价值目标上达成了共识,两者的行为选择更多地表现出道德的努力,因此,政府与官员之间不会发生功能性的冲突,但是,这并不排除两者之间存在着建设性的冲突。就政府领域的两个实体——权力与利益而言,政府与官员不会在权力行使与利益实现的方向上产生功能性冲突,而只会在权力如何行使、利益如何实现这些具体环节上产生建设性的冲突。从理论上看,政府与官员功能性冲突的规避恰恰是因为,无论是政府组织还是政府官员都很好地解决了他们在社会关系中的"角色冲突"。

库珀说:"角色概念是角色责任冲突的关键原因。在特定的情形中,我们所体验到的特定角色的价值观是不相容的或者是互相排斥的。然而,一般说来,我们不是仅仅体验价值观本身,而是体验在价值观支配下的角色冲突。"①政府组织与政府官员在工作中会面临多种角色期待,一方面,政府组织作为公共组织承担着社会与公众实现"公共责任"的期待,同时,它作为一个组织还承载着组织成员利益最大化的期望;另一方面,政府官员既有"好的行政官"的价值期待,还有"好的母亲/父亲"或"善良的社区成员"等角色期待。"在这种情况下,行政人员角色与组织

---

① 库珀:《行政伦理学——实现行政责任的途径》(第四版),中国人民大学出版社2001年版,第91页。

工作之外的其他一种或多种角色之间就会发生冲突。"①而要彻底解决这一冲突,政府组织与政府官员必须在公共利益与个人私利的关系中,建立公共利益优先的道德信念。

在政府领域中实现公共利益的优先权,这要依靠良好的"外部控制"与"内部控制"的有机结合。所谓外部控制是指,通过新的立法、制定新的规则、颁布新的制度,或者重新安排组织结构等方式,来达到控制政府与官员的伦理越轨行为,而这些控制因素都是来源于政府与官员自身之外的。实施外部控制的理论基础来源于这样一种见解:个人的判断力与职业水平不足以保证人们采取合乎道德的行为。而内部控制则是指,通过道德教育、道德训练,或者是职业性的社会化过程来培养与强化政府与官员的价值观与道德水平,在缺乏规则与监督机制的情况下,让政府与官员的职业价值观来引导从事合乎道德规范的行为。而库珀正是在对内部控制与外部控制"二分形式"的辨析中,指出:"这样清楚的划分争论界限以及互不屈服的方式也许是学者们感兴趣的事,他们往往要求自己的论敌用定义、概念和论据证明其观点的有效性,但现实的公共行政实务却要求我们不得不超越这种两分法。现实的问题几乎总是要求怎样才能将这两个方法融合成一个方案,以期在特定的时间、精力、人力等限定条件下实践最负责任的行为。"②

2. 道德的政府与不道德官员之组合关系

基于整个政府组织合道德性的假设,在政府组织的发展中,源于人员调整或是官员基本价值观的变化,就会形成整体上道德的政府与个体上不道德的官员的一种组合关系。在这一组合中,政府与官员就会产生道德冲突以及一系列的伦理困境。

---

① 库珀:《行政伦理学——实现行政责任的途径》(第四版),中国人民大学出版社 2001 年版,第 91 页。
② 库珀:《行政伦理学——实现行政责任的途径》(第四版),中国人民大学出版社 2001 年版,第 124 页。

第一,这一伦理冲突是官员个体"角色冲突"这一基本冲突形式在政府组织中的具体表现。对于政府官员来说,行政角色只是他们在现代社会中可能扮演的所有角色或全部角色中的一种,所以,角色发生冲突的可能性总是存在的。库珀说:"面临冲突性的责任是公共行政人员体验伦理困境的最典型的方式。当处于两种期盼或倾向之间,而且这两者又都具有重大的价值时,我们就会觉得烦恼不堪。'做了你就要下地狱;不做你也要下地狱'都同样表达了被夹在两种互不相容的选择之间的那种感觉。"①当政府官员不能很好地缓解自己的"角色冲突",并在伦理困境中选择"个体利益为上"的基本价值时,他与道德的政府就必然会发生冲突。

第二,这一组织冲突具有不对称性。一方面,冲突行为发生的主体不对称,它表现为组织整体与成员个体之间的冲突,它是组织与其成员源于价值目标的差异在整个政府公务活动中感受到的某种抵触或者对立状况,这种冲突会在权力、责任与利益等三个层面展现出来。另一方面,冲突行为体现的是正义与非正义两种力量的博弈。直观地说,正义尽管是表面的正义,它也比不正义具有更大的社会支持。正如罗尔斯所言:"许多不同的事物被说成是正义或不正义的:不仅法律、制度、社会体系是如此,许多种特殊行为,包括决定、判断、责难也是这样。我们也如此称人们的态度、气质以至于人们本身。"②而且,"作为人类活动的首要价值,真理与正义是决不妥协的。"③因此,在这一组合关系中,整个组织的道德氛围与道德气候所形成的"道德力量"会强烈地控制以至于纠正任何个体的不道德行为,从而使个体的不道德行为失去存在的空间。结果,要么不道德官员的行为获得改造,要么不道德官员被组织排斥,这样,政府组织仍

---

① 库珀:《行政伦理学——实现行政责任的途径》(第四版),中国人民大学出版社 2001 年版,第 85 页。

② 约翰·罗尔斯:《正义论》,何怀宏、何包钢、廖申白译,中国社会科学出版社 1988 年版,第 7 页。

③ 约翰·罗尔斯:《正义论》,何怀宏、何包钢、廖申白译,中国社会科学出版社 1988 年版,第 4 页。

然能保持其"道德的纯洁性"。

第三,在这一组合关系中,要特别注意两种动向。(1)源于人员流动的需要,如果一个道德的政府组织与其新进成员之间频繁发生道德冲突。那么,在政府的道德理想不能获得社会道德氛围强力支持的背景下,这一组织冲突可能会削弱甚至是动摇政府组织的道德追求行为。因为,任何组织冲突的解决都会伴随着冲突双方的反思、调整以及组织适应性的变化,频繁发生的组织功能性冲突会减弱组织道德追求的坚定性。(2)当这一官员个体是政府组织的核心成员,尤其是政府组织的主要领导时,那么,这一冲突的不对称性就会发生根本变化。因为,在我国的政府组织中,主要领导掌握着组织的绝大部分资源与话语权,这时,在组织与个体冲突中占有优势地位的不是组织而是个体,这时,不道德的个体会以强制方式动摇整个组织的道德性。笔者认为,这两种动向特别容易发生在社会转型期"道德滑坡"的背景下,并且,这两种动向在我国政府组织的伦理实践中是不难看到的。

3. 不道德的政府与道德的官员之组合关系

这恰好与第二种组合关系相反。假定政府组织整体上是不道德的,那么,其中存在着的"反道德力量"会破坏任何个体追求道德的冲动,结果,道德的个体要么屈服,要么离开。这一情况在转型期我国的一些政府组织及其部门中已不鲜见。从逻辑上看,如果一个政府组织出现了整体上不道德的状况,那是非常可怕的事情。因为源于组织整体与成员个体博弈能力的差异,任何道德个体的道德行为,即便是主要领导者,都难以在一个不道德的组织整体中具有比较优势。

那么,接下来的问题是:政府组织整体上不道德的状况是可能的吗?笔者认为,从世界公共行政历史与现实的实践看,不仅是可能的,而且是现实的。下面结合我国的社会道德状况与发展阶段,阐述我国政府组织的道德状况与道德水平。

第一,组织"自利性"是政府组织滑向整体不道德的潜在动力。对于政府的自利性,卢梭曾指出:"在行政官个人身上,我们可以区分三种本质上不同的意志:首先是个人固有的意志,它仅只倾向于个人的特殊利益;其次是全体行政官的意志,这一团体的意志就其对政府的关系而言则是公共的,就其对国家——政府构成国家的一部分的关系而言则是个别的;第三是人民的意志或主权者的意志,这一意志无论对被看作是全体的国家而言,还对被看作全体的一部分的政府而言,都是公意,"①因此,政府组织的自利性来自三个方面:(1)来自于政府官员对个人利益的追求;(2)源于组织团体的意志,如政府某一机关或部门的利益;(3)源于某一阶级的意志与利益。按照自然的排序,这些不同的意志越是集中,它就变得越活跃与强烈。因此,公意总是最弱的,团体的意志占第二位,而个别意志则是最强烈的。

第二,我国社会组织道德认知的阶段性决定了政府道德的庸常性。"道德认知发展阶段"学说的奠基者科尔博格经过20多年的研究,发现个体道德认知的发展大致经历"前约定"、"约定"与"后约定"三个阶段;在这三个阶段中,个体在进行伦理决策时,会考虑到不同的利益主体。在前约定水平上,个体主要考虑的是自身利益;在约定水平上,个体会考虑自身所在团体、组织的利益乃至于社会的利益;而在后约定水平上,个体会遵守普适的道德规范,关注全社会的利益甚至是整个人类的利益。科尔博格的这一研究范式,逐渐被推广到以"组织"与"社会"为对象的层面上。② 也就是说,组织的道德认知发展也会经历这三个阶段。笔者应用这一分析框架对我国组织的道德认知发展进行分析,提出了政治约定、前约定、约定与后约定的"四阶段说"。依笔者的"四阶段说",我国社会组织的道德认知水平目前正处在由"前约定"向"约定"过渡的时期。也就是说,组织的伦理决策的主要依据是:以组织自身利益为主、稍稍兼顾社会利益的价值取向。因此,我国政府组织的道德认知水平还处于比较低

---

① 卢梭:《社会契约论》,商务印书馆1996年版,第83页。

② 参见吴红梅:《西方组织伦理氛围研究探析》,《外国经济与管理》2005年第9期。

的"庸常"阶段。

第三，社会"道德滑坡"会成为政府组织整体不道德的助推力。政府组织的"自利性"与道德发展水平的"庸常性"，又遭遇到我国社会转型期特定的历史境况，诸多因素相遇合，我国政府组织整体不道德的状况就具有了理论上的可能性。一方面，当中国社会处于转型期，并进行道德调整与道德重塑时，原来抽象而虚幻的集体主义道德理想就处于边缘化的位置，取而代之的就是个体利益的确认与膨胀。这就是理论界常说的"道德滑坡"现象，而组织的道德发展也受到这一"滑坡"的牵制。另一方面，理论界所大肆鼓吹的只适应于企业界的"经济人"的人性观，也漫延到中国政治与公共行政的领域。这一理论偏见为政府组织的逐利行为甚至是一些不端行为，从政府官员个体角度预留下很大的"心理空间"，而从社会整体角度则生发出比较宽容的"文化氛围"。多种社会环境与因素的影响，政府组织整体上的不道德就具有了现实的可能性。

4. 不道德的政府与不道德的官员之组合关系

在这一组合关系中，政府与官员会形成一种"反向合力"，它对于政府"公共治理"目标与任务的实现具有"高抗力"。因此，卢梭所说的表达人民意志或主权者意志的那个"公意"是最难实现的。这是最糟糕的行政伦理关系的组合方式，这一关系的实践形式就是王海明所言的"纯粹恶"，即"为实现价值较小的欲望而丧失价值较大的欲望。"[①]因为，在这一关系组合中，政府与官员在自身利益的问题上是一致的，从而在政府组织内部两者不会产生道德冲突与伦理困境，不仅如此，政府与官员在较小价值欲望的实现上却呈现出合作博弈的策略，这一"合作策略"恰恰丧失了"较大社会价值欲望"实现的可能性。目前，在我国现实的政治与公共行政中，"集体腐败"、"组织作恶"以及"一窝蜂"等现象，已提醒我们这一组合关系的苗头以及社会危害性的程度。

---

① 王海明：《新伦理学》，商务印书馆 2001 年版，第 35 – 36 页。

罗尔斯说,任何社会都不过是参加者利益的合作体系,其目的都是为了满足每个参加者的需要。"由于社会合作,存在着一种利益的一致,它使所有人有可能过一种比他们仅靠自己的努力独自生存所过的生活更好的生活。"①而政府只不过是这一合作体系中最具有强制力的社会团体。"它由于具有一种强制性的权威,在法律上高出于作为这个社会一部分的任何个人或集团,而构成一个整体。"②一方面,政府作为社会合作体系中权力最高而且包含最广的一种组织团体,它所追求的善业也一定是最高、最广的;但另一方面,也正因为政府在法律上高于其他社会团体,它也最容易出现"为实现价值较小的欲望而丧失价值较大的欲望。"这时,更为深刻的道德冲突与伦理困境就必然会发生在政府及其官员与整个社会"公意"之间,久而久之,政府存在的合法性就受到了威胁甚至是颠覆。

概言之,通过以上四种组合关系的分析,可以看出,在政府与官员伦理关系的矛盾与冲突中,起主导作用的常常是政府组织作为团体的德性问题,而这一点是以前的理论研究严重忽视的。笔者认为,塑造一个"道德的政府"是化解政府与官员之间道德冲突的根本点。正如特定的文化系统能通过其特定的制度、规则与习惯来塑造介于其中的个体行为方式一样;一个德性的政府,不仅规定了成员的价值取向与行为空间,而且它潜存的一系列规则,会以其有效性与权威性规定着其成员的行为方式。这些价值与规则不仅对现有官员的行为起到规定作用,而且对一个想进入其中的"新手"也具有训诫作用。

第二节　政府组织"善"的伦理氛围的探析

如何塑造一个道德的政府? 本章着眼于政府组织"善"的伦理氛围

---

① 约翰·罗尔斯:《正义论》,何怀宏、何包钢、廖申白译,中国社会科学出版社 1988 年版,第 4 页。

② 拉斯基:《国家的理论与实践》,商务印书馆 1959 年版,第 5 页。

的探讨,首先,需要说明两个问题。

第一,组织伦理问题的研究。"组织伦理"是指,组织在处理内外关系时所应遵守的道德行为原则和伦理规范。组织伦理作为组织社会资本的重要组成部分,已被认为是组织获取竞争优势的源泉之一。因此,它已成为组织成长中继资本、技术与制度之后的又一个备受关注的热点问题。比如:美国哈佛商学院教授佩因博士在其研究中就提出了一系列富有启发的观点,他说,一方面,"一套建立在合理的伦理准则基础上的组织价值体系也是一种资产,它可以带来多种收益。这些收益表现在以下三个方面:组织功效、市场关系和社会地位。"另一方面,"一个普遍被接受的目标和一套完善的价值体系是组织力量的中心,也是组织个性(标志)的源泉,并且这样的组织个性(标志)能够带来组织的自豪感和满足感,帮助公司适应环境,有利于公司的长期生存、繁荣与发展。在逆境中,一套合理的价值体系是抵抗短期诱惑的缓冲区,可以避免损害长期利益。"①他的观点可以概括为:组织伦理既是一种无形资产,又是组织个性的源泉,并且对于组织处于逆境中还具有缓冲功能。

第二,组织伦理氛围的提出。"组织氛围"(organizational climate)一直是心理学与管理学的研究对象,研究者认为探究它能有效地理解组织成员的态度和行为,预测个体与组织绩效。上世纪80年代末,组织伦理与组织氛围这两方面的研究出现融合的趋势,这时,组织伦理氛围就逐渐成为商业伦理研究的重要对象之一。Victor和Cullen两位学者首先提出了组织伦理氛围(organizational ethical climate)的概念,将其归入组织氛围的范畴,它是指组织在处理伦理问题上的特征,也是组织成员在什么是符合伦理的行为和应该如何处理伦理问题两方面所形成的共同感知。②而且,詹姆斯·M·布坎南"伦理共同体"概念的提出,进一步佐证了"组织伦理氛围"研究的价值。布坎南认为,人类社会任何一种形态均可看作是

---

① 林恩·夏普·佩因:《领导、伦理与组织信誉案例:战略的观点》,韩经纶等译,东北财政大学出版社1999年版,第3—4页。

② 参见吴红梅:《西方组织伦理氛围研究探析》,《外国经济与管理》2005年第9期。

三种抽象的人际关系模式或成分,即"伦理共同体"、"伦理个体"与"伦理无政府"不同比重的混合体。其中,"伦理共同体"表现为群体中的个人成员不以孤立的个体自居,而把自己看成是集体中的一分子。多数人可以在同时不同程度地效忠于几个集体,而这些集体的大小、形式、价值来源又有不同。①

在本章中,笔者以西方组织伦理氛围的理论思考作为平台,以政府组织作为研究对象,着力探讨政府组织"善"的伦理氛围的一系列社会影响因素,以及政府组织"善"的伦理氛围的建构思路。以下,笔者把政府组织的伦理氛围简称为"行政伦理氛围",需要说明的是:(1)行政伦理氛围不是用来测量政府组织道德水平高低的一个实证概念,而只是对政府组织内部占主导地位的伦理思维模式进行描述而已;(2)政府组织的行政伦理氛围与社会公认的伦理标准之间,有可能不一致甚至是冲突;(3)政府组织内部不同部门之间、不同级别之间的行政伦理氛围会有强弱之分。

1. 作为"自变量"的行政伦理氛围：塑造政府德性

行政伦理氛围作为自变量是指,它作为独立变量对组织成员的态度与行为,尤其是那些涉及伦理道德方面的态度与行为产生影响。因为组织成员的行为离不开所处的环境,而环境中有许多影响组织成员的因素,组织伦理氛围就是其中的一种,它对组织成员做出道德或不道德行为会产生显著影响。正如罗尔斯所言:"每一种具体的理想都可以通过社团的那些目标和目的的上下文联系而得到解释,我们所谈的角色或地位就属于这些社团。在一定阶段上,一个人会得出一个关于整个合作系统的观念,这个观念规定着社团和它为之服务的那些目的。他了解其他的人由于他们在合作系统中的地位而有不同的事情要作。所以,他慢慢学会了采取他们的观点并从他们的观点来看待事物。"②

---

① 参见戴木才:《管理的伦理法则》,江西人民出版社 2001 年版,第 61—62 页。

② 约翰·罗尔斯:《正义论》,何怀宏、何包钢、廖申白译,中国社会科学出版社 1988 年版,第 70 页。

　　基于西方组织伦理氛围的研究成果,笔者认为,行政伦理氛围有四种基本的存在形态:(1)自利型行政伦理氛围。在这一氛围中,政府官员决策的目的首先是为了个体利益。不论官员个体在主观上有没有故意损害他人利益的意图,但在很多时候,官员很容易为了个体利益而损害他人利益或者是公共利益。(2)关心型行政伦理氛围。在这类组织中,官员不仅关注组织内部利益,而且还关心受自己决策影响的外部利益相关者的利益。官员决策时能充分考虑自己决策可能给他人以及公共利益带来的影响,并试图追求各方利益的平衡。(3)基于法律与规则的行政伦理氛围。在这种伦理氛围中,官员一方面对于国家的法律与制度具有忠诚的态度;另一方面对于组织自身制定的规章与原则也具有忠诚度。官员决策严格按法律与组织原则办事,从而表现出理性官僚制的一切组织特征与责任状态。(4)独立型行政伦理氛围。在这类组织中,官员的决策主要受个人道德标准与道德信念的约束,组织的制约力量比较小,或者组织主张官员根据公认的道德原则做出决策。

　　把理论上的行政伦理氛围类型与现实中的行政伦理氛围相对照,中国政府组织的行政伦理氛围存在两个问题。

　　第一,政府组织的伦理氛围常常具有不一致性与不明晰性。这一现状产生了两个问题:一是,在政府组织中,官员之间以及官员与组织之间的角色冲突、责任冲突与道德冲突是比较常见的;二是影响了组织与成员的匹配。因为组织伦理氛围作为组织的一种特性,是求职者和职位提供者在进入组织或招聘时需要考虑的因素。个体总是选择那些与自己道德发展水平相匹配的组织伦理氛围,而组织也会选择与自己在伦理观上有更多相似性的组织成员。行政伦理氛围对于控制政府官员的道德行为具有重要意义,无论政府组织营造哪一种积极的伦理氛围,一致性与明晰性都是伦理氛围对组织有效性的关键。笔者认为,我国政府组织伦理氛围内涵的一致性与明晰性,可以从三个方面来确认。(1)道德优先性。即当政府与官员在面临利益与道德相冲突时,一种积极的组织氛围能促使官员个体在优先考虑道德价值的前提下,去兼顾组织利益与个体利益。

因此,道德优先性并不是道德绝对性。(2)制度正义性。罗尔斯说:"当制度(按照这个观念的规定)公正时,那些参与着这些社会安排的人们就获得一种相应的正义感和努力维护这种制度的欲望。"①政府组织不仅要服从于社会的制度安排,而且,它还是社会制度的重要供给者,因此,政府必须形成一种善的伦理氛围,以小心谨慎与科学求真的态度来确保其制度供给的不偏不倚。(3)价值共创性。政府既是一个有着自身利益的"利益共同体",同时它还是一个承载着公共价值实现的"价值共同体",而价值共同体是政府更为重要的合法性与道德性自证。因此,政府的伦理氛围还应该有利于促进其成员追求社会的公共价值。

第二,以善为导向的积极的行政伦理氛围的强度不够大,相反,以恶为导向的消极的行政伦理氛围却有一定的市场厚度。对此,在政府组织建设与体制改革中,通过增加伦理与道德的考量,提高积极的行政伦理氛围的强度是需要的。对于想改变伦理氛围来鼓励官员采取道德行为的政府组织来说,如何采取有效措施培育积极的伦理氛围,并提高积极伦理氛围的强度,这既是政府实际工作需要面对的现实问题,也是理论探讨不能回避的问题。一项对美国1078个人力资源经理进行的调查显示,组织伦理氛围的强度和人力资源管理中违背道德原则的严重错误呈显著"负相关",而与成功处理管理中的道德问题呈显著"正相关"。② 因为,积极且高强度的伦理氛围存在着明确的伦理规范与道德禁区,同时,组织具有成功应对伦理问题的经验与教训。这些经验与教训常常能以"生活故事"的方式深入到政府官员的生活与工作中,从而成为政府官员"道德生活的实验室"。③ 因此,高强度的行政伦理氛围能够增强政府官员处理伦理问题的能力,并缓解政府官员的道德冲突,使政府出现伦理问题的概率比

---

① 约翰·罗尔斯:《正义论》,何怀宏、何包钢、廖申白译,中国社会科学出版社1988年版,第456页。

② 参见吴红梅:《西方组织伦理氛围研究探析》,《外国经济与管理》2005年第9期。

③ 参见王云萍:《当代西方公共行政伦理的规范性基础探讨——以美德视角及其启示为中心》,《厦门大学学报(哲学社会科学版)》2007年第2期。

较小。

2. 作为"因变量"的行政伦理氛围:影响因素分析

在这一部分中,笔者旨在探讨影响行政伦理氛围的各种因素,这样,它就成了"因变量"。西方学者的研究表明,影响组织伦理氛围的因素是复杂的,归结起来,可以分为四个方面,即社会环境尤其是组织所在社区的道德环境、组织的形式与结构、组织的特有因素、组织的创立者与领导者。① 比照这一研究成果,笔者在研究我国政府组织伦理氛围的诸多影响因素时,把它概括为两个方面。一是社会环境因素,尤其是我国处在转型期的社会环境下所特有的道德滑坡、道德调整与道德重塑的特征,对政府组织伦理氛围的消极影响,这一点前文已作了说明。二是我国政府组织特有的形式、结构与政府特定的历史发展、政治特性等因素的结合形成了一个事实,即行政伦理氛围与行政领导特别是行政长官(下文简称"行政领导"包含行政长官)具有更为紧密的联系。所以,这一部分笔者将着重阐述第二个影响因素,即行政领导对行政伦理氛围的强力影响,当然是着力于"善"的行政伦理氛围的建构。

政府组织伦理氛围的建设事实上是在组织层面上来塑造团体德性的问题,以营造符合社会期待的政府行为。在我国的政府过程中,鉴于特定的高度集权的组织结构、非理性化的组织形式、非程序化的权力运作,再加之传统官僚体制的遗留与民主意识淡薄等诸多因素的结合,行政伦理氛围与行政领导之间具有非常密切的互动关系,换句话说,行政领导的伦理倾向甚至支配或决定着一个政府组织或部门的行政伦理氛围。仔细研究,行政领导对行政伦理氛围的影响是通过三个途径来实现的。

第一,基于道德准则的领导。行政领导的道德选择会为整个组织奠定一个基本的伦理基调,这一基调将会成为组织伦理氛围的重要内容。一方面,领导者在选择接班人时,一般会选择与自己的价值观与道德准则

① 参见吴红梅:《西方组织伦理氛围研究探析》,《外国经济与管理》2005 年第 9 期。

基本相近的人,这样,后继的领导者通过不同的组织传递机制就会实现组织伦理基调的基本一致性;另一方面,行政领导在行政行为中潜在地渗透着自己的道德准则,组织成员通过感知来认识这一准则,因此,组织行为也在强化行政领导的道德标准。

第二,树立道德生活榜样。行政领导处理道德冲突与伦理困境的行为,会成为组织解决类似道德问题的经验而被储存在组织的记忆中,或者像"组织故事"一样在组织中传播,这样,就会形成一种特别的伦理氛围而影响着组织的成员。正是因为有研究者发现了行政伦理氛围中的这一现象,所以,有人就认为,美德视角对美德的探讨,不是停留于理论抽象和思辨的层面上,而是通过实证研究深入到行政人员的"生活故事"中去,这些富有德性的生活故事可以被理解为"道德生活的实验室"。对此,可以佐证的是,一些广为流传的关于周恩来总理的"生活故事",对我国行政领导以及行政长官的道德感召与道德影响就是一个很好的案例。

第三,向组织成员传达价值期望。行政领导由于在组织中的特殊地位,他可以通过多种途径向组织成员表达自己的期望。他既可以通过制定伦理行为守则为组织成员提供参照标准,提供明确的奖惩措施鼓励道德行为或者压制不道德行为等正式的渠道,来表达自己的价值期望;还可以通过私下交谈、承诺、赞赏等非正式渠道来表达自己的期望。这样,行政领导就能通过多种途径向组织及其成员传递信息,借以表达:什么样的行为是符合伦理道德的、可以接受的,什么样的行为是不符合伦理道德的、是应该禁止的。

3. 作为"调节变量"的行政伦理氛围:互动性视角

一方面,个体做出伦理决策之前存在着确认伦理问题,进行伦理判断与形成行为意图等一些过程与阶段。而组织的伦理氛围与个体的伦理意识、伦理判断、行为意图与伦理行为之间都可能存在着密切联系,而并不是直接作用于人的最终的伦理行为。另一方面,组织的伦理氛围既可能作用于组织个体,包括组织成员与组织领导,也可能作用于组织整体。同时,组织个体的伦理选择反过来有可能成为组织伦理氛围的一部分。这样理解,组织伦理氛围就成了一个"调节变量",它的作用与功能,既表现在对组织个体伦理选择过程的各个阶段会产生影响;也表现在对组织成员、组织领导与组织整体的伦理选择会产生影响。因此,组织伦理氛围与个体伦理行为、团体伦理行为之间是一种比较复杂的互动关系。

鉴于这一互动模式,政府组织"善"的伦理氛围的建构,需要从战略的角度制定"政府伦理计划"来推进积极的行政伦理氛围的形成。

第三节　政府伦理计划:行政伦理氛围建构

以"善"为导向的积极的行政伦理氛围的建构,是在政府组织的层面上塑造道德氛围,以营造符合社会价值期待的政府行为。当前我国政府德性与行政领导之间存在着非常密切的互动关系,行政伦理氛围的建设将始于行政领导的美德为行政伦理氛围奠定一个基调,并通过积极的行政伦理氛围,在组织的层面通过一系列的伦理实践、行为指导以及更高的价值分享等途径构造组织的伦理追求,达到统一组织成员的行为选择。因此,这是一个由个体到群体、组织,再到个体的道德培养过程。

我国政府组织积极的伦理氛围的培养,还必须考虑到我国政府组织伦理发展所处的特定阶段。Moses(摩西,2002)认为,组织道德的发展遵循着三个阶段:(1)伦理"即兴"阶段,它的特征是:组织伦理建立在组织高管的个体德性上。在这一阶段上,领导者基于自身伦理理念,以自己感觉对错的非系统的方式做出伦理决策,伦理判断常常带有显著的情感特征。(2)伦理制度化阶段。在这一阶段,组织成员共享伦理决策理念,预测伦理问题,用相似的方法解决伦理冲突。这时,组织的伦理决策不仅公正合法,而且关注公众利益以及其他利益相关者的权益。组织决策是非个体的,而且趋于理性。(3)伦理复兴阶段。在这一阶段,组织的习俗与传统不再被认为是不可改变的,组织成员自觉广泛地参与伦理决策的制定,组织成员对于组织决策起着支持作用。在这一阶段,个体与组织间的"伦理缝隙",即是否相互支持被认为是一个问题而不是结果。①

我国政府组织的伦理发展,目前正处于"伦理即兴阶段",同时又兼顾"伦理制度化"阶段的一些特征。因此,对于行政伦理氛围的建构,我们需要考虑"政府伦理计划"的三个关键环节及其相互关联性。

1. 道德学习:行政领导提升美德奠定伦理基调

行政领导通过"道德学习"提升自己的"美德",为"善"的行政伦理氛围的建立奠定基调,这是政府伦理计划的第一步。公共行政之"公共性",使它比任何其他的领域都更需要诉诸实践人员的美德,只有行政人员的美德才能将公共行政的重要价值内化,并将社会公平、公共利益的维护和追求转化为具体的、个体的内在的态度、情感乃至信仰,其中,行政领导的美德就具有更为重要的作用。那么,什么是美德? 美国学者马国泉的概括是:美德应该具有三个属性,即:第一,美德是性格或者精神的一个相对固定的特性。第二,美德通常指在特定的情况下按特定的方式去思维、感受和行动的意向。第三,美德是判断人们的总体道德价值的首要基础。② 因此,"美德"试图回答的首先是:"我应该做个怎样的人?"而不是"我应该做些什么?"由此看来,大至社会的典范领袖,小至政府的普通公务员首先应该在公私生活上追求美德,从而为公众树立楷模与榜样。

当今,作为行政人员的"内在善",美德受到了西方公共行政理论与实践的高度重视。美国当代颇负盛名的公共行政学者库珀,在美国《公共行政评论》杂志 2004 年第 4 期撰文指出,在关于公共行政伦理的规范性基础的研究中,"美德"就是五种视角中的一种。美德视角的特点是:它试图建立以行政人员的内在态度和美德为规范性基础的公共行政伦理模式,强调通过论证为什么行政领域特别需要诉诸实务人员的品质与性格,

---

① Moses L Pava,2002(Jun). The Path of Moral Growth. Journal of Business Ethics. 38(1/2):43—45。

② 马国泉:《行政伦理:美国的理论与实践》,复旦大学出版社 2006 年版,第 39 页。

以及实务人员应该具备怎样的内在品质与性格,来促进行政伦理的研究与建设。① 美德伦理曾经在古典时代备受尊崇,到现代却式微,直到当代才得到一定程度的复兴。在公共行政的实践中,人们逐渐认识到规则伦理的特点与不足,即提倡对外在规则的遵守而忽视道德主体的内在品格的特点,使得规则的生命力大大削弱,乃至变成技术性或法律性的程序,伦理的实质因此再次回归到对个人的品质、人格与信仰的强调。

亚里士多德认为,美德是经过修养的、持久性的性格特质,是那种影响着一个人如何看问题,如何行动以及实际上是如何生活的态度、情感与信仰。正如弗兰克纳所言,美德不是原则,它是一种品质、习惯、性质或人的精神的品性,这是一个人所具有或追求的内在的内容或力量。② 因此,美德这一"内在善"需要在行政实践乃至生活实践中通过"道德学习"而保持着或强化着。罗尔斯在论及道德学习时,在比较了弗洛伊德的经验主义的"道德学习论"与卢梭及康德等人的理性主义的"道德学习论"后说:"我不想评价这两种道德学习观念的相对优劣。当然,这两者各有其合理的东西,而且把它们以一种恰当的方式结合起来将会更完善。必须强调的是,一种道德观是原则、理想、准则的一个极其复杂的结构,而且涉及思想、行为和情感的所有因素。当然,许多种类的学习,从知识的巩固,古典的[自我]调节直到高度抽象的推理和对典型的精细的知觉,都影响着道德观点的发展。可能在某段时间中,每一种学习都发生着一种必要的作用。"③罗尔斯在其后的第70—72节中,在对道德发展的描述中,始终和人们应当学习的正义观念联系在一起。

现代社会,人们在对外在制度、规则的遵从中却忽视了内在道德学习的重要性与可能性。当彼得·圣吉在《学习型组织》一书中推出"组织学

① 参见王云萍:《当代西方公共行政伦理的规范性基础探讨——以美德视角及其启示为中心》,《厦门大学学报(哲学社会科学版)》2007年第2期。

② 弗兰克纳:《伦理学》,关键译,三联书店1987年版,第133页。

③ 约翰·罗尔斯:《正义论》,何怀宏、何包钢、廖申白译,中国社会科学出版社1988年版,第463页。

习"的理念后,我们对其中"学习"理念的理解,似乎也还未能达到他意指的宽度。他在书中说,这项修炼的任务就是要让心智模式浮出水面,让我们在不自我防卫的情况下,探讨心智模式,帮助我们看清眼前的玻璃。认清心智模式对我们的影响,并且找到改造玻璃片的方式,创造成更适合我们的新心智模式。如果我们能从罗尔斯"道德学习"的角度来理解圣吉的"组织学习"的话,也许能深入到圣吉的内心深处,理解他的改造"旧心智模式",建立"新心智模式"要表达的深刻内涵。笔者认为,"组织学习"的最高理念表达的是一种符合社会正义的"内在善"的美德的修养与习惯。而基于"学习型组织"衍生出来的"学习型政府"中的"学习",也需要传达"道德学习"的内涵,尤其是行政领导的"道德学习"。因为,它可以为政府组织伦理氛围的建立奠定一个良好的基调。

2. 政府战略性伦理规划:营造积极的伦理氛围

在我国政府组织的伦理发展由"伦理即兴"向"伦理制度化"阶段过渡时,政府通过一系列战略性的"伦理制度化"措施来落实政府的伦理计划,以营造积极的行政伦理氛围,这是政府伦理建设的第二步。而且,这一政府伦理规划,可以促使我国政府的伦理发展更快地向"伦理制度化"的阶段迈进。大量的实践与研究证明:推行伦理计划的企业比不推行伦理计划的企业拥有更高的组织信誉。组织伦理计划作为组织伦理发展的一种战略性规划,在西方的企业组织中已经获得了广泛的重视与认同。组织伦理计划是指,通过制度形式使组织成员的行为遵守一个共享的伦理标准,并通过构建一个组织控制系统来鼓励员工的伦理抱负与对规则的遵从。

比较地看,西方政府伦理的发展也大致经历了由"伦理即兴"向"伦理制度化"阶段的过渡性转变。不过,在这一转变中,西方政府在伦理制度化上的一系列举措,既是其伦理制度化的组成部分,也为其向"伦理制度化"阶段发展起了积极的促进作用。政府伦理制度化建设,美国是一个典型。具体举措包括:(1)制定行政人员道德行为规范。第一部针对行政官员的道德行为法规，于 1972 年由国际市/郡管理协会颁布实施。最新版的国际市/郡管理协会的道德规范及指导原则共有 12 条，它在行政道德建设方面起了样板的作用。1958 年，美国联邦政府众议院通过了一项决议，其中包括指向每一位公务人员的政府服务道德规范"十条"。1978 年，美国国会通过了《政府道德法》。1992 年，根据总统联邦道德法改革委员会的建议，美国联邦政府的政府道德办公室在《联邦记事》上公布了美国行政人员的道德行为准则，2002 年 10 月，政府道德办公室又公布了经修订的联邦政府行政部门工作人员的道德行为准则。（2）成立政府道德管理机构并配置道德官。比如：美国联邦政府的政府道德办公室，就是根据政府道德法而设立在行政系统内的一个独立处理政府道德案件的部门；另外，美国政府道德管理制度化的一个重要措施是要求行政系统每一个部门都得任命一名"指派的部门道德官"来协调、管理本单位的道德方面的事宜。① （3）进行道德管理与道德建设。为了促进政府各部门的道德建设，美国联邦政府道德办公室属下的政府部门计划办公室主要做了两件事。一是每年主持召开一次政府道德会议；二是提供道德新闻和信息的电子论坛，作为政府道德办公室和政府各部门的道德官员互相联系沟通的主要渠道。②

　　尽管，我国政府组织的伦理发展离"伦理制度化"阶段还有一定的距离，但是，我国政府组织的道德困境使我们不能不对"伦理制度化"的思路作出积极回应，以探索政府伦理发展的长远规划，并引导我国政府组织过渡到"伦理制度化"的第二个发展阶段。借鉴西方政府与企业两类组织的伦理制度化举措，再结合我国政府组织的实际情况，笔者认为，我国政府"伦理制度化"的战略规划应考虑以下几个方面。

　　第一，建构"伦理守则"。伦理守则是一个组织表现它基本道德价值观以及希望其成员具有何种道德倾向的正式文件。所以，政府的伦理守则应该包括三个方面内容:(1)政府组织作为公共组织的道德目标,即维护社会公正与正义;(2)政府组织对于利益相关者即社会大众的责任;(3)政府组织对行政官员行为的期望。政府伦理守则是一个宏观的制度性框架,为行政伦理氛围的建立提供一个总体的思路。

第二,进行"伦理培训",即通过伦理培训提高组织与成员对道德问题的敏感性。从认识发展的角度看,不论是组织还是个体对于道德问题的感受性存在着较大差异,对于同一问题,有的组织或成员能感受到其中的道德冲突,而有的组织或成员却比较迟钝,其中,不能感受到道德冲突的组织与成员,或者是"故意不知"或者是"真实不知",这两种情况在组织与成员中都有大量的可经验的事例。因此,伦理培训有两个针对性:一是针对政府组织中道德发展水平处于较低阶段的部门,尤其是那些经常在道德实践中出现问题的政府部门;二是针对组织成员中的"道德落后者"或"新手"。以培训的方式提供组织处理道德问题的故事、经验与体会,为组织与成员处理类似道德冲突提供方案。

第三,建立"德福一致"的奖惩措施,支持道德行为。在一个组织中,成员总是倾向做那些容易得到奖励的事情,而避免那些会受到惩罚的行为。因此,利用奖惩措施是一种建立积极伦理氛围的有效途径。政府从组织与制度的层面上通过奖励道德行为和惩罚不道德行为向其成员传达一个信号,即与组织价值观相符合的道德行为是会给自己带来"福佑"的,这一福佑包括利益、升迁与荣誉等。

第四,建立与维护政府的"道德决策机制"。道德决策机制是指,组织在各项重大的政策决定中,在可行性、成本与效率等管理因素分析中加进道德因素分析,从而形成一种具有价值考量的政策决策机制。这一机制在政府决策中意义更为重大,一方面,这一道德决策机制可以有效地保持政府组织与其成员的决策方向不出现重大的"公共性"偏差;另一方面,政府决策中的道德考量可以在政府组织中宣扬积极的伦理氛围。

3. 个人伦理自主:提高积极的伦理氛围的强度

政府成员通过锻造"个人的伦理自主性"参与政府伦理建设,提高积极的行政伦理氛围的强度,这是政府伦理计划的第三步。在组织的道德成长中,我们可以看到两方面的相互作用。一方面,组织通过伦理氛围来鼓励组织成员的认同感。事实上,组织成员通过切身体会和亲眼观察来感受组织及其领导层通过各种渠道传递的信息,并依此作为伦理判断的标准来调整自己与组织的关系。因此,"将组织设计成有助于行政人员合乎道德规范地处理问题的场所是管理者道德义务的核心,越是组织科层制上层的管理者,就越有必要这样做。"①另一方面,组织成员也以"个人的伦理自主性"在不同程度上影响着组织的伦理氛围。在这一情况下,个人的伦理自主性就成为问题的关键。

杨国荣教授认为:"道德既是人存在的方式,同时也为人自身的存在提供了某种担保。"②任何个体作为特定的历史存在,所处的社会关系与面对的环境往往各异,由以展开的具体生活与工作情景也常常是变动不居的。个体要选择合理的行为方式,仅仅依靠外在的行为规范显然是不够的,因为规范是无法穷尽行为与情景的无限多样性与变动性,这时,就需要道德自主性的补充与救助。同样,积极的行政伦理氛围的建设也离不开行政人员伦理自主性的培育与解放。西方公共行政学的范式转换,尤其是以弗雷德里克森为代表的新公共行政学的兴起,更是从理论上为公共行政人员伦理自主性的发掘提供了思想动力。这一问题也获得了我国学者的积极回应。张康之教授认为:"人们不相信人的道德自主性的可靠性,总是对人的道德能力表示怀疑,人们已经习惯于客观规范的可操作性,而总是把道德看作是天然弱势的。"他认为,"道德自主性是强制性与自主性的统一,一方面它体现了道德规范的强制性,另一方面它又是道德

---

① 库珀:《行政伦理学——实现行政责任的途径》(第四版),中国人民大学出版社 2001 年版,第 121 页。

② 杨国荣:《伦理与存在——道德哲学研究》,上海人民出版社 2002 年版,第 11 页。

行为的自主性。"①

　　从客观分析来看,处于现代与后现代交叉背景下的公共行政人员,保持自己的伦理自主性存在着两种对立的倾向。一方面,公务人员角色的多样化使他们有可能超越"组织伦理"或"官僚伦理"的羁绊而获得更多的角色认同,并敢于在对组织忠诚与公平正义之间进行选择,表现出公务人员从普遍主义的道德责任出发去反对错误的组织的集体行动。另一方面,组织在伦理上具有的相对优势与认同感、归属感的强调,使得组织对于个人的伦理自主性又具有压制的倾向。库珀在研究行政人员的伦理自主性时,就敏锐地把握到了影响行政人员伦理自主性的复杂社会因素,以及形成伦理自主性的难度。所以,他说:"对于那些关注公共行政中的道德行为的人来说,更为长期和艰巨的任务是:采取各种措施在那些已经具有道德潜质的人中间支持伦理自主性和个人的负责任行为,并将它们扩展到那些可能在组织中起很大作用但对于效忠组织的界限问题却知之甚少的人中间去。"②

　　行政人员的伦理自主性是以个体德性的方式参与政府组织的伦理计划。这样,政府伦理就进入到一个良性的发展阶段,一方面,政府伦理计划支持与维护着行政人员的伦理自主性;另一方面,每一行政人员的负责任行为都对积极的行政伦理氛围强度的提高具有建设性的作用。

　　概言之,行政领导的"内在善"、政府伦理的"制度化"与官员的"伦理自主性"三股力量产生合力,一种以"善"为导向的积极的行政伦理氛围就会形成,这是社会与公众所期盼的。

---

　　①　张康之:《寻找公共行政的伦理视角》,中国人民大学出版社 2002 年版,第 245—246 页。
　　②　库珀:《行政伦理学——实现行政责任的途径》(第四版),中国人民大学出版社 2001 年版,第 201 页。

主要参考文献

一、著作类

1、《马克思恩格斯选集》第1—4卷,人民出版社1972年版。

2、库珀:《行政伦理学—实现行政责任的途径》(第四版),中国人民大学出版社2001年版。

3、《国外公共行政理论精选》,中共中央党校出版社1997年版。

4、齐格蒙特·鲍曼:《后现代伦理学》,江苏人民出版社2003年版。

5、彼得·德鲁克:《后资本主义社会》,上海译文出版社1998年版。

6、阿马蒂亚·森:《伦理学与经济学》,商务印书馆2000版。

7、埃德加·莫兰:《方法:天然之天性》,北京大学出版社2002年版。

8、哈贝马斯:《作为意识形态的技术与科学》,学林出版社1999年版。

9、邓正来,J.C.亚历山大:《国家与市民社会——一种社会理论的研究路径》,中央编译出版社2002年版。

10、詹姆斯·M·布坎南:《自由、市场和国家》,北京经济学院出版社1988年版。

11、斯蒂格利茨:《政府为什么干预经济》,中国物资出版社1998年版。

12、查尔斯·沃尔夫:《政府与市场》,中国社会科学出版社 1994 年版。

13、安东尼·吉登斯:《社会的构成》,李猛、李康译,王铭铭校,三联书店 1984 年版。

14、弗朗西斯·福山:《信任:社会道德与繁荣的创造》,远方出版社 1998 年版。

15、亚当·斯密:《道德情操论》,商务印书馆 1998 年版。

16、理查德·道金斯:《自私的基因》,吉林人民出版社 1998 年版。

17、亚当·斯密:《国民财富的性质和原因的研究》(上、下卷),商务印书馆 1972 年版。

18、詹姆斯·P·盖拉特:《21 世纪非营利组织管理》,中国人民大学出版社 2003 年版。

19、爱德华·W·苏贾:《后现代地理学——重申批判社会理论中的空间》,王文斌译,商务印书馆 2004 年版。

20、莱斯特·萨拉蒙等:《全球公民社会——非营利部门视野》,贾西津等译,社会科学文献出版社 2002 年版。

21、罗伯特·基欧汉、约瑟夫·奈:《权力与相互依赖》(第 3 版),北京大学出版社 2002 年版。

22、梅里亚姆:《美国政治学说史》,商务印书馆 1988 年版。

23、梅茵:《古代法》,商务印书馆 1959 年版。

24、Lan R.麦克尼尔:《新社会契约论》,雷喜宁、潘勤译,中国政法大学出版社 2004 年版。

25、斯科特·戈登:《控制国家——西方宪政的历史》,江苏人民出版社 2001 年版。

26、洛克:《政府论》(上、下篇),叶启芳、瞿菊农译,商务印书馆 1964 年版。

27、罗素:《权力论》,东方出版社 1988 年版,第 164 页。

28、罗伯特·诺齐克:《无政府、国家与乌托邦》,何怀宏等译,中国社会科学出版社 1991 年版。

29、弗里德曼:《资本主义与自由》,商务印书馆 1986 年版。

30、卢梭:《社会契约论》,商务印书馆 2003 年版。

31、约瑟夫·劳斯:《知识与权力——走向科学的政治哲学》,北京大学出版社 2004 年版。

32、约翰·S·布鲁贝克:《高等教育哲学》,浙江教育出版社 2001 年版。

33、伯顿·克拉克:《学术权力——七国高等教育管理体制比较》,浙江教育出版社 2001 年版。

34、伯顿·克拉克:《高等教育新论——多学科的研究》,徐辉等编译,浙江教育出版社 1988 年版。

35、V·奥斯特罗姆:《制度分析与发展的反思》,商务印书馆 1992 年版。

36、罗伯特·达尔:《现代政治分析》,王沪宁等译,上海译文出版社 1987 年版。

37、韦尔金斯:《高等教育哲学》,浙江教育出版社 1987 年版。

38、古德诺:《政治与行政》,华夏出版社 1987 年版。

39、约翰·马丁·费舍、马克·拉维扎:《责任与控制——一种道德责任理论》,杨绍刚译,华夏出版社 2002 年版。

40、唐纳德·肯尼迪:《学术责任》,阎凤桥等译,新华出版社 2002 年版。

41、李·G·鲍曼、特伦斯·E·迪尔:《组织重构——艺术、选择及领导(第三版)》,高等教育出版社 2005 年版。

42、安东尼·唐斯:《官僚制内幕》,中国人民大学出版社 2006 年版。

43、戴维·毕瑟姆:《官僚制》(第二版),吉林人民出版社 2005 年版。

44、饭野春树:《巴纳德组织理论研究》,王利平等译,三联书店 2004 年版。

45、埃里克·尤斯拉纳:《信任的道德基础》,张敦敏译,中国社会科学出版社 2006 年版。

46、保罗·C·莱特:《持续创新——打造自发创新的政府和非营利组织》,中国人民大学出版社 2004 年版。

47、约翰·罗尔斯:《正义论》,何怀宏、何包钢、廖申白译,中国社会科学出版社 1988 年版。

48、郑也夫:《信任:合作关系的建立与破坏》,中国城市出版社 2003 年版。

49、王伟,车美玉,[韩]徐源锡:《中国韩国行政伦理与廉政建设研究》,国家行政学院出版社 1998 年版。

50、周奋进:《转型期的行政伦理》,中国审计出版社 2000 年版。

51、张康之:《寻找公共行政的伦理视角》,中国人民大学出版社 2002 年版。

52、张康之:《公共管理伦理学》,中国人民大学出版社 2003 版。

53、张康之、李传军:《行政伦理学教程》,中国人民大学出版社 2004 年版。

54、张康之:《公共行政中的哲学与伦理》,中国人民大学出版社 2004 年版。

55、陈振明:《公共管理学》,中国人民大学出版社 2003 年版。

56、杨国荣:《伦理与存在:道德哲学研究》,上海人民出版社 2002 年版。

57、马啸原:《西方政治思想史纲》,高等教育出版社 1997 年版。

58、张分田:《亦主亦奴——中国古代官僚的社会人格》,浙江人民出版社 2000 年版。

59、甘绍平:《伦理智慧》,中国发展出版社 2000 年版。

60、徐嵩龄:《环境伦理学进展:评论与阐释》,社会科学文献出版社 1999 年版。

61、肖显静:《生态政治——面对环境问题的国家抉择》,山西科学技术出版社 2003 年版。

62、世界银行:《发展面临的选择》,中国财政经济出版社 1991 年版。

63、王名、刘培峰:《民间组织通论》,时事出版社 2004 年版。

64、包亚明:《后现代性与地理学的政治》,上海教育出版社 2001 年版。

65、何增科:《公民社会与第三部门》,社会科学文献出版社 2000 年版。

66、王水雄:《结构博弈——互联网导致社会扁平化的剖析》,华夏出版社会 2003 年版。

67、何怀宏:《契约伦理与社会正义——罗尔斯正义论中的历史与理性》,中国人民大学出版社 1993 年版。

68、袁祖社:《权力与自由》,中国社会科学出版社 2003 年版,第 236 -237 页。

69、董炯:《国家、公民与行政法——一个国家 - 社会的角度》,北京大学出版社 2001 年版。

70、关保英:《行政法的价值定位》,中国政法大学出版社 1999 年版。

71、戴木才:《管理的伦理法则》,江西人民出版社 2001 年版。

72、王承绪:《高等教育新论——多学科的研究》,浙江教育出版社 1988 年版。

73、世界银行:《1998/99 年世界发展报告:知识与发展》,蔡秋生译,中国财政经济出版社 1999 年版。

74、张紧跟:《当代中国地方政府间横向关系协调研究》,中国社会科学出版社 2006 年版。

75、沈立人:《地方政府的经济职能与行为分析》,上海远东出版社 1998 年版。

76、林尚立:《国内政府间关系》,浙江人民出版社 1998 年版。

77、张志红:《当代中国政府间纵向关系研究》,天津人民出版社 2005 年版。

78、王亚南:《中国官僚政治研究》,中国社会科学出版社 1981 年版。

79、王海明：《新伦理学》，商务印书馆 2001 年版。

80、马国泉：《行政伦理：美国的理论与实践》，复旦大学出版社 2006 年版。

二、论文类

1、D·露易斯：《非政府组织的缘起与概念》，《中外社会科学》2005 年第 1 期。

2、马秋莎：《全球化、国际非政府组织与中国民间组织的发展》，《开放时代》2006 年第 2 期。

3、凯瑟琳·莫顿：《中国非政府组织的兴起及其对国内改革的意义》，《马克思主义与现实》2006 年第 2 期。

4、肯尼斯·威尔特希尔：《科学家与政策制定者的新型伙伴关系》，《国际社会科学杂志（中文版）》2002 年第 4 期。

5、布莱恩·R·奥帕斯金：《联邦制下的政府间关系机制》，《国际社会科学杂志（中文版）》2002 年第 1 期。

6、古德曼：《改革二十年以后的中心与边缘：中国政体的重新界定》，《二十一世纪》2000 年第 10 期。

7、王伟：《行政伦理论纲》，《道德与文明》2001 年第 1 期。

8、戴木才，曾敏：《西方行政伦理研究的兴起与研究视界》，《中共中央党校学报》2003 年第 2 期。

9、邢传、李文钊：《西方行政伦理探源——兴起、原因及其历史演进》，《天府新论》2004 年第 1 期。

10、党秀云：《论当代政府职业道德建设》，《中国行政管理》1996 年第 3 期

11、江秀平：《对行政伦理建设的思考》，《中国行政管理》2000 年第 9 期。

12、教军章:《行政伦理的双重维度——制度伦理与个体伦理》,《人文杂志》2003 年第 3 期。

13、谢军:《行政伦理及其建设平台》,《道德与文明》2002 年第 4 期。

14、罗德刚:《行政伦理的涵义、主体和类别探讨》,《探索》2002 年第 1 期。

15、王伟:《行政伦理界说》,《北京行政学院学报》1999 年第 4 期。

16、李春成:《行政伦理研究的旨趣》,《南京社会科学》2002 年第 4 期。

17、罗德刚:《行政伦理的基础价值观:公正与正义》,《社会科学研究》2002 年第 3 期。

18、唐志君:《论行政伦理建设的价值取向》,《行政论坛》2001 年第 3 期。

19、李春成:《公共利益的概念建构评析——行政伦理学的视角》,《复旦学报(社会科学版)》2003 年第 1 期。

20、郭小聪、聂勇浩:《行政伦理:降低行政官员道德风险的有效途径》,《中山大学学报(社会科学版)》2003 年第 1 期。

21、夏澍耘:《社会主义行政伦理自律精神略论》,《中国特色社会主义研究》2003 年第 4 期。

22、李萍:《论伦理咨询与行政伦理建设》,《道德与文明》2004 年第 1 期。

23、李慧:《行政伦评价中的问题及对策》,《中国行政管理》2004 年第 5 期。

24、张成福:《公共行政的管理主义:反思与批判》,《中国人民大学学报》2001 年第 1 期。

25、张康之:《在公共行政的演进中看行政伦理研究的实践意义》,《湘潭大学学报(哲学社会科学版)》2005 年第 5 期。

26、闫志刚、周福全:《伦理化的政府治理模式——中国特色的公共行政道路》,《湖北社会科学》2006 年第 9 期。

27、王晓东,刘松:《人类生存关系的诗意反思——论马丁·布伯的"我—你"哲学对近代主体哲学的批判》,《求是学刊》2002 年第 4 期。

28、龚群编译:《麦金太尔论社会关系、共同利益与个人利益》,《伦理学研究》2004 年第 3 期。

29、宋希仁:《论伦理关系》,《中国人民大学学报》2000 年第 3 期。

30、王文元:《论人及人类的组织性——兼论组织性的非思辨性》,《北京社会科学》1998 年第 3 期。

31、洪德裕:《团体伦理学发凡》,《浙江社会科学》1999 年第 1 期。

32、马永庆:《论人与自然之间存在的伦理关系》,《齐鲁学刊》2004 年第 2 期。

33、陈其荣:《现代哲学的转向:人与自然的伦理关系》,《华南理工大学学报(社会科学版)》2001 年第 4 期。

34、徐嵩龄:《论市场与自然资源管理的关系》,《科技导报》1995 年第 2 期。

35、向玉乔:《政府环境伦理责任论》,《伦理学研究》2003 年第 1 期。

36、罗自刚:《合作抑或冲突:变革时代的政府与社会关系的考察——对马克思主义治理学说的历史诠释》,《中共山西省委党校学报》2004 年第 3 期。

37、胡良琼:《政府与社会关系的几种理论述评》,《理论月刊》2004 年第 1 期。

38、杜创国:《国家与社会——政府职能转变的一个视角》,《行政与法》2004 年第 4 期。

39、徐邦友:《社会变迁与政府行政模式的转型》,《浙江学刊》1999 年第 5 期。

40、侯才:《"和谐社会"具有深厚的文化底蕴和丰富的内涵》,《科学社会主义》2004 年第 5 期。

41、李习彬:《社会系统运行理论与改革开放中的政府行为》,《中国人民大学学报》1995 年第 1 期。

42、陈振明:《市场失灵与政府失败——公共选择理论对政府与市场关系的思考》,《厦门大学学报(哲社版)》1996 年第 2 期。

43、秦宪文:《寻求政府与市场的均衡点》,《财经问题研究》1996 年第 1 期。

44、宋世明:《从权威与交换的结构看政府与市场的功能选择》,《政治学研究》1997 年第 2 期。

45、毛寿龙:《市场经济的制度基础:政府与市场再思考》,《行政论坛》1999 年第 5 期。

46、刘为民、洪望云:《转轨期政府与市场的博弈及制度创新》,《湖北大学学报(哲学社会科学版)》1999 年第 2 期。

47、桁林:《政府与市场关系理论及其发展》,《求是学刊》2003 年第 2 期。

48、郭正林:《论政府与市场结合的四种模式》,《中山大学学报(社会科学版)》1995 年第 2 期。

49、闫彦明:《转型期中国政府与市场有效协调的制度分析》,《求实》2002 年第 10 期。

50、孙立平:《中国进入利益博弈时代》,《经济研究参考》2005 年第 68 期。

51、邵腾:《马克思的资本理论和中国的社会主义建设》,《毛泽东邓小平理论研究》2003 年第 3 期。

52、黄燕等:《经济人假设:发展线索及科学性分析》,《江汉论坛》2005 年第 12 期。

53、张康之:《公共行政:"经济人"假设的适应性问题》,《中山大学学报(社会科学版)》2004 年第 2 期。

54、刘瑞、吴振兴:《政府人是公共人而非经济人》,《中国人民大学学报》2001 年第 2 期。

55、彭正银、宋蕾:《企业与政府的双轨博弈分析》,《中国软科学》2003 年第 12 期。

56、魏杰、谭伟:《企业影响政府的轨道选择》,《经济理论与经济管理》2004 年第 12 期。

57、孙宁华:《经济转型时期中央政府与地方政府的经济博弈》,《管理世界》2001 年第 3 期。

58、高明华:《权利博弈与政府对企业的行为》,《天津社会科学》1998 年第 1 期。

59、陈德铭:《变革时期的政府与企业的关系:制度分析》,《江苏社会科学》2000 年第 4 期。

60、郭菁:《互惠利他博弈的人学价值》,《自然辩证法研究》2005 年第 11 期。

61、王兴尚:《论"经济人"的经济伦理德性》,《经济论坛》2004 年第 9 期。

62、吴红梅:《西方组织伦理氛围研究探析》,《外国经济与管理》2005 年第 9 期。

63、陆震:《公共利益萎缩:中国现代化进程中的重大理论缺失与目标偏差》,《探索与争鸣》2004 年第 9 期。

64、汪民安:《空间生产的政治经济学》,《国外理论动态》2006 年第 1 期。

65、崔云开:《近年来我国非政府组织研究述评》,《东南学术》2003 年第 3 期。

66、赵黎青:《论中国非营利部门意识的形成及其意义》,《学会月刊》2004 年第 11 期。

67、罗珉、王雎:《中间组织理论:基于不确定性与缓冲视角》,《中国工业经济》2005 年第 10 期。

68、杨宇立:《非政府组织:政治文明的微观基础》,《探索与争鸣》2006 年第 4 期。

69、田凯:《政府与非营利组织的信任关系研究——一个社会学理性选择理论视角的分析》,《学术研究》2005 年第 1 期。

70、徐湘林:《政治特性、效率误区与发展空间——非政府组织的现实主义理性审视》,《公共管理学报》2005 年第 3 期。

71、田凯:《组织的外形化:非协调约束下的组织运作——一个研究中国慈善组织与政府关系的理论框架》,《社会学研究》2004 年第 4 期。

72、黎尔平:《多维视角下的国际非政府组织》,《公共管理学报》2006 年第 3 期。

73、段华冶、王荣科:《中国非政府组织的合法性问题》,《安徽工业大学学报(社会科学版)》2006 年第 3 期。

74、何平立:《美国非政府组织的社会政治作用——兼评美国非政府组织对中美关系的影响》,《探索与争鸣》2006 年第 12 期。

75、徐治立《论科技政治空间的结构与张力》,《辽宁大学学报(哲学社会科学版)》2005 年第 5 期。

76、李文良:《契论:西方国家行政伦理关系的基石》,《北京科技大学学报(社会科学版)》2005 年第 4 期。

77、张康之:《公共行政中的责任与信念》,《中国人民大学学报》2001 年第 3 期。

78、郑永年:《中国社会的利益博弈要求社会正义》,《联合早报(新加坡)》2006 年 12 月 5 日。

79、王振亚、张志昌:《超越二元对立:公民权利与政府权力新型关系探析》,《陕西师范大学学报(哲学社会科学版)》2005 年第 6 期。

80、王兰秀:《政府权力与公民权利的宪法秩序——反思立宪主义的一个视角》,《河南省 政法管理干部学院学报》2004 年第 3 期。

81、辛本禄:《组织人:现代人生存方式的一种新诠释》,《理论探讨》2005 年第 5 期。

82、赵黎青:《帕特南、公民社会与非政府组织》,《国外社会科学》1999 年第 1 期。

83、李军鹏:《公共管理:政府权力与公民权利关系的新范式》,《北京行政学院学报》2002 年第 4 期。

84、顾平安:《政府价值的自我求证》,《国家行政学院学报》2001 年第 1 期。

85、肖滨:《公民政府:拒斥无政府与利维坦——洛克政府理论的逻辑结构分析》,《开放时代》2003 年第 6 期。

86、王建华:《高等学校属于第三部门》,《教育研究》2003 年第 10 期。

87、蔡国春:《高等学校办学自主权:历史与比较》,《现代教育科学》2003 年第 1 期。

88、彭江:《"高等学校公共治理"概念的基础——理论、问题及规范的视角》,《高教探索》2005 年第 1 期。

89、王华:《治理中的伙伴关系:政府与非政府组织间的合作》,《云南社会科学》2003 年第 3 期。

90、汪伟全:《论府际管理:兴起及其内容》,《南京社会科学》2005 年第 9 期。

91、谢庆奎:《中国政府的府际关系研究》,《北京大学学报(哲学社会科学版)》2001 年第 1 期。

92、陈瑞莲:《论区域公共管理研究的缘起与发展》,《政治学研究》2003 年第 4 期。

93、周振超:《条块关系:政府间关系的一个分析视角》,《齐鲁学刊》2006 年第 3 期。

94、龙朝双、王小增:《准公共经济组织角色下我国地方政府横向合作关系探析》,《湖北社会科学》2005 年第 10 期。

95、朱光磊、张志红:《"职责同构"批判》,《北京大学学报(哲学社会科学版)》2005 年第 1 期。

96、陈瑞莲、杨爱平:《论回归前后粤港澳政府间关系——从集团理论的视角分析》,《中山大学学报(社会科学版)》2004 年第 1 期。

97、罗珉、何长见:《组织间关系:界面规则与治理机制》,《中国工业经济》2006 年第 5 期。

98、卢亮宇:《论公务员上下级之间的良性互动》,《上海行政学院学报》2006 年第 5 期。

99、刘颖:《组织中的上下级信任》,《理论探讨》2005 年第 5 期。

100、梁建:《上下级交换理论的理论基础与研究进展》,《人类工效学》2001 年第 1 期。

101、王珏:《组织伦理与当代道德哲学范式的转换》,《哲学研究》2007 年第 4 期。

102、王云萍:《当代西方公共行政伦理的规范性基础探讨——以美德视角及其启示为中心》,《厦门大学学报(哲学社会科学版)》2007 年第 2 期。

后　记

　　对行政伦理关系的思考,源于在南京大学攻读博士学位时的论文选题,一开始想到的就是政府与自然、政府与市场、政府与社会、政府之间的关系,当然是想从哲学伦理学的角度来探讨这些现实的关系。由于当时,我刚刚涉猎行政学领域,对这一选题信心不足,最终放弃了从关系角度进行研究的打算。

　　博士毕业后,我进入南京农业大学公共管理博士后流动站做博士后研究,这样,就把原先思考过的问题重新拿起来了。在做这一选题时,获得了江苏省博士后科学研究基金与教育部人文社会科学规划基金项目的资助,这两项资助从物质上保证了这一选题的完成。在做博士后研究时,我对国家设立的博士后制度有了更深的体会。博士后研究工作从某种程度上是把博士阶段思考过,由于种种原因未能做、或者是未来得及做的一些选题得以完成的一个好机会。

　　在"行政伦理关系"研究的过程中,与张康之教授进行过几次交流,对于这一行政伦理学研究的新角度,他给予了充分的肯定与方法论上的指导,可以说,这一选题的研究过程都伴随着他的关心、鼓励与支持。真是非常感谢他。

　　在写作的过程中,有些问题也不断地与同学黄爱宝教授进行交流,我们俩是老乡,同时,我们俩也具有类似的性格与经历,也都想在人生中做点自己认为值得做的事情。有时,我们俩相互鼓励、相互支持,对于我们做的事情有着一份有些天真的幻想。殊不知,幻想也是一种人生力量啊。

我的研究工作大部分都是在上午这一时段完成的。每当妻子上班、孩子上学后，我就开始了写作工作。这时，我一点也不孤独，因为，大致在九点左右，我家边上幼儿园的小朋友们就开始出来活动了，他们稚嫩的歌声、玩耍声，总是陪伴着我，这一状态真是难得啊。电脑键盘的声音、小朋友们的打闹声给我带来了一种特殊的写作激情。至于为什么会这样，我也觉得困惑。

在博士后研究中，我才开始体会到：把学术思考当作一种生活与生存方式的积极意义，每当我进入思考与写作状态时，心情就显得特别愉快。但是，我不知道在以后的人生中，还能否保持这一份心境。

最后，感谢张康之教授的支持、黄爱宝教授的鼓励！

感谢人民出版社陈寒节先生的支持与专业精神！

感谢幼儿园小朋友们的歌声！

感谢妻子的辛劳与儿子的懂事！

刘祖云

2007 年 10 月于南京